QUÍMICA INORGÁNICA

Teórico y Prácticos de Laboratorio

QUÍMICA INORGÁNICA
Teórico, Prácticos de Laboratorio

Romina A. Bracciaforte

Diseño de Tapa: Universitas
Edición: Universitas
Producción Gráfica: Universitas.

Email: editorialuniversitas@yahoo.com.ar

ISBN: 978-987-1457-85-4

*"Nunca consideres el estudio como
una obligación sino como una
oportunidad para saber mas"*

Albert Einstein

Contenido breve:

Contenido:

1. **Prólogo**

2. **Agradecimientos**

3. **CAPÍTULO 1:** Introducción al estudio de la química inorgánica.

    - Elemento Químico
    - La Tabla Periódica como instrumento de la química
    - Clasificación de los elementos químicos
    - Grupos y familias

4. **CAPÍTULO 2:** El Hidrógeno

    - Historia
    - Modo de obtención
    - Isotopos
    - Precauciones
    - Recomendaciones
    - Anexo: la bomba de hidrógeno

5. **CAPÍTULO 3:** El Oxígeno

    - Formación del oxígeno atmosférico
    - Estado natural
    - Obtención
    - Propiedades Físicas
    - Propiedades Químicas
    - Aplicaciones
    - El Ozono
    - Anexo: La capa de Ozono
    - Agua
    - Peróxido de Hidrógeno

6. **CAPÍTULO 4:** Elementos del Grupo 1: Los Metales Alcalinos

    - Introducción
    - Sodio

- Metales de Transicion Interna: Lantanidos y Actinidos

14. CAPÍTULO 12: Elementos del Grupo 8: Gases Nobles

- Introducción
- Helio
- Neon
- Argon
- Kripton
- Xenon
- Radon

15. TRABAJOS PRÁCTICOS DE LABORATORIO

- **Normas Generales de Trabajo en Laboratorio**

- **Trabajo Práctico de Laboratorio 1: Obtención de Oxígeno e**

hidrógeno

- **Trabajo Práctico de Laboratorio 2: El agua y sus Comportamientos**

- **Trabajo Práctico de Laboratorio 3: Agua Oxigenada**

- **Trabajo Práctico de Laboratorio 4: Metales Alcalinos**

- **Trabajo Práctico de Laboratorio 5: Metales Alcalinoterreos**

- **Trabajo Práctico de Laboratorio 6: Elementos Terreos**

- **Trabajo Práctico de Laboratorio 7: Elementos Carbonoideos**

- **Trabajo Práctico de Laboratorio 8: Compuestos Nitrogenados**

- **Trabajo Práctico de Laboratorio 9: Azufre y sus Compuestos**

- **Trabajo Práctico de Laboratorio 10: Obtencio de Cloro, Acido**

Clorhidrico y química del Yodo.

- **Trabajo Práctico de Laboratorio 11: Metales**

Prólogo

La química inorgánica se encarga del estudio integrado de la formación, composición, estructura y reacciones químicas de los elementos y compuestos inorgánicos; es decir, los que no poseen enlaces carbono-hidrógeno, porque éstos pertenecen al campo de la química orgánica.

Antiguamente se definía como la química de la materia inorgánica, pero quedó obsoleta al desecharse la hipótesis de la fuerza vital, característica que se suponía propia de la materia viva que no podía ser creada y permitía la creación de las moléculas orgánicas. Se suele clasificar los compuestos inorgánicos según su función en ácidos, bases, óxidos y sales, y los óxidos se les suele dividir en óxidos metálicos (óxidos básicos o anhídridos básicos) y óxidos no metálicos (óxidos ácidos o anhídridos ácidos)

El nombre tiene su origen en la época en la que todos los compuestos del carbono se obtenían de seres vivos; de ahí la química del carbono se denomina química orgánica. La química de compuestos sin carbono, fue, por ende, llamada química inorgánica. Actualmente, se obtienen compuestos orgánicos en el laboratorio, de forma que la separación es artificial.

Esta obra es una introducción al estudio de la química inorgánica y sus aplicaciones prácticas. Está dirigido a alumnos de grado y cursos relacionados con el área de la química, por ello, tiene como objetivo hacer un recorrido a través de la química inorgánica describiendo cada uno de los elementos que componen la tabla periódica, destacando sus aplicaciones principales, sus propiedades y posibles toxicidades.

Considerando que el alumno o lector ha de ser un sujeto activo y responsable en su formación cada vez más gestor de su aprendizaje, esta obra presenta conceptos básicos y desarrolla los métodos de análisis útiles para la descripción y estudio de fenómenos químicos así como la toma de decisiones acerca de sus comportamientos.

Si bien la química es una materia fundamental en la ciencia, en la biología, en la medicina, etc., que permite dar informaciones objetivas en todas las áreas disciplinarias, este libro contiene todas sus aplicaciones, ejemplos y ejercitación en este campo de estudio.

Como autora deseo agradecer a todas las personas que han motivado esta obra y contribuido con su elaboración, comenzando con los alumnos de grado de los distintos niveles secundarios, terciarios y universitarios; este libro nació por ellos y en virtud de mi experiencia docente y de investigación.

Romina

Agradecimientos

*A mis padres por su apoyo incondicional en todos mis proyectos,
a mi hermana, gran compañera de vida
a mis cuatro abuelos, que son luz en el camino
a mis amigos, familia elegida quesiempre acompaña...
a todos ellos... Gracias!!!*

Romina

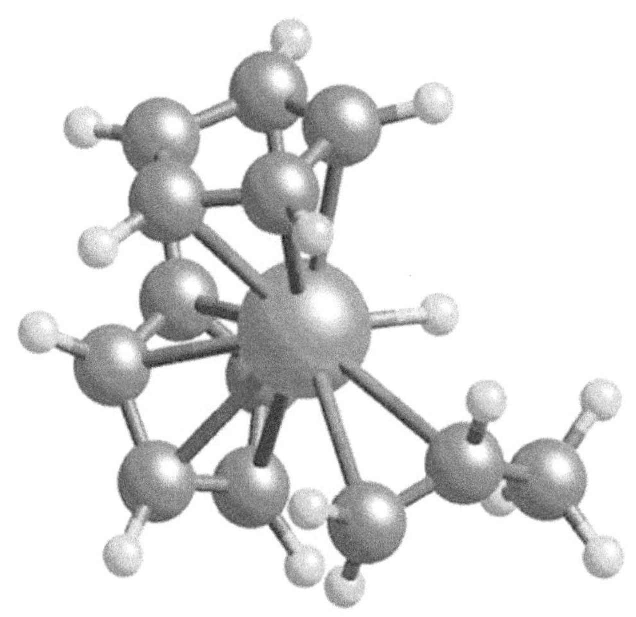

CAPÍTULO 1: INTRODUCCIÓN AL ESTUDIO DE LA QUÍMICA INORGÁNICA

INTRODUCCIÓN AL ESTUDIO DE LA QUÍMICA INORGÁNICA

La química inorgánica es la rama de la química que estudia las propiedades, estructura y reactividad de los compuestos inorgánicos.

Este campo de la química abarca todos los compuestos químicos descontando los que tienen enlaces carbono-hidrógeno, que son objeto de estudio por parte de la química orgánica. Ambas disciplinas comparten numerosos puntos en común, y están surgiendo campos interdisciplinares de gran importancia.

La parte más importante de los compuestos inorgánicos se forman por combinación de cationes y aniones unidos por enlaces iónicos. Así, el NaCl se forma por unión de cationes sodio con aniones cloruro. La facilidad con la que se forma un compuesto iónico depende del potencial de ionización (para el catión) y de la afinidad electrónica (para el anión) de los elementos que generan los iones respectivos.

Los compuestos inorgánicos más importantes son los óxidos, carbonatos, sulfatos, ect. La mayor parte de los compuestos inorgánicos se caracterizan por puntos de fusión elevados, baja conductividad en estado sólido y una importante solubilidad en medio acuoso.

A nivel industrial, la química inorgánica, tiene una gran importancia. Se acostumbra a medir el desarrollo de una nación por su productividad en ácido sulfúrico. Entre los productos químicos más fabricados a nivel mundial cabe citar el sulfato amónico, amoniaco, nitrato amónico, sulfato amónico, ácido hipocloroso, peróxido de hidrógeno, ácido nítrico, nitrógeno, oxígeno, carbonato de sodio, entre otros.

Todos los cuerpos materiales tangibles o intangibles que nos rodean: aire, agua, ropa, pintura, papel, alimentos, bebidas gaseosas, juguetes, la generación de energía (eléctrica, luminosa, calorífica, etc), están relacionados directamente con la **ciencia química**, ya que ésta sirve de base o fundamentos a la ciencias de la vida: biología y la física.

La **química** interviene casi en todos los aspectos de nuestra vida: cultura y entorno (social y ambiental), por lo tanto, es erróneo pensar que la **química** es meramente teórica, y solo tiene que ver con formulas y nombres complicados de compuestos; cuando respiramos, digerimos los alimentos, nos lavamos con jabón, nos limpiamos los dientes con cierta pasta dental, cocinamos los alimentos, etc., estamos practicando **química**.

Cuadro integrador de conceptos ya vistos en química

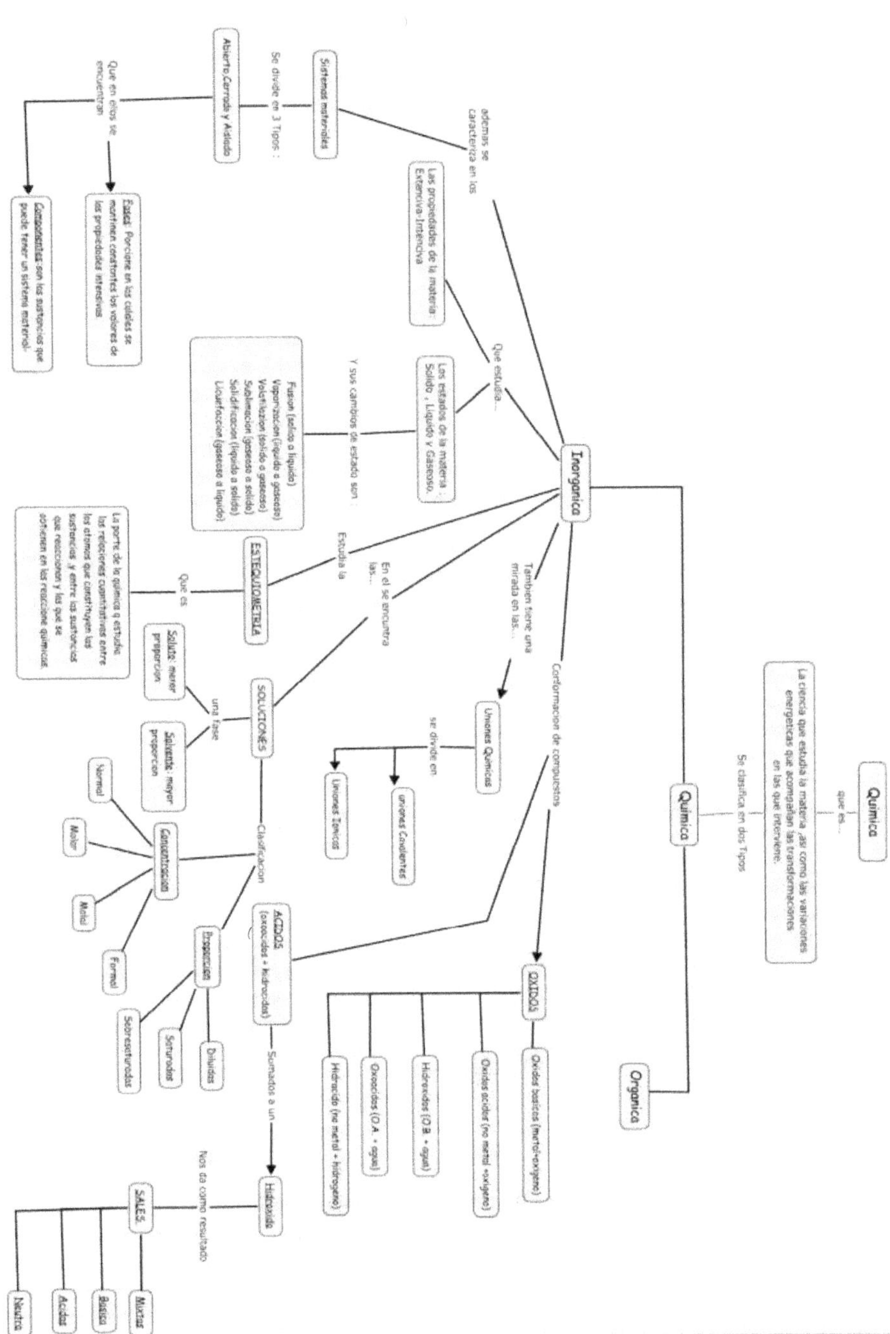

Elemento químico

El término elemento químico hace referencia a una clase de átomos, todos ellos con el mismo número de protones en su núcleo.

Se puede definir elemento químico como aquella sustancia que no puede ser descompuesta, mediante una reacción química, en otras más simples. La más pequeña partícula de dicho elemento es un átomo de un elemento "n". Cada elemento se considera una sustancia pura, ya que contiene sólo un tipo de átomo.

Los átomos están formados por protones, neutrones y electrones. Podemos ver la diferencia entre los átomos de los diferentes elementos de mirar el número de protones que tienen.

Por ejemplo, todos los átomos con 6 protones en sus núcleos son del elemento carbono química, y todos los átomos con 92 protones en su núcleo son del elemento uranio. Además de tener un número diferente de protones, cada elemento también varía en el número de neutrones y los electrones que tiene. Esta diferencia en el número de partículas subatómicas hace que los átomos de un elemento a tener un conjunto único de propiedades físicas y químicas. Estas propiedades nos permiten distinguir un átomo de un elemento de átomos de todos los otros elementos conocidos. Son 116 elementos químicos diferentes los que se conocen en la química moderna. 94 de estos elementos se pueden encontrar en la naturaleza, y los otros sólo se pueden hacer en los laboratorios. La primera hecha por el hombre fue elemento de tecnecio en el 1937. Todos los elementos fabricados por el hombre son radiactivos e inestables.

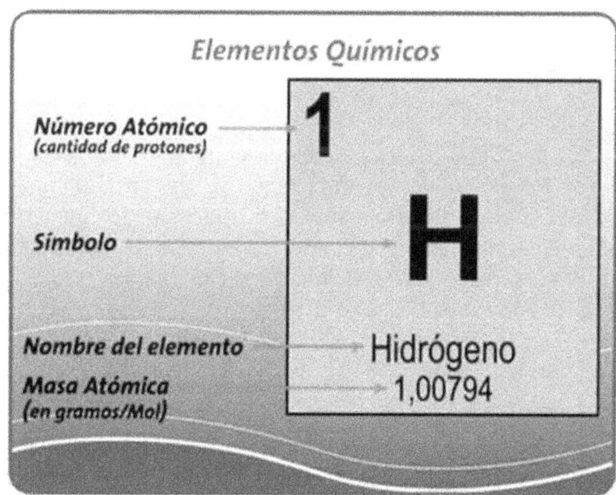

La tabla periódica como instrumento de la química

En 1869, Dimitri Mendeleiev desarrolló una manera de ordenar los elementos que permitía predecir sus propiedades químicas, dejando espacios vacíos para aquellos elementos que no habían sido descubiertos en esa época. La tabla de Medeleev contaba con 66 elementos, en 1900 ya se habían llenado los espacios vacíos con 30 elementos más.

La tabla de Mendeleiev ordenaba los elementos según sus masas atómicas y por esto presentaba algunas incongruencias ya que elementos de mayor masa atómica, de acuerdo a sus propiedades químicas deberían estar antes de otros con menor masa atómica. Por ejemplo, el argón es un gas noble con masa atómica 39.95 U.M.A que es mayor que la del potasio (39.10 uma), si los elementos se ordenaran de acuerdo con la masa atómica, el argón debería estar en el mismo grupo que el litio y el sodio. El argón es un gas inerte y se hubiera ubicado en el mismo grupo de los metales más reactivos. Observando estas incongruencias surgió la necesidad de buscar otras características de los elementos que marcara el orden en la tabla periódica diferente de la masa atómica.

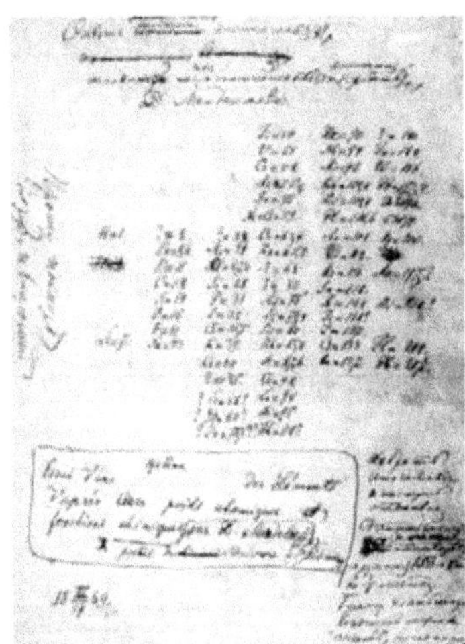

En 1913, Henry Moseley descubrió la forma de medir el número atómico a través de una correlación entre éste y la frecuencia de los rayos X que se emiten al bombardear un elemento con electrones de alta energía. Generalmente el número atómico aumenta con la masa atómica, pero hay excepciones. Por ejemplo, el número atómico del potasio es 18 y el número atómico del argón es 19. Si ordenamos los elementos por su número atómico en lugar de su masa atómica el argón queda ubicado en el lugar correcto.

Clasificación de los elementos químicos:

La clasificación, fundamental de los elementos químicos es en **metales** y **no metales**.

Los metales se caracterizan por su apariencia brillante, capacidad para cambiar de forma sin romperse (maleables) y una excelente conductividad del calor y la electricidad.

Los no metales se caracterizan por carecer de estas propiedades físicas aunque hay algunas excepciones (por ejemplo, el yodo sólido es brillante; el grafito, es un excelente conductor de la electricidad; y el diamante, es un excelente conductor del calor).

Las características químicas son: los metales tienden a perder electrones para formar iones positivos y los no metales tienden a ganar electrones para formar iones negativos. Cuando un metal reacciona con un no metal, suele producirse transferencia de uno o más electrones del primero al segundo.

Existe otro grupo, llamados **metaloides** los elementos boro (B), silicio (Si), germanio (Ge), arsénico (As), antimonio (Sb), telurio (Te) y polonio (Po), que se encuentran abajo y arriba de la línea en escalera que divide a los metales de los no metales, se denominan metaloides porque sus propiedades son intermedias entre los metales y los no metales; por ejemplo, conducen la corriente eléctrica, pero no al grado de los metales

Propiedad de los metales:

- ✓ Poseen bajo potencial de ionización y alto peso específico
- ✓ Por regla general, en su último nivel de energía tienen de 1 a 3 electrones.
- ✓ Son sólidos a excepción del mercurio (Hg), galio (Ga), cesio (Cs) y francio (Fr), que son líquidos
- ✓ Presentan aspecto y brillo metálicos
- ✓ Son buenos conductores del calor y la electricidad
- ✓ Son dúctiles y maleables, algunos son tenaces, otros blandos
- ✓ Se oxidan por pérdida de electrones
- ✓ Su molécula está formada por un solo átomo, su estructura cristalina al unirse con el oxígeno forma óxidos y éstos al reaccionar con el agua forman hidróxidos
- ✓ Los elementos alcalinos son los más activos

Propiedades generales de los no-metales:

- ✓ Tienen tendencia a ganar electrones
- ✓ Poseen alto potencial de ionización y bajo peso específico
- ✓ Por regla general, en su último nivel de energía tienen de 4 a 7 electrones
- ✓ Se presentan en los tres estados físicos de agregación
- ✓ No poseen aspecto ni brillo metálico
- ✓ Son malos conductores de calor y la electricidad
- ✓ No son dúctiles, ni maleables, ni tenaces
- ✓ Se reducen por ganancia de electrones
- ✓ Sus moléculas están formadas por dos o más átomos
- ✓ Al unirse con el oxígeno forman anhídridos y éstos al reaccionar con el agua, forman oxiácidos
- ✓ Los halógenos y el oxígeno son los más activos

Tabla periódica de los elementos:

La tabla periódica de los elementos químicos es una lista de sustancias químicas simples (elementos químicos). En la tabla los elementos se colocan en el orden de sus números atómicos de partida con el número más bajo. Cada fila de elementos de la tabla periódica se llama un **período**. Se puede ver que el número atómico aumenta a medida que se mueve de izquierda a derecha en cada período. Cada columna de la tabla periódica se llama un grupo o familia. Los elementos están dispuestos en estos grupos porque tienen similares propiedades químicas y físicas.

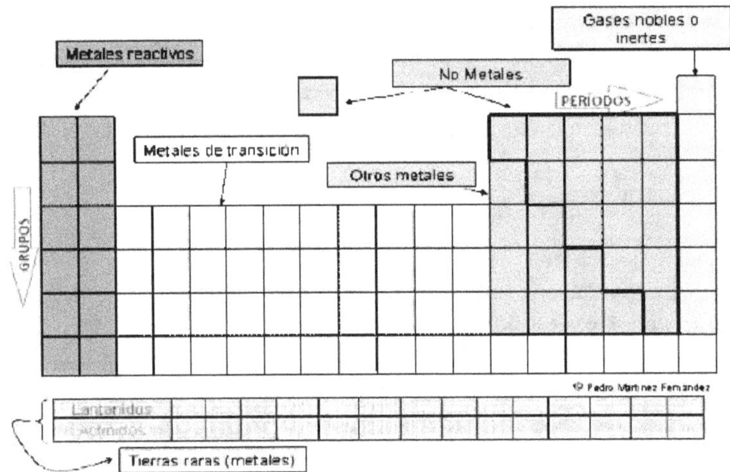

GRUPOS O FAMILIAS

Son conjuntos de elementos que tienen propiedades químicas muy similares. Están colocados en 18 columnas verticales y se identifican con números romanos del I al VIII. Se encuentran divididos en grupos A y B. A los elementos de los grupos A, del IA al VIIA, se les llama elementos representativos, y a los de los grupos B, elementos de transición.

Nombres de las Familias o Grupos Representativos

Grupo I	Metales Alcalinos
Grupo II	Metales Alcalinotérreos
Grupo III	Familia del boro
Grupo IV	Familia del carbono
Grupo V	Familia del nitrógeno
Grupo VI	Familia del oxígeno o calcógenos
Grupo VII	Familia de los halógenos
Grupo VIII	Gases nobles o inertes

Grupo IA:

Los elementos que pertenecen a este grupo son conocidos como **metales alcalinos**. Todos son suaves y brillantes (exceptuando al hidrogeno, que es un no metal muy reactivos con el aire y el agua; por ello, no se encuentran libres en la naturaleza y cuando se logran aislar, para evitar que reaccionen, se deben conservar sumergidos en ciertos líquidos, como por ejemplo aceites o éter de petróleo. Reaccionan con los elementos del grupo VIIA, formando compuestos iónicos.

Su configuración electrónica exterior es (ns1); tienden a perder este electrón y a quedar con numero de oxidación de +1. Estos metales son los más electropositivos. El francio, que es el último elemento de este grupo, es radiactivo.

En la tabla periódica se coloca al hidrogeno en este grupo debido al único electrón que posee; es un elemento gaseoso y sus propiedades no son las mismas que las del resto de los metales alcalinos.

Grupo IIA

Estos elementos presentan ciertas propiedades similares a los metales alcalinos, pero son un poco menos reactivos y se les conoce como metales alcalinotérreos. Con el oxigeno del aire forman óxidos, y reaccionan con los elementos del grupo VIIA (halógenos) formando sales.

Tienen completo su orbital s en su capa externa (ns2) y tienden a perder estos electrones tomando la configuración del gas noble que les antecede; por ello, su número de oxidación es de +2.

La reactividad de estos metales aumenta al desplazarse de arriba hacia abajo en el grupo; por ejemplo, el berilio y el magnesio reaccionan con el oxigeno formando óxidos solo a temperaturas elevadas, mientras que el calcio, el estroncio y el bario lo hacen a temperatura ambiente. El radio, al igual que el francio, del grupo anterior, es un elemento radiactivo.

Grupo III A

Este grupo está formado por el boro, el aluminio, el galio, el indio y el talio. El boro es un metaloide, y de los cuatro elementos metálicos restantes, tal vez el más importante por sus propiedades y abundancia es el aluminio, el cual, al combinarse con el oxigeno, forma una cubierta que impide cualquier reacción posterior; por ello, este metal es empleado en la elaboración de artículos y materiales estructurales.

La configuración electrónica externa que presentan es (ns2np1). Estos elementos forman también compuestos moleculares, que son característicos de los no metales; esto se explica por la configuración electrónica que presentan y por su ubicación en la tabla, ya que al desplazarse de izquierda a derecha en la tabla periódica, el carácter metálico de los elementos representativos empieza a perderse gradualmente.

Grupo IVA

El carbono es un no metal y es el elemento que encabeza este grupo, al que también se le conoce como la familia del carbono; los dos elementos siguientes, el silicio y el germanio, son metaloides; estos tres primeros elementos forman compuestos de carácter covalente. El estaño y el plomo, elementos que finalizan este grupo, son metales.

La configuración electrónica externa de los elementos de este grupo es (ns2np2). La tendencia que presentan en la disminución de sus puntos de fusión y ebullición, del silicio hasta el plomo, indica que el carácter metálico de los elementos de este grupo va en aumento.

Sin duda, el más importante de este grupo es el carbono, que da origen a todos los compuestos orgánicos; es decir, la química de la vida. El silicio es un elemento muy abundante en la corteza terrestre y es utilizado con frecuencia en la fabricación de "chips" de microcomputadoras. El germanio, por ser un semiconductor de la corriente eléctrica, es empleado en la manufactura de transistores; y los dos últimos, el plomo y el estaño, tienen usos típicos de los metales.

Grupo V A

Este grupo se conoce como familia del nitrógeno. Está compuesto por el nitrógeno y el fósforo, que son no metales; el arsénico y el antimonio, que son metaloides; y por el bismuto, que es un metal. Por lo mismo, este grupo presenta una variación muy notoria en las propiedades físicas y químicas de sus elementos.

La configuración electrónica externa que presentan es (ns2np3). El nitrógeno, que existe en forma de gas diatónica, es un no metal, importante como compuesto principal de la atmósfera terrestre (alrededor del 78%), y es vital para las plantas y los animales. El fósforo es un no metal sólido de importancia biológica que al reaccionar con el oxigeno del aire arde violentamente con desprendimiento de grandes cantidades de calor.

Grupo VI A

Forma la familia del oxigeno y está constituido por oxigeno, azufre y selenio, que son no metales; así como telurio y polonio, que son metaloides.

La configuración electrónica externa que presentan es (ns2np4). Tienen la tendencia a aceptar dos electrones para completar su última capa y formar compuestos iónicos con muchos metales.

Los elementos de este grupo reaccionan con los no metales de otros grupos, formando compuestos moleculares, especialmente el oxigeno, que se encuentra en el aire en forma de molécula diatónica (O2) y de ozono (O3). Además, es muy reactivo, ya que forma compuestos con casi todos los elementos. Es necesario para la combustión y esencial para la vida.

Grupo VII A

Así como los metales alcalinos, los elementos del grupo VIIA o halógenos muestran gran similitud química entre ellos. Los elementos de este grupo son no metales y existen como moléculas diatónicas en su estado elemental. Los halógenos son elementos muy reactivos a temperatura ambiente; el bromo es líquido y el yodo sólido. Sin embargo, el astatine es un elemento radiactivo y se conoce poco acerca de sus propiedades.

La configuración electrónica externa que presentan es (ns2np5) y tienden a ganar un electrón para completar su ultima capa. Por su alta reactividad no se encuentran en estado puro en la naturaleza; a los aniones que forman al ganar un electrón se les conoce como halogenuros o haluros. Forman compuestos iónicos con los metales alcalinos o alcalinotérreos, y compuestos moleculares entre ellos o con los otros no metales.

Grupo VIII A o Grupo cero

En este grupo se encuentran los gases nobles: helio, neón, argón, kriptón, xenón y radón. Tienen su ultima capa electo6nica completa (ns2np6), excepto el helio, cuya única capa es (1s2), que también está completa; por ello, su tendencia a combinarse entre ellos o con otros elementos es poca o casi nula. Las energías de ionización de estos elementos están entre las más altas y no presentan tendencia a ganar electrones; debido a esto, durante muchos años se les llamo gases inertes, pues se pensaba que no reaccionaban. En la actualidad, se han logrado sintetizar algunos compuestos, pero comúnmente se emplean como gases puros.

El helio es el más ligero. Comparado con el aire, tiene la séptima parte de su peso; por lo tanto, tiene un poder de elevación considerable. Otro gas de este grupo, el argón, es un excelente conductor del calor, y se utiliza en bulbos de luz y soldadura de magnesio para evitar la oxidación.

Grupos B

A los elementos que pertenecen a los grupos B en la tabla periódica, se les conoce como elementos de transición; un elemento de transición es aquel que tiene parcial-mente ocupado su orbital d o f. Se encuentran ubicados en los periodos 4, 5, 6 y 7; los ubicados en el periodo 6 comprenden a la serie de los lantánidos, y los del periodo 7, a la de los actínidos; a estas dos series se les conoce como metales de transición interna.

METALES DE TRANSICION

Los metales de transición se localizan en la parte central de la tabla periódica y se les identifica con facilidad mediante un número romano seguido de la letra "b" en muchas tablas. No hay que olvidar, sin embargo, que ciertas tablas periódicas emplean un sistema distinto de rótulos, en el que los primeros grupos de metales de transición están marcados como grupos "a" y los dos últimos grupos de metales de transición se identifican como grupos "b". Otras tablas no emplean la designación de "a" o "b".

METALES DE TRANSICIÓN INTERNOS

Las dos filas de la parte inferior de la tabla periódica se conocen como metales de transición internos. Localiza el lantano con el numero atómico 57. La serie de elementos que siguen al lantano (los elementos con número atómico del 58 al 71) se conocen como los lantánidos. Estos elementos tienen dos electrones externos en el subnivel 6s, más electrones adicionales en el subnivel 4f. De manera similar, la serie de elementos que siguen al actino (los elementos con número atómico del 90 al 103) se conocen como actínidos, que tienen dos electrones externos en el subnivel 7s, más electrones adicionales en el subnivel 5f. En el pasado, a los elementos de transición internos se les llamaba "tierras raras", pero esta no era una buena clasificación, pues la mayor parte no son tan raros como algunos otros elementos son, sin embargo muy difícil de separar.

	Alcalinos	Alcalinotérreos	Térreos o Boroideos	Carbonoideos	Nitrogenoideos	Anfígenos	Halógenos
Config. electrónica	ns^1	ns^2	$ns^2 np^1$	$ns^2 np^2$	$ns^2 np^3$	$ns^2 np^4$	$ns^2 np^5$
Carácter	metálico	metálico	metálico salvo el B (semimetal)	no metálico, semimetal, metálico	no metálico, semimetales metálico	no metálico, semimetales	no metálico
Estado natural	combinado	combinado	libres, salvo B y Al	combinados, salvo el C	combinados, salvo el N	libres el O y el S	combinado
Enlace más habitual	iónico	iónico	iónico	covalente, iónico para dos	covalente	covalente	covalente
Potenciales de ionización	bajos	medios	medios	elevados	altos	altos	muy altos
Reactividad	alta	alta	media	media	media	alta	muy alta
Carácter redox	fuertemente reductores	fuertemente reductores	reductores, salvo el B	reductor el Si	inerte el N, reductor el P	oxidante el O	muy oxidantes
Compuestos más importantes	hidróxidos	hidróxidos	aluminatos	óxidos, sulfuros	nitratos, fosfatos	óxidos, hidróxidos, sulfatos, sulfuros	haluros
Reacción con agua	si, desprenden hidrógeno	si, muchas sales insolubles	no				si

CAPÍTULO 2: EL HIDROGENO

HIDROGENO

INTRODUCCIÓN

El hidrógeno es un elemento químico representado por el símbolo H y con un número atómico de 1. En condiciones normales de presión y temperatura, es un gas diatómico (H_2) incoloro, inodoro, insípido, no metálico y altamente inflamable. Con una masa atómica de 1,00794(7)uma, el hidrógeno es el elemento químico más ligero y es, también, el elemento más abundante, constituyendo aproximadamente el 75% de la materia del universo. En su ciclo principal, las estrellas están compuestas por hidrógeno en estado de plasma. El hidrógeno elemental es muy escaso en la Tierra y es producido industrialmente a partir de hidrocarburos como, por ejemplo, el metano. La mayor parte del hidrógeno elemental se obtiene "in situ", es decir, en el lugar y en el momento en el que se necesita. El hidrógeno puede obtenerse a partir del agua por un proceso de electrólisis, pero resulta un método mucho más caro que la obtención a partir del gas natural. Sus principales aplicaciones industriales son el refinado de combustibles fósiles (por ejemplo, el hidrocracking) y la producción de amoníaco (usado principalmente para fertilizantes).El isótopo del hidrógeno más común en la naturaleza, conocido como protio, tiene un solo protón y ningún neutrón. En los compuestos iónicos, el hidrógeno puede adquirir carga positiva (convirtiéndose en un catión compuesto únicamente por el protón) o negativa (convirtiéndose en un anión conocido como hidruro). El hidrógeno puede formar compuestos con la mayoría de los elementos y está presente en el agua y en la mayoría de los compuestos orgánicos. Desempeña u papel particularmente importante en la química ácido - base, en la que muchas reacciones conllevan el intercambio de protones entre moléculas solubles. Puesto que es el único átomo neutro para el cual la ecuación de Schrödinger puede ser resuelta analíticamente, el estudio de la energía y del enlace del átomo de hidrógeno ha sido fundamental para el desarrollo de la mecánica cuántica.

El hidrogeno se encuentra libre en la naturaleza en muy pocas cantidades. Lo podemos encontrar en los gases de volcanes, en yacimientos de sales, rocas volcánicas.

Historia

El hidrógeno diatómico gaseoso, H_2, fue formalmente descrito por primera vez por T. Von Hohenheim (más conocido como Paracelso, 1493 - 1541) que lo obtuvo artificialmente mezclando metales con ácidos fuertes. Para Celso no era consciente de que el gas inflamable generado en estas reacciones químicas estaba compuesto por un nuevo elemento químico. En 1671, Robert Boyle redescubrió y describió la reacción que se producía entre limaduras de hierro y ácidos diluidos, y que generaba hidrógeno gaseoso. En 1766, Henry Cavendish fue el primero en reconocer el hidrógeno gaseoso como una sustancia discreta, identificando el gas producido en la reacción metal – ácido como "aire inflamable" y descubriendo que la combustión del gas generaba agua. Cavendish tropezó con el hidrógeno cuando experimentaba con ácidos y mercurio. Aunque asumió erróneamente que el hidrógeno era un componente liberado por el mercurio y no por el ácido, fue capaz de describir con precisión varias propiedades fundamentales del hidrógeno. Tradicionalmente, se considera a Cavendish el descubridor de este elemento. En 1783, Antoine Lavoisier dio al elemento el nombre de hidrógeno (en francés Hydrogène, del griego ὕδωρ , ὕδᾰτος "agua" y γένος-ου, "generador") cuando comprobó (junto a Laplace) el descubrimiento de Cavendish de que la combustión del gas generaba agua.

Obtención:

- ✓ **Del H₂O por electrolisis:** para que el H_2O conduzca mejor la corriente eléctrica, se agrega algún compuesto (ácido o sal). En el electrodo negativo, el H_2 se descarga y se desprende como burbuja.
- ✓ **Desplazamiento del H₂O:** los metales como el Sodio, Potasio, Calcio, son tan activos que desplazan el H_2 del H_2O. éstos son menos densos que el H2O y flotan en la superficie durante la reacción. Se produce gas H_2, cada átomo del metal desprende un electrón que pasa a ser ión en la disolución. El ión hidrógeno se apodera del electrón y se forma un átomo de H_2.
- ✓ **Por desplazamiento de ácidos:** se emplea como metal al Cinc y al Acido Sulfurico (H_2SO_4). Se coloca el Cinc en el matraz **A**, se vierte el ácido por el tubo de seguridad **B**. se produce la reacción ascendiendo burbujas del gas. Se coloca el tubo de desplazamiento bajo la boca del frasco colector **D** colocado en una cuba **E**.

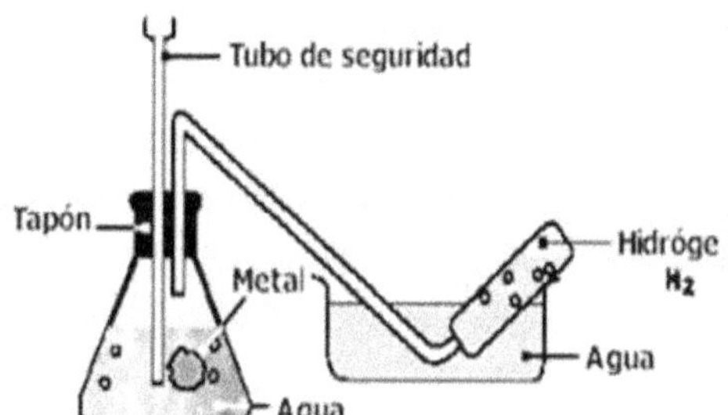

Si se necesita una corriente continua de gas se emplea un generador de Kipp.

El desprendimiento de gas H_2 puede regularse mediante la llave **C**. El generador consta de 2 partes **A** y **B** unidas en **G** por un ajuste hermético esmerilado. El metal se coloca en **D,** se vierte el ácido por **A**, que cae por el tubo al depósito **B**, cuando éste se encuentra lleno sube por **E** y se pone en contacto con el metal, el H_2 que se produce sale por **C**. Si **C** está cerrado el H_2 que sigue produciéndose, produce un aumento de la presión en los compartimientos **D** y **E**, empujando el ácido que sube por el tubo central, cuando el ácido deja de estar en contacto con el metal no hay más producción de H_2.

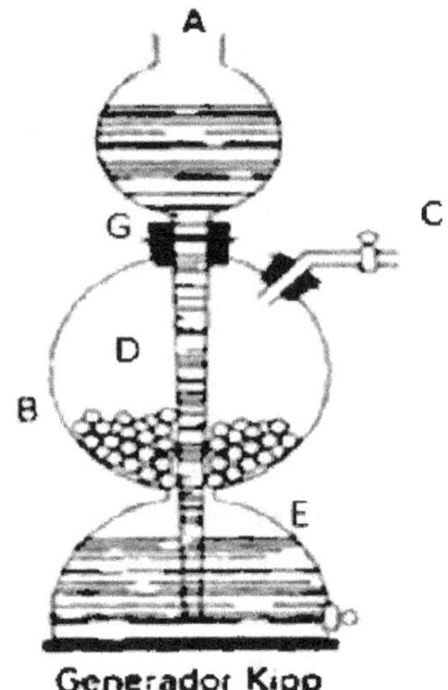

$$Zn° + H_2SO_4 + 1 \longrightarrow ZnSO_4 + H_2$$

$$Zn + 2\,HCl \longrightarrow ZnCl_2 + H_2$$

$$2\,Na + 2\,H_2O \longrightarrow 2\,NaOH + H_2$$

$$Ca + 2\,H_2O \longrightarrow 2\,Ca(OH)_2 + H_2$$

✓ Otros métodos de obtención del H2: industrial. Se obtiene desplazándolo del vapor de H2O mediante Fe. Se pasa un exceso de vapor de H2O recalentado sobre FE, el vapor sobrante se condensa, y se recoge el H2 puro.

$$3\,Fe + 4\,H_2O\,(g) \longrightarrow Fe_3O_4 + 4\,H_2$$

Propiedades físicas:

    ✓ Poco soluble en H_2O.

    ✓ Puede ser licuado

    ✓ $\delta = 0,089$ g/L.

    ✓ Es el gas menos denso

    ✓ Es el más liviano.

    ✓ Inodoro, incoloro, insípido.

Propiedades químicas:

    ✓ Arde en el aire y puede reaccionar explosivamente con O_2.

✓ A medida que la temperatura aumenta, hay más reacción entre H_2 y O_2, esta mezcla es inerte a temperaturas ordinarias.

<u>Hidruros:</u>

El hidrógeno se combina con los elementos no metálicos y con los metales más activos.

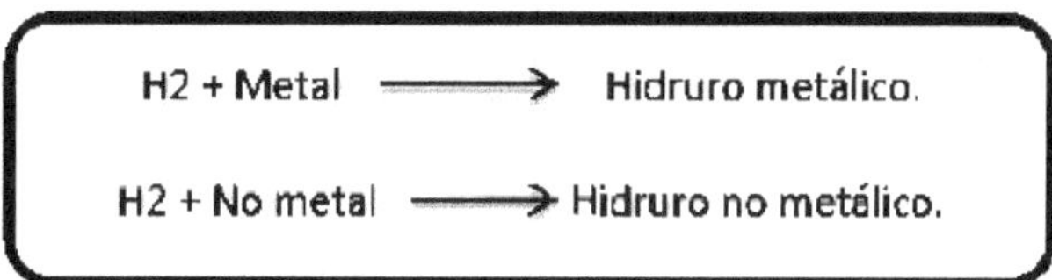

Los hidruros se clasifican en cuatro tipos:

✓ **Hidruro iónico**: los metales de grupo I y II obligan al átomo de hidrógeno a recibir un electrón. Se forman a temperaturas elevadas; con excepción de LiH, todos se descomponen antes de alcanzar el punto de fusión. Se descomponen con el H_2O y el aire. Con H_2O forman hidróxidos.

$$NaH + H_2O \longrightarrow NaOH + H_2$$

✓ **Hidruro covalente**: se forman con metales como Mg, Be, Al, Ga, In, metano, H_2S, HCl. El H_2 presenta tendencia a formar la configuración electrónica de He en donde comparte electrones.

✓ **Metálicos**: Son combinaciones del hidrógeno con los elementos metálicos de las series d y f. Generalmente son compuestos no estequiométricos y presentan propiedades metálicas como la conductividad.

✓ **Hidruros salinos**: Los hidruros salinos se caracterizan formalmente por contener al hidrógeno en estado de oxidación −1, y existen sólo para los metales más electropositivos (Grupos 1 y 2). Los hidruros de los elementos alcalinos presentan estructura de tipo NaCl, mientras que las de los hidruros de los elementos alcalinotérreos son similares a las de los haluros de metales pesados como el PbCl2. De ahí la denominación de hidruros salinos. Los hidruros salinos son insolubles en disoluciones no acuosas, con excepción de los haluros alcalinos fundidos, donde son muy solubles.

La electrólisis de los hidruros fundidos originan H2 en el ánodo, lo que es consistente con la presencia de iones H^-. Otros hidruros tienden a descomponerse antes de fundirse.

$$2H^- \text{ (en sal fundida)} \rightarrow H_2(g) + 2e$$

Los hidruros salinos, generalmente sólidos blancos o grises, se obtienen generalmente mediante reacción directa del metal con hidrógeno a altas temperaturas. Los hidruros se utilizan como desecantes y reductores, como bases fuertes y algunos como fuentes de H2 puro. El CaH2 es particularmente útil como agente desecante de disolventes orgánicos, reaccionado suavemente con el agua. El CaH2 también se puede emplear para reducir los óxidos metálicos a metal:

$$CaH_2 \ (s) + 2H_2O \ (l) \rightarrow Ca^{2+}(ac) + 2H_2(g) + 2OH^-(ac)$$

$$CaH_2 \ (s) + MO(s) \rightarrow CaO(s) + M(s) + H_2(g)$$

El hidruro sódico reacciona violentamente con el agua, pudiendo llegar a inflamarse con la humedad del aire:

$$NaH(s) + H_2O \ (l) \rightarrow Na^+(ac) + H_2(g) + OH^-(ac)$$

Cuando se produce un incendio por la inflamación de NaH, nunca se debe apagar con agua, ni tampoco, con CO2, ya que éste produce más llamas. Estos incendios se apagan con extintores de polvo como los de SiO2 (sílice).

Uno de las aplicaciones de los hidruros salinos, como el NaH, es la formación de otros hidruros:

$$NaH \ (s) + B(C_2H_5)_3 \ (éter) \rightarrow Na[HB(C_2H_5)_3] \ (éter)$$

El LiH reacciona con el cloruro de aluminio para formar un hidruro complejo de litio y aluminio, LiAlH4, que es muy útil como agente reductor en Química Orgánica.

$$Al_2Cl_6 \ (éter) + 8 \ LiH \ (éter) \rightarrow 2LiAlH_4 \ (éter) + 6LiCl(s)$$

Presencia en la naturaleza:

El hidrógeno es el elemento más abundante del Universo. Representa, en peso, el 92% de la materia conocida; del resto, un 7% es de He y solamente queda un 1% para los demás elementos.

En nuestro planeta es el 10º elemento más abundante en la corteza terrestre Lo encontramos combinado en forma de agua (su compuesto más abundante; cubre el 80% de la superficie del planeta), materia viva (hidratos de carbono y proteínas; constituye el 70% del cuerpo humano), compuestos orgánicos, combustibles fósiles (petróleo y gas natural), etc.

Curiosamente, es poco abundante en la atmósfera terrestre debido a que su reducida masa molecular hace difícil su retención gravitatoria.

Excepto en la estratosfera, donde se puede detectar en forma atómica, el hidrógeno elemental se presenta siempre en forma molecular H2 molécula a la que denominaremos dihidrógeno, como recomiendan algunos autores, hidrógeno molecular o simplemente hidrógeno. El dihidrógeno (H_2) es un gas incoloro e inodoro, menos denso que cualquier otro gas ($d=8.99 \cdot 10-5$ g·cm-3) y muy poco soluble en agua.

El hidrógeno es el sistema de almacenamiento de energía por excelencia en el universo.

Las estrellas relativamente jóvenes como nuestro Sol, están compuestas mayoritariamente por hidrógeno y se sustentan a sí mismas mediante reacciones como:

$$1H + 1H \rightarrow 2H + \beta+$$

$$1H + 2H \rightarrow 3He$$

$$3He + 3He \rightarrow 4He + 21H$$

Isótopos del Hidrógeno:

Los compuestos de la naturaleza que contienen al hidrógeno, poseen átomos en los que el núcleo predominantemente es el protón. Así, el hidrógeno terrestre contiene 0.0156% de deuterio, mientras que el tritio se presenta en la naturaleza sólo en cantidades mínimas, del orden de 1 en 1017.

El **tritio** (con un núcleo formado por dos neutrones y un protón) se forma en las capas altas de la atmósfera debido a reacciones nucleares. El tritio posee un espín nuclear de 1/2 y una masa atómica de 3.016. Es radioactivo con una vida media de 12.4 años. Se puede producir artificialmente en los reactores nucleares.

El **deuterio** contiene un protón y un neutrón y posee un espín nuclear de 1. Su masa atómica es de 2.0141 umas y es estable. Se separa del agua como D_2O, por destilación fraccionada o por electrólisis.

El hidrógeno contiene tan sólo un protón en su núcleo, y su espín nuclear es de 1/2. Su masa atómica es de 1.0078 y es estable. El hidrógeno molecular, H_2, es un gas incoloro e inodoro, insoluble en agua, que posee bajos puntos de fusión y ebullición. Las diferencias de las masas atómicas entre los tres isótopos ocasionan diferencias en las propiedades físicas de los isótopos en su forma molecular

El hidrógeno tiene dos isótopos estables y un tercero radioactivo:

***Protio** (hidrógeno-1), o simplemente hidrógeno, 11H, abundancia natural: 99.04%. Spin nuclear: 1/23

***Deuterio** (hidrógeno-2), 12H o D; abundancia: 0.0115 %. Spin nuclear: 1

***Tritio** (hidrógeno-3), 13H. Isótopo radioactivo (vida media 12.26 años). Abundancia: 7 10-16 %. Decae a helio-3 emitiendo una partícula β, β=-10e .

$$13H \rightarrow 23He + \beta$$

El tritio se forma constantemente como consecuencia del impacto de los rayos cósmicos en átomos de las capas altas de la atmósfera:

$$714N + 10n \rightarrow 612C + 13T$$

Existe una significativa demanda de tritio como marcador radioactivo para usos médicos dado que emite electrones de baja energía (solo radiación b sin radiación g) (3) que apenas dañan los tejidos biológicos. Pero su demanda más importante parte de su uso militar. Las denominadas bombas de hidrógeno son en realidad bombas de tritio. Su corta vida media hace que haya que regenerarlas cada poco tiempo.

La obtención del tritio se realiza mediante química nuclear, irradiando lentamente 36 Li con neutrones

$$36\,Li + 10n \rightarrow 13H + 24He$$

La notable diferencia en cuanto a la abundancia relativa de los tres isótopos hace que las propiedades del hidrógeno sean básicamente las del isótopo hidrógeno-1 11H.

Debido a que el hidrógeno es tan ligero, las diferencias relativas en cuanto a masa atómica entre sus isótopos es la mayor que podemos encontrar en toda la Tabla Periódica.

Como consecuencia de ello es el hidrogeno el que presenta isótopos con una mayor diferencia en cuanto a propiedades físicas.

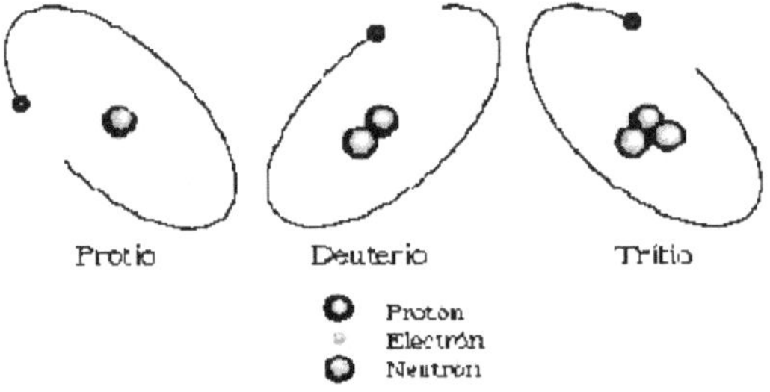

Protón: el protón libre H+ únicamente puede producirse en condiciones energéticas, mediante la aplicación de un alto voltaje en un tubo de descarga que contenga H2 a menor presión. El protón atrae partes de electrones libres y forma la configuración electrónica del He.

PRECAUCIONES

Peligros químicos: El hidrógeno es un gas muy inflamable y explosivo; reacciona violentamente con el aire (oxígeno), halógenos y oxidantes fuertes con gran desprendimiento de calor. A esto se suman los catalizadores metálicos, tales como platino y níquel que aceleran enormemente estas reacciones.

Efectos del hidrógeno sobre la salud: ¡Cuidado!, la presencia del hidrógeno no es fácil de detectarlo y la exposición a este gas puede causar serios daños y hasta la muerte por las siguientes razones:

- ✓ La combinación con el aire es explosivo, puede causar incendios y quemaduras.
- ✓ Es un gas que tiene el poder de penetrar en el cuerpo sin necesidad de inhalación.
- ✓ Puede producir asfixia porque consume el oxígeno del medio ambiente.

Efectos del hidrógeno en el medio ambiente: En muy pocas concentraciones existe naturalmente en la atmósfera. El gas se disipa rápidamente en áreas bien ventiladas. Sobre los animales, causa los mimos efectos que a los humanos y en las plantas no se advierte efectos adversos, aparte de la helada producida en presencia de los gases de expansión rápida.

SÍNTOMAS DE LA PRESENCIA DEL GAS.

Los individuos que respiran esta atmósfera, pueden experimentar dolores de cabeza, zumbidos en los oídos, mareos, somnolencia, inconsciencia, náuseas, vómitos y depresión de todos los sentidos. La piel de una víctima puede presentar una coloración azul y puede producir la muerte.

RECOMENDACIONES.

- ✓ Se debe utilizar ropa especial, porque el gas puede penetrar a través del cuerpo.
- ✓ Ante cualquier sospecha, en lo pasible medir concentraciones de hidrógeno con un detector de gases adecuado.

Anexo

¿Que es la bomba de hidrógeno?

Se llama también bomba de fusión o bomba termonuclear pero en realidad es una bomba de fisión – fusión ya que la temperatura necesaria para iniciar la reacción se obtiene haciendo explotar previamente una bomba atómica (A). A diferencia de la fisión, consiste en la unión de dos núcleos isotópicos pesados del hidrógeno (el deuterio y tritio) a millones de grados de temperatura y un incremento espectacular de la velocidad.

La reacción se produce en tres fases:

$$^2_1H \; + \; ^3_1H \; \longrightarrow \; ^4_2He \; + \; ^1_0n \; + \; \text{energía}$$

La primera consiste en la explosión de una bonba atómica (A), dado que sólo ésta detonación puede proporcionar la tremenda cantidad de calor necesaria para iniciar la fusión de los átomos de hidrógeno. La segunda es la bomba de H propiamente dicha, que es la fusión de deuterio y tritio en el interior de una cubierta; al detonar se forman átomos de helio y neutrones de alta energía. La tercera fase se inicia con el impacto de estos neutrones en la cubierta exterior de la bomba, que está hecha de uranio natural o uranio 238.

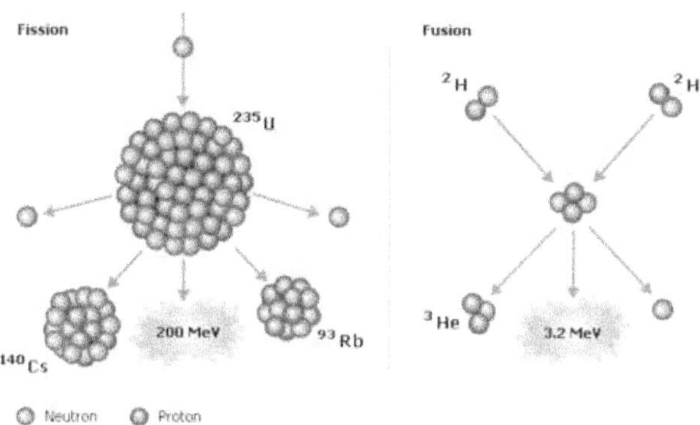

En este punto no se produce reacción en cadena, pero los neutrones de la fusión tienen suficiente energía para producir la fisión del núcleo de uranio, de esta manera logrando una suma de la potencia explosiva total y la radiactividad de los residuos de la bomba.

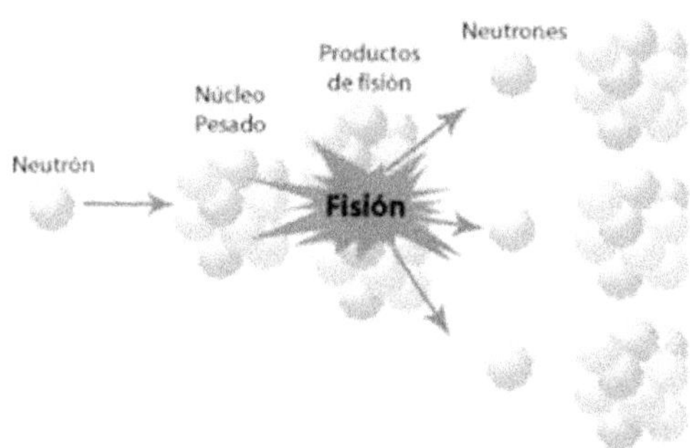

La reacción de fusión entre todos los componentes de la llamada bomba de H (deuterio, tritio y uranio) produce instantáneamente una temperatura aproximada de 100 millones de grados y una presión de varias atmósferas generando lo que es más catastrófico una barrera de calor que avanza como una pared destruyendo todo lo que encuentra a su paso.

Los productos de la fusión se expanden por la explosión a unos 160 Km a la redonda y parte de las cenizas radiactivas es transportada a todos los rincones de la tierra contaminando y provocando numerosas consecuencias negativas por muchos años.

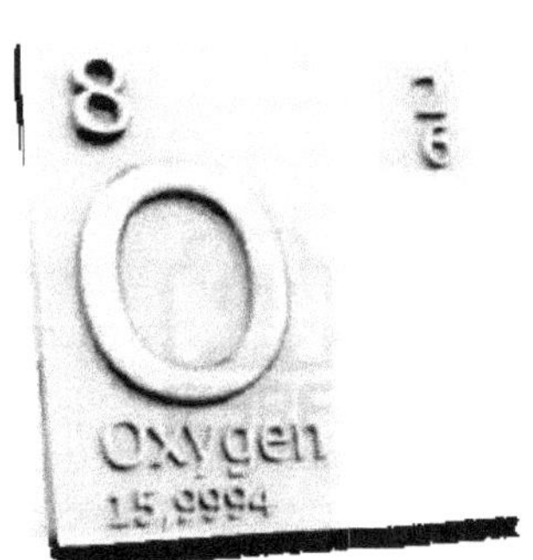

CAPÍTULO 3: EL OXÍGENO

OXÍGENO

El oxígeno es un gas incoloro e inodoro que condensa en un líquido azul pálido. Debido a que es una molécula de pequeña masa y apolar tiene puntos de fusión y ebullición muy bajos. Es el elemento más abundante en el planeta ya que supone el 21 % de la atmósfera (78% N_2). En la corteza terrestre constituye el 46 % de la hidrosfera (H_2O) y el 58 % de la litosfera (silicatos, carbonatos, fosfatos, sulfatos, etc.)

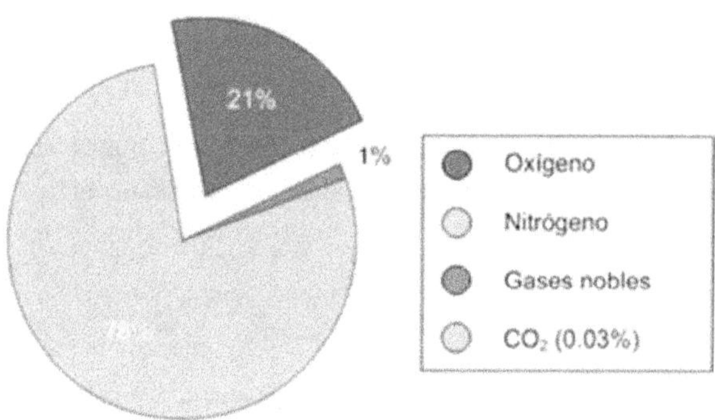

Figura 1. Composición aire

Formación del oxígeno atmosférico:

Los gases que constituían la atmósfera primitiva de la Tierra se produjeron en su mayor parte como consecuencia de erupciones volcánicas. Dichas emanaciones estarían formadas básicamente por el H_2O y el CO_2 pero no dioxígeno. El oxígeno elemental se tuvo que formar a partir de estos compuestos. Probablemente el oxígeno empezó a formarse por hidrólisis de H_2O provocada por la radiación solar. Se piensa que alrededor de un 1% del oxígeno libre se pudo producir por este proceso. La mayoría del oxígeno se formó como consecuencia de la actividad fotosintética de las algas marinas. El aumento de la cantidad de oxígeno en la atmósfera propició también la formación de la capa de ozono estratosférico facilitando la evolución de la vida del ámbito marino a la superficie terrestre. Los organismos fotosintéticos, plantas, algas, constituyen la fuente renovadora del oxígeno atmosférico implicado en un complejo ciclo de consumo/regeneración. El O_2 atmosférico se consume por la respiración de los seres vivos y tambien por procesos naturales (combustión) e industriales que producen CO_2, siendo regenerado a partir del CO_2 y H_2O mediante la fotosíntesis.

Naturaleza singular del oxígeno:

En varios grupos de la Tabla Periódica hay marcadas diferencias entre el primer elemento y los demás. Cuando el oxígeno se compara con el azufre y los restantes elementos del grupo, las diferencias se hacen notorias y vienen ocasionadas por: **El pequeño tamaño del oxígeno y sus iones.**

La menor electronegatividad de los elementos O → Po que implica menor carácter iónico en sus enlaces. El O es el segundo elemento más electronegativo por detrás del F. Esto se traduce en una gran importancia del enlace de H para algunos compuestos con O y prácticamente nula para los demás.

El oxígeno no puede ampliar octeto, mientras que el azufre puede acomodar hasta 18 e- en la capa n = 3. Esto implica que los índices de coordinación en el azufre sean muy variados y elevados.

Consecuencias:

1. En los compuestos con oxígeno hay un predominio de los enlaces múltiples. En la tabla siguiente se dan las contribuciones medias σ y π a los enlaces dobles:

Contribuciones σ/π a un enlace doble (KJ mol-1)

C-C	N-N	O-O	F-F
335/295	160/395	145/350	155/-
Si-Si	P-P	S-S	Cl-Cl
195/120	200/145	270/155	243/-
Ge-Ge	As-As	Se-Se	Br-Br
165/110	175/120	210/125	188/-

A la vista de la tabla se pueden hacer algunas consideraciones:

- ✓ El enlace sencillo (σ) O-O es muy débil (comparado con el C-C por ejemplo).
- ✓ El oxígeno puede utilizar sus orbitales p para formar fuertes enlaces dobles. La formación de un enlace doble O=O está mucho más favorecida que la formación de un enlace doble S=S o Se=Se (el aumento de tamaño hace que el solapamiento pπ-pπ sea menos eficaz y la formación de enlaces dobles está prácticamente restringida a O y S). Mientras que la química del O está gobernada por la tendencia a formar enlaces múltiples (presentes por ejemplo en el dioxígeno o en el ozono), la de S y el resto de los elementos del grupo está gobernada por la presencia mayoritaria de enlaces sencillos (S8, Se8, α-Se).

✓ Los dobles enlaces son más estables cuando se dan entre dos átomos con pequeña diferencia de electronegatividad o cuando la suma de electronegatividades sea elevada

Enlace	O (KJ mol-1)	S (KJ mol-1)
X-X	136	213
X=X	496	317

2. El oxígeno forma muy pocos compuestos homo-catenados. Mientras que en el oxígeno la tendencia a la homocatenación es prácticamente inexistente, el S (y en menor medida el selenio) forma innumerables compuestos con enlaces S-S (despues del C es el elemento más versátil en cuanto a la formación de homocadenas).

3. La elevada electronegatividad del oxígeno posibilita la existencia de puentes de hidrógeno e impone carácter iónico en muchas de sus combinaciones (óxidos y peróxidos).

4. El oxígeno no posee orbitales d de baja energía. Esto limita la coordinación a un máximo de 4. Mientras el oxígeno sólo forma un óxido con el flúor, (OF_2), el S forma varios (algunos como el SF_6 n.c = 6). Podemos racionalizar la formación de este compuesto desde el punto de vista de la teoría de Enlace de Valencia; para formar los 6 enlaces covalentes, el S debe adoptar una hibridación sp3d2. La ausencia del análogo compuesto de oxígeno se achaca a la ausencia de orbitales d de baja energía.

Estado natural:

El oxígeno se encuentra libre en la atmósfera en forma de O2, el cual constituye la quinta parte de su peso y en las altas capas de la atmósfera como O3. Combinado se lo encuentra formando H2O que cubre las 3/4 partes de la superficie terrestre y el mismo constituye 8/9 de su peso, también se lo encuentra formando una gran cantidad de óxidos, oxoácidos, sales oxigenadas, el alcohol, el azúcar, la celulosa y gran cantidad de compuestos orgánicos.

Obtención:

El oxígeno industrialmente se puedo obtener a partir de la destilación fraccionada del aire líquido. En este procedimiento llamado método de Georges Claude se desprende primero ázoe a -193° y luego el oxígeno a -181°.

El aire está compuesto por:

Sustancia	% En peso	% En volumen
Nitrógeno (N_2)	75.51	68.03
Oxigeno (O_2)	23.15	29.98
Argón (Ar)	1.29	0.94
Dióxido de carbono (CO_2).	0.04	0.03
Hidrogeno (H_2)	0.0007	0.01
Helio, Kriptón y Xenón	Vestigios	

Un método químico es el llamado **método de Lavoisier** el que consiste en el calentamiento de mercurio se oxida a 360° y luego se descompone el óxido.

$$Hg + O \longleftrightarrow HgO$$

En la industria se emplea el método de Boussingault, el cual consiste en el calentamiento de barita u óxido de bario (BaO) que se calienta al aire, al rojo naciente (400° aprox.), combinándose con el Oxígeno para formar bióxido de bario.

$$BaO + O \longrightarrow BaO_2$$

Calentando en seguida el bióxido de bario hacia 800°; se disocia en barita y oxígeno por la reacción inversa.

$$BaO_2 \longrightarrow BaO + O$$

Teóricamente la barita puede servir indefinidamente pero en la práctica esto no sucede ya que el gas carbónico contenido en el aire produce carbonato de bario y por esto se debe renovar la barita periódicamente.

Se puede obtener oxígeno a partir de la **electrólisis de agua** alcalinizada con un 10 o 15% de NaOH. Los electrodos son de hierro. Todo se produce como si el agua estuviese descompuesta, y se recoge el oxígeno en el electrodo positivo y el hidrogeno en el electrodo negativo.

Métodos de laboratorio: Se descompone el agua oxigenada en presencia de un catalizador; se utiliza generalmente el bióxido de manganeso: MnO_2.

$$H_2O_2 \longrightarrow H_2O + O$$

En lugar de utilizar H_2O_2, se puede utilizar el compuesto metálico correspondiente: Na_2O_2 ó K_2O_2

Estos compuestos son destruidos por el agua:

$$H2O + K_2O_2 \longrightarrow 2\,KOH + O$$

Se puede obtener oxígeno por calcinación de dióxido de manganeso y Clorato de potasio.

$$3\ MnO_2 \longrightarrow Mn_3O_4 + O_2$$

$$ClO_3K \longrightarrow KCl + 3\ O$$

Realmente no se descompone el clorato de potasio completamente sino hasta una temperatura mucho más elevada a una temperatura moderada la ecuación correspondiente es la siguiente:

$$2\ ClO_3K \longrightarrow ClO_4K + KCl + O_2$$

Para evitar este inconveniente generalmente se mezcla el clorato de potasio con dióxido de manganeso, en el cual el oxígeno se fija primero y luego inmediatamente lo abandona según las reacciones inversas:

$$2\ MnO_2 + 3\ O \longrightarrow Mn_2O_7$$

$$Mn_2O_7 \longrightarrow 2\ MnO_2 + 3\ O$$

Propiedades físicas:

El oxígeno es un gas, de densidad 1.1056 en relación con el aire (densidad 0,00143 g/cm^3); es incoloro, inodoro e insípido.

Es poco soluble en agua (0.0410 en agua a 0°c), pero es absorbido en frío mejor que en caliente por algunos metales y ciertos óxidos metálicos como ser la plata fundida, la cual absorbe 22 veces su volumen sin combinación. Cuando la plata se enfría el oxígeno se libera produciendo desgarraduras. El oxígeno licua a una temperatura de -139 °c a una presión de 22.5 atm. Y es de un color azulado el cual hierve a -182,5°c. El calor de disociación del oxígeno molecular es de -117.3 Kcal/mol.

El oxígeno se encuentra en dos variedades alotrópicas O_2 y O_3. También existe el O_4 el cual aumenta en proporción con el descenso de la temperatura.

Propiedad	Oxigeno	Ozono
Ubicación	Se lo encuentra en la atmósfera en forma de O_2 en estado gaseoso	Se lo encuentra en la atmósfera en forma de O_3 en estado gaseoso
Densidad	0,00143 g/cm^3	
Color	Incoloro gaseoso y azul licuado	Azul claro gaseoso y azul oscuro licuado
Olor	Inodoro	Posee un olor nauseabundo semejante al del cloro.
P. de ebullición	-182.5 °C	-112 °C
Características	La molécula de O_2 es paramagnética en	La molécula de O_3 es

	Oxígeno	Ozono
	sus tres estados y es angular.	diamagnética y angular (117°49'±30').
Reactividad	El oxígeno, directa o indirectamente reacciona con todos los elementos de la naturaleza exceptuando el Flúor y los metales nobles (Au y Pt). La combinación de un cuerpo con oxígeno recibe el nombre de combustión. Esta combinación puede ser acompañada de un gran desprendimiento de calor.	El ozono posee las mismas propiedades químicas que el oxígeno solo que se producen más enérgicamente. Es decir que oxidaciones con ozono se producen mayor velocidad que con oxígeno, o en condiciones que con oxígeno no son apreciables.
Usos	Se utiliza para las combustiones en las cuales se desea llegar a una temperatura más elevada que si se utiliza aire. Se utiliza para dar a los enfermos y para abastecer de oxígeno a los tripulantes en los aviones ultrasónicos y naves espaciales. El oxígeno se utiliza en los sopletes y principalmente para mejorar los aceros en los altos hornos.	Se utiliza como desinfectante para la fabricación de aceites secantes. Se usa como desinfectante y antiséptico en la purificación de agua potable.
Obtención	El oxígeno puede obtenerse a partir de la descomposición térmica de óxidos (de metales poco reactivos, de los peróxidos, algunos bióxidos y algunas oxisales). Se puede obtener por electrólisis del agua. Por destilación fraccionada del aire líquido.	El ozono puede obtenerse a partir de oxigeno molecular por calentamiento (por un filamento de platino en contacto con aire liquido) por radiación (por luz con 2.090 Å de Long. de onda), eléctricamente (por descarga eléctrica silenciosa).

Propiedades químicas:

Isótopos: 16O, 17O, 18O.

Forma óxidos con la mayoría de los elementos. Intervienen en procesos de oxidación, proceso lento con disipación de calor, y combustión, proceso que se lleva de manera rápida.

La mayor parte de los óxidos reaccionar con H_2O dando:

- ✓ Ácidos: óxidos ácidos o anhídridos.
- ✓ Bases: óxidos básicos.

Oxidación: Cuando el proceso de unión con el oxígeno es lento y el calor que se desprende durante el mismo se disipa sin aumento de la temperatura. Un ejemplo puede ser la corrosión del hierro.

Combustión: El proceso es rápido y hay un aumento de la temperatura. Ejemplos de esto pueden ser cuando el alcohol arde o el carbón se quema.

Combustión espontánea: Si la oxidación de un cuerpo se efectúa de manera que el calor se pierde más lentamente que como se produce, la temperatura aumenta como lo hace la oxidación y el material se enciende espontáneamente.

Aplicaciones:

- ✓ En la industria para aumentar la temperatura y soldar o cortar metales.
- ✓ Como oxidante de compuestos.
- ✓ Para acelerar procesos de combustión tal como en la fabricación de acero.
- ✓ Biomédica: el O2 puro licuado en envasado en tanques para ser mezclado con aire y aplicado a pacientes que están conectado a respiradores.
- ✓ Biológica: es el componente principal de los procesos de respiración celular.

CICLO NATURAL DEL OXÍGENO:

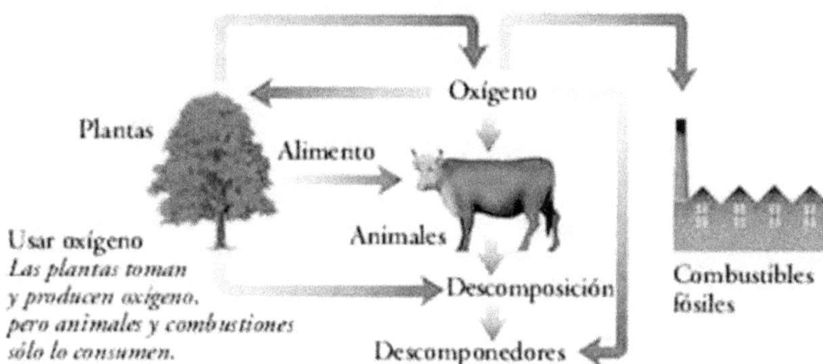

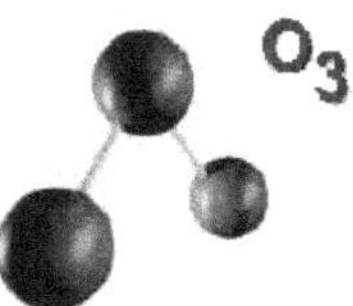

OZONO (O₃)

El ozono, O3, es una alótropo termodinámicamente inestable del oxígeno (DGf = +163 kJmol-1).

Es un gas azulado a temperatura ordinaria. Sus puntos de fusión y ebullición son mayores que los de la molécula de dioxígeno O_2, lo que indica que las fuerzas intermoleculares son de mayor magnitud. Es muy poco soluble en agua. Tiene un fuerte olor (se detecta en muy bajas concentraciones 0.01 ppm). Su nombre procede de la raíz griega ozein; podemos olerlo. Es una molécula con momento dipolar consecuencia de una geometría no lineal. Es termodinámicamente inestable y se descompone formando O_2. Esta reacción transcurre lentamente por motivos cinéticos pero puede acelerarse por la presencia de sustancias que actúen como catalizadores o por la acción de radiación ultravioleta.

$$3\,O_2 \rightarrow 2\,O_3 \qquad \Delta G^\circ f = 163 \text{ kJmol-1}$$

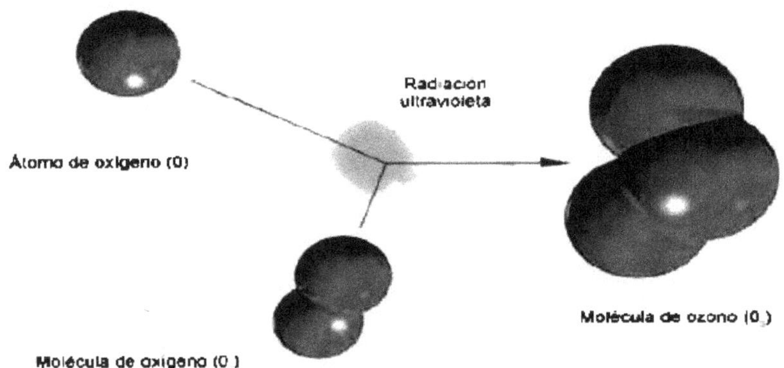

Es una molécula diamagnética, extremadamente tóxica (máxima exposición 0.1 ppm). Se produce en zonas con un alto voltaje (fotocopiadoras, impresoras láser, etc) y es causante de dolores de cabeza en ambientes de oficina. Sin embargo su presencia en la troposfera nos protege de la radiación ultravioleta. El proceso de descomposición del ozono transcurre en dos etapas:

$$O_{3\,(g)} \xrightarrow{UV} O_{2\,(g)} + O_{(g)}$$

$$O_{3\,(g)} + O_{(g)} \xrightarrow{UV} 2\,O_{2\,(g)}$$

Es un agente oxidante muy potente (mucho más que el dioxígeno)

$$O_{3(g)} + H_2O_{(l)} + 2\,e^- \rightarrow O_{2(g)} + 2\,OH^-_{(ac)} \qquad \text{medio básico } Eo = 2.07\ V$$

$$O_{2(g)} + 4\,H^+_{(aq)} + 4\,e^- \rightarrow 2\,H_2O_{(l)} \qquad \text{medio ácido } E_o = 1.23\ V$$

Es, junto con el F_2, el F_2O y el oxígeno atómico, uno de los agentes oxidantes más potentes que se conocen. Es este poder oxidante el que permite su uso como bactericida de forma alternativa a la cloración. El inconveniente es que su acción es poco prolongada. Su ventaja: el producto de reacción, O_2, es inocuo; evita el desagradable olor y sabor a cloro el agua. Además el cloro reacciona con hidrocarburos para producir productos clorados ($CHCl_3$) que ha sido identificados como posibles cancerígenos.

Es un agente de transferencia de oxígeno: (reacción utilizada para la determinación analítica del ozono)

$$CN^- + O_3 \rightarrow OCN^- + O_2$$

$$3\,I^- + O_3 + 2\,H^+ \rightarrow I_3^- + O_2 + H_2O$$

Reacciona con los hidrocarburos insaturados, atacando al doble enlace formando ozónidos que son especies intermedias inestables útiles en síntesis orgánica:

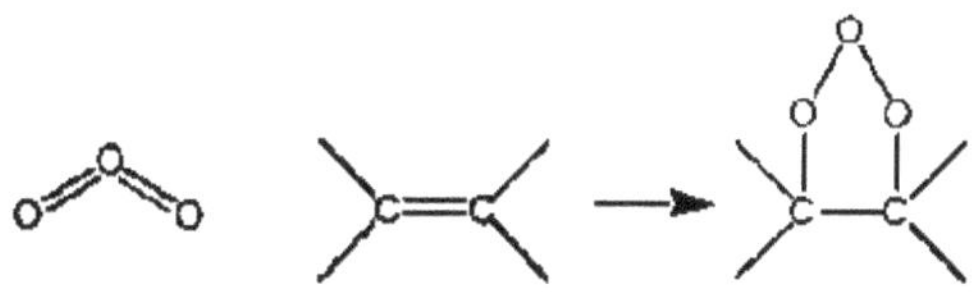

Forma

compuestos con los alcalinos y alcalino-térreos. Estos compuestos contienen el anión O_3^- ($Cs + O_3$). En estos compuestos d (O-O)= 1.35Å ligeramente mayores que en el O_3.

Estructura electrónica del O_3:

El enlace en la molécula de trioxígeno puede interpretarse mediante la consideración de dos estructuras de resonancia. La distancia de enlace es menor que en un enlace sencillo, d(O-O) = 1.48Å, pero mayor que la de uno doble, d(O=O) = 1.21Å. El orden de enlace es 1 1/2

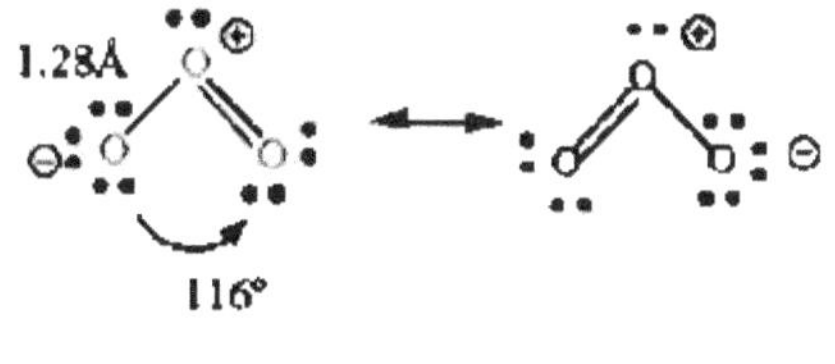

La teoría de orbitales moleculares da una mejor descripción de la molécula. Como en el caso del dioxígeno la separación energética entre los orbitales 2s y los 2p (~16 eV) justifica que los electrones 2s2 de todos los átomos de oxígeno no se consideren en el enlace. Por tanto tenemos que distribuir hasta doce electrones en nuestra molécula de trioxígeno.

Obtención:

Una corriente de dioxígeno sobre un arco eléctrico de 10-20 kV provoca la disociación en oxígeno atómico que puede recombinarse por dos vías:

$$O + O \rightarrow O_2 \quad \Delta H = -496 \text{ kJ mol-1}$$

$$O + O_2 \rightarrow O_3 \quad \Delta H = -103 \text{ kJ mol-1}$$

La segunda reacción es más rápida que la primera (su energía de activación es sólo 17 kJ mol-1) por lo que en la recombinación de los átomos de oxígeno se forma O_3 en mayor proporción que O_2. En el equilibrio se alcanza una concentración de O_2 de alrededor de un 10%. El proceso global es un proceso endotérmico.

$$3 O_2 \rightarrow 2 O_3 \quad \Delta Hf = +143 \text{ kJmol-1}$$

El ozono descompone lentamente para dar oxígeno. En la figura se muestra la proporción en el equilibrio delas tres formas en función de la temperatura. A temperaturas bajas la forma estable es el O_2, a temperaturas elevadas el oxígeno atómico.

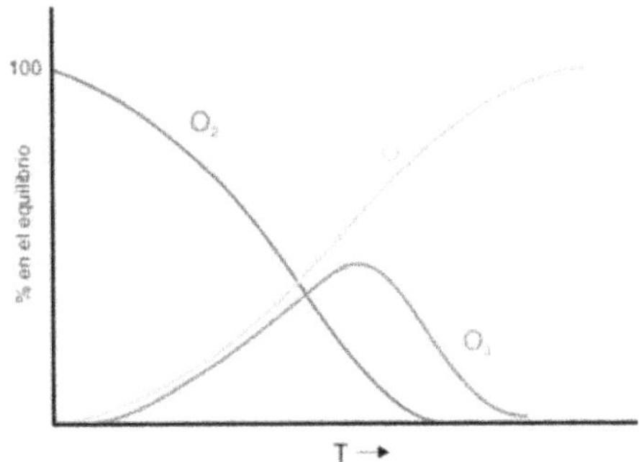

Una ruta alternativa de síntesis de ozono consiste en la irradiación ultravioleta del O_2. Este método es muy útil cuando se requieren bajas concentraciones de O_3 (esterilización de alimentos y desinfección).

El ozono es un importante constituyente natural de la atmósfera, concentrándose principalmente (hasta cerca del 27%) entre las alturas de 15 a 25 km. su formación es causada por la radiación ultravioleta proveniente del sol en el rango 240-300 nm a través de las reacciones:

$$O_2 \xrightarrow{hv} 2 O \quad \text{(a)}$$

$$O + O_2 \rightarrow O_3 \quad \text{(b)}$$

Los aviones supersónicos, que vuelan en la capa de ozono, descargan NO y NO_2, pudiendo catalizar la descomposición del ozono por medio de las siguientes reacciones:

$$O_3 + NO \xrightarrow{} O_2 + NO_2$$

$$NO_2 + O \xrightarrow{} O_2 + NO$$

ó

$$NO_2 + O_3 \xrightarrow{} O_2 + NO_3$$

$$NO_3 \xrightarrow{hv} O_2 + NO$$

Los clorofluorocarbonos, como el $CFCl_3$ y el CF_2Cl_2, que se usan mucho como agentes espumantes, propulsores de aerosoles y refrigerantes, se descomponen fotoquimicamente para dar átomos de Cl, y estos si catalizan la descomposición del ozono a través del mecanismo

$$O_3 + Cl \xrightarrow{} O_2 + ClO$$

$$ClO + O \xrightarrow{} O_2 + Cl$$

La rapidez de liberación del fluorocarbono a la atmósfera que prevalecía en 1977 podría reducir significativamente la capa de ozono alrededor del año 2000, según los análisis cinéticos actuales, pero puede haber factores adicionales aun no incluidos en dichos análisis, que podrían alterar las conclusiones para bien o para mal.

Propiedades físicas.

- ✓ Poco soluble en agua, pero soluble en CCl4 (tetracloruro de carbono) y en aceites.
- ✓ El ozono es un gas de color azul pálido, picante.
- ✓ En estado líquido es de color azul oscuro.
- ✓ En estado sólido es de color negro violáceo.

Propiedades químicas.

El ozono es inestable temperatura ambiente y tiende a descomponerse.

$$PbS + 4\,O_3 \longrightarrow PbSO_4 + 4\,O_2$$

Los compuestos orgánicos que contienen carbono-carbono reaccionar con el O3 dando ozónidos, los cuales por hidrólisis producen aldehídos y acetonas.

<u>Aplicaciones.</u>

- ✓ En compuestos orgánicos para obtención de alcanfor artificial.
- ✓ Industria: para blanquear ceras, harinas, marfil ya que oxida los indicios de materias extrañas que puedan tener.
- ✓ Esterilización de H_2O.
- ✓ Cosméticos. Elimina impurezas.
- ✓ Salud.

ANEXO

LA CAPA DE OZONO.

La Capa de Ozono es una suerte de escudo protector, dado que filtra las radiaciones ultravioletas que pueden ser altamente dañinas para el hombre y la naturaleza.

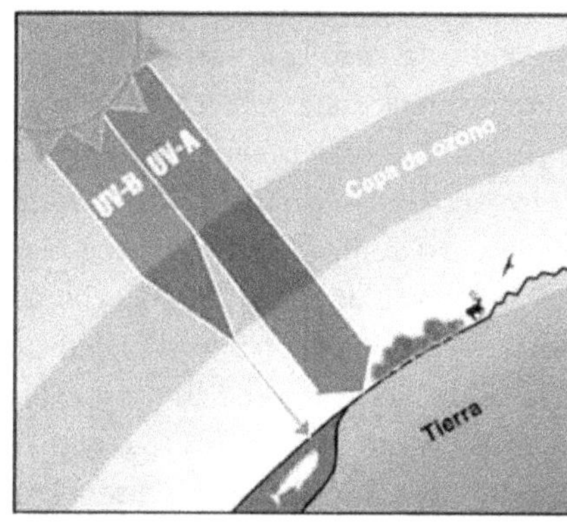

Un incremento de estas radiaciones provoca, entre otros males:

- ✓ Cáncer a la piel (maligno y no maligno).
- ✓ Daño al sistema inmunológico, al exponer a las personas a la acción de varias bacterias y virus.
- ✓ Daño a los ojos, incluyendo cataratas.
- ✓ Quemaduras producidas por el sol (de diferentes grados de severidad dependiendo del tiempo de exposición) y avejentamiento de la piel.
- ✓ Mayor riesgo de Dermatitis alérgica y tóxica.
- ✓ Activación de ciertas enfermedades provocadas por bacterias y virus.
- ✓ Efecto adverso sobre ecosistemas tanto marinos como terrestres.
- ✓ Reducción en el rendimiento de las cosechas.
- ✓ Reducción en el rendimiento de la industria pesquera.
- ✓ Daño a materiales y equipamiento que están al aire libre.

DETERIORO DE LA CAPA DE OZONO.

La presencia del ozono es primordial para el desarrollo de la vida sobre la tierra pero ocurre que en los últimos años se ha detectado un peligroso adelgazamiento de la capa de ozono, sobre todo en la estratosfera, encima del polo sur de la Antártica. Este adelgazamiento de la capa de ozono nos debe preocupar ya que el paso de una excesiva radiación ultravioleta no sólo afecta a los mamíferos, sino, a todos los organismos del planeta.

¿COMO SE DESTRUYE?

En la destrucción y/o adelgazamiento de la capa de Ozono han intervenido los CFC (clorofluorocarburos) y la liberación de sustancias halógenas como el bromuro de metilo y cloruro de metilo, que se emplean en la agricultura.

Los CFC nacieron en 1928 de la mano de Thomas Midgley, como un sustituto seguro ante compuestos tóxicos usados para entonces como refrigerantes, como amoníaco o dióxido de azufre, los que ocasionaban un considerable número de accidentes.

La gracia de los CFC era su composición química. Al reemplazar en hidrocarburos los átomos de hidrógeno por halógenos (cloro, bromo, yodo o astato), se obtiene un CFC, compuestos de extraordinaria estabilidad (no pierden su cohesión y composición molecular fácilmente), no tóxicos, que a pesar de existir en estado líquido se evaporan rápidamente, por lo que venían a ser el refrigerante ideal, generalizándose su uso para los años cincuenta en congeladores, equipos de aire acondicionado y refrigeradores. También se les halló un uso práctico como gas propulsor en los aerosoles, como solvente para limpiar circuitos electrónicos, en plásticos expansibles, en la industria de la construcción, etc.

El problema con los CFC, que a temperaturas normales acá abajo son muy estables, es que allá arriba pierden esa característica al ser expuestos a temperaturas más altas (a medida que se asciende aumenta la temperatura).

Esto ocurre a gran altura, la que alcanzan al cabo de unos diez años, tiempo durante el cual permanecen químicamente inalterados. Al llegar a la estratósfera, las radiaciones UV provocan su separación, iniciando un fenómeno químico que se podría resumir en que el átomo de cloro que contienen los CFC queda libre, atacando a las moléculas de ozono, separando de ellas uno de sus átomos de Oxígeno, el que se fusiona con el cloro convirtiéndose en una molécula de monóxido de cloro (es decir un átomo de cloro + 1 átomo de Oxígeno), dejando al ozono original (O3) como una molécula de oxígeno simple (O2), respirable tal vez, pero inútil puesto que en esa zona sólo el ozono puede filtrar los rayos UV. Lo que viene a complicar el asunto es que la molécula de monóxido de cloro generada se rompe fácilmente, quedando nuevamente libre el cloro, con lo que una sola molécula de CFC puede destruir rápidamente a miles de moléculas de Ozono.

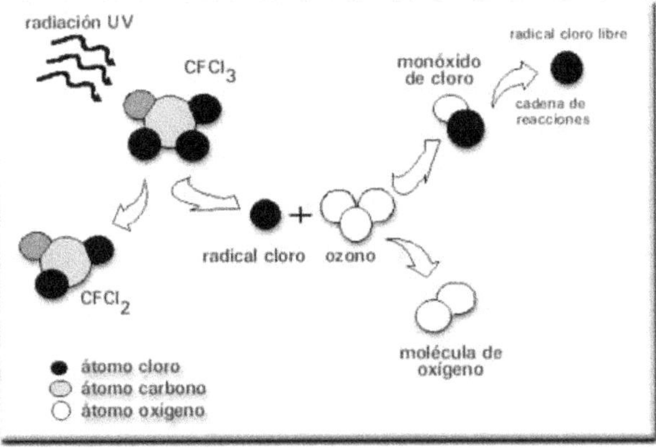

EL EFECTO INVERNADERO.

El efecto invernadero, en la tierra, es la capacidad que tiene la atmósfera de retener calor. Es debido a la existencia de gases que son transparentes a la radiación solar y opaca a la radiación infrarroja emitida por la tierra, atrapando el calor entre la superficie de esta y el nivel medio de la atmósfera.

Este es un hecho beneficioso para el desarrollo de la vida en la tierra, puesto que sin el la temperatura media en la superficie estaría en torno a los - 18ºC. Entre los gases causantes del efecto invernadero juega un papel primordial el dióxido de carbono CO2

La quema de combustibles fósiles se traduce inevitablemente en emisiones de CO2 a la atmósfera. Debido a esto, la concentración de estos gases en la atmósfera casi se ha duplicado desde principios de siglo hasta ahora y de continuar con el actual consumo de combustibles fósiles, se teme que se vuelva a duplicar a mediados del próximo siglo.

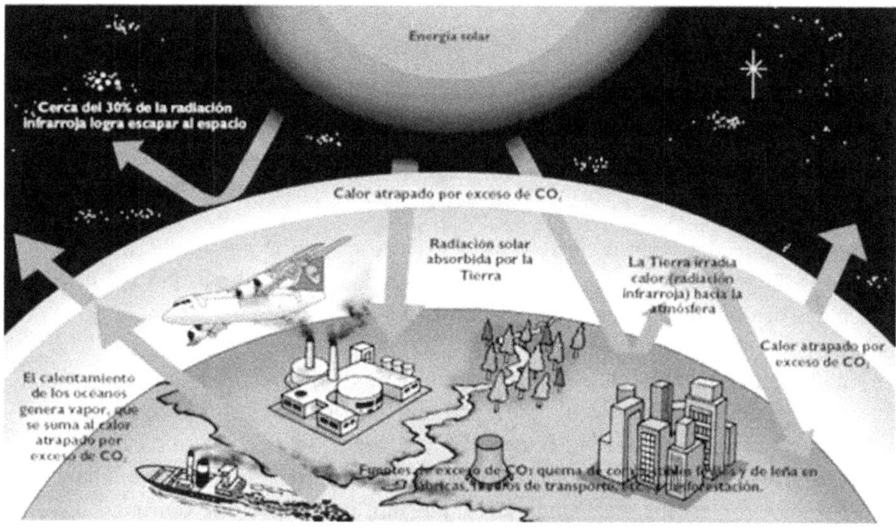

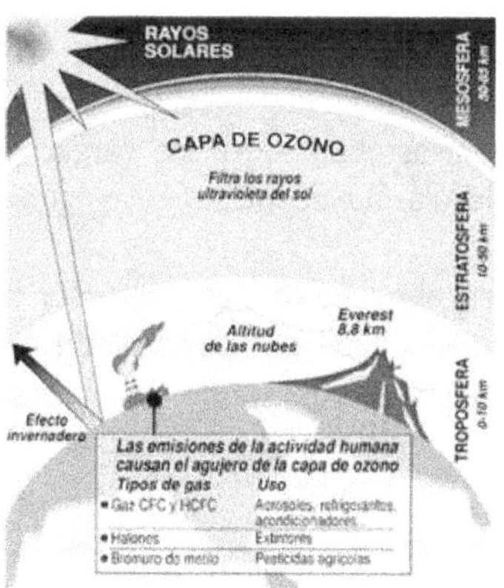

<u>Agua (H$_2$O)</u>

Es un compuesto químico que consta de dos partes de hidrógeno y una de oxígeno, es un liquido insípido, inodoro e incoloro. Es una sustancia abiótica la más importante de la tierra y uno de los más principales constituyentes del medio en que vivimos y de la materia viva. El agua es el compuesto químico más abundante del planeta. La mayoría de los procesos químicos se dan en estado acuoso. Puede estar presente en tres estados: **Sólido** (nieve, granizo) **Líquido** (ríos, lagos) **Gaseoso** (vapor de H$_2$O)

<u>Estructura del H$_2$O:</u>

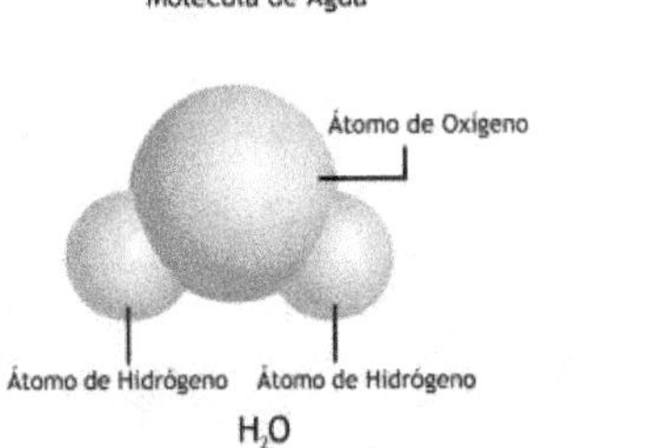

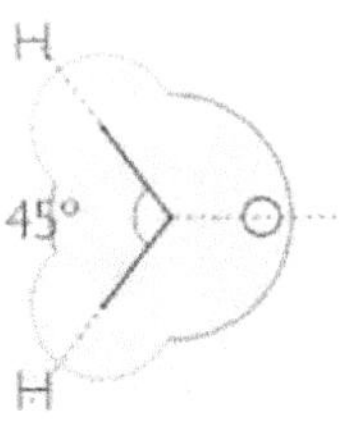

Está formada por dos átomos de H unidos a un átomo de O por medio de dos enlaces covalentes. El ángulo entre los enlaces H-O-H es de 104'5º. El oxígeno es más electronegativo que el hidrógeno y atrae con más fuerza a los electrones de cada enlace.

El resultado es que la molécula de agua aunque tiene una carga total neutra (igual número de protones que de electrones), presenta una distribución asimétrica de sus electrones, lo que la convierte en una molécula polar, alrededor del oxígeno se concentra una densidad de carga negativa, mientras que los núcleos de hidrógeno quedan parcialmente desprovistos de sus electrones y manifiestan, por tanto, una densidad de carga positiva.

Por ello se dan interacciones dipolo-dipolo entre las propias moléculas de agua, formándose enlaces por puentes de hidrógeno, la carga parcial negativa del oxígeno de una molécula ejerce atracción electrostática sobre las cargas parciales positivas de los átomos de hidrógeno de otras moléculas adyacentes.

Aunque son uniones débiles, el hecho de que alrededor de cada molécula de agua se dispongan otras cuatro moléculas unidas por puentes de hidrógeno permite que se forme en el agua (líquida o sólida) una estructura de tipo reticular, responsable en gran parte de su comportamiento anómalo y de la peculiaridad de sus propiedades fisicoquímicas.

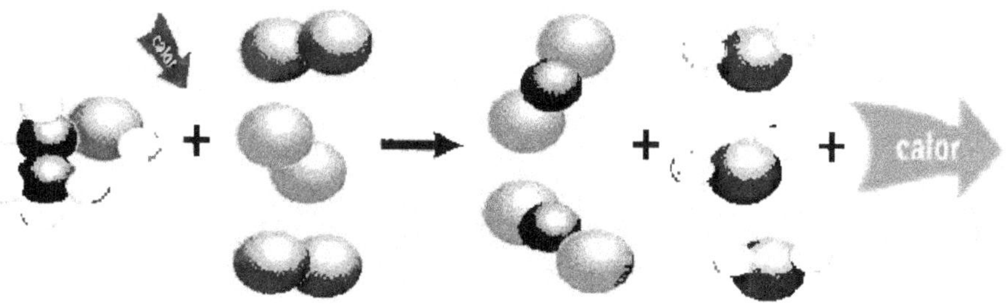

A menor temperatura la molécula del H_2O se enlaza a 4 hidrógenos, forman cuatro puentes de hidrógeno. Fuerza intermolecular dipolo-dipolo.

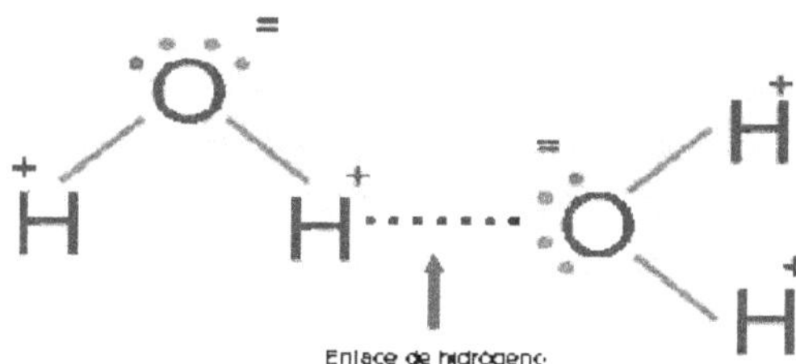

El agua es más densa que el hielo porque al enfriarse, para mantener los puentes de hidrógeno, el cristal debe abrirse. El hielo tiene una estructura abierta y simétrica (anillo hexagonal) al bajar

Debido a los enlaces puente de hidrógeno, el agua tiene elevado punto de fusión, de 0°C, y ebullición, 100°C.

Obtención

- Aprovechar la humedad del aire . La frescura y la humedad nocturna provocan la condensación del agua sobre las plantas. Gracias a un sistema de bolsas de plástico semienterradas por encima de un hoyo, es posible conseguir agua de condensación potable.

- Aprovechar el agua de lluvia. En ciertas latitudes, un árbol apodado el árbol del viajero tiene sus hojas en forma de recipientes en los que se acumula el agua y en los cuales es posible beber.

- Hervir el agua de los ríos o charcas con el fin de evitar la contaminación bacteriana. Este método no evita la presencia de productos tóxicos. Podemos tratar de decantar el agua dejándola reposar y recuperando el volumen más limpio, desechando el volumen más sucio.

- El agua que se hierve, el vapor puede recuperarse por condensación, es un medio para conseguir agua pura (sin productos tóxicos, sin bacterias o virus, sin depósitos o partículas).

- En la práctica, fuera del laboratorio, el resultado no es seguro. Agua potable con pastillas potabilizadoras es posible obtener agua limpia y segura con pastillas potabilizadoras que sirven para potabilizar, el agua. Estos compuestos deben aplicarse en cantidades exactas y dejar reposar lo suficiente antes de consumir el agua. Se recomienda leer las instrucciones de uso en el envase y fecha de vencimiento.

Estados:

El agua en la naturaleza se encuentra en tres estados físicos: sólido líquido y gaseoso.

a). Estado sólido.- Se presenta como nieve, hielo granizo etc. Formando los nevados y los glaciares de la cordillera, es decir, en las zonas mas frías de la tierra así por ejemplo la cordillera blanca del departamento de Ancash, el nevado de Coropuna en la región de arequipa.

b). Estado líquido.- Se encuentra formando los océanos, mares, lagos, lagunas, ríos y en forma dé lluvia, etc.

c). Estado gaseoso.- Este estado se encuentra en la atmósfera como vapor del agua, en proporciones variables formando las nieblas y las nubes.Es importante tener encuentra que todas las aguas naturales, sean de río, de pozo, de mar, de manantiales, etc

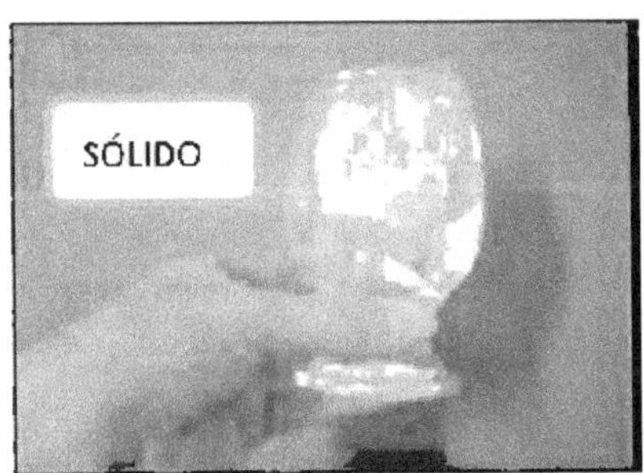

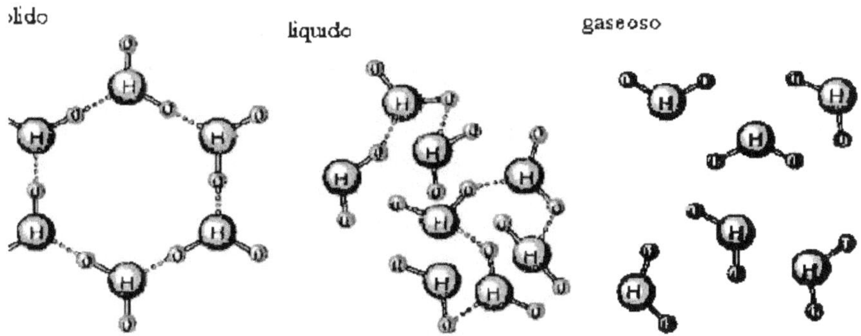

Cambios de Estado:

Cambio de estado es el proceso mediante el cual las sustancias pasan de un estado de agregación a otro. El estado físico depende de las fuerzas de cohesión que mantienen unidas a las partículas. La modificación de la temperatura o de la presión modificará dichas fuerzas de cohesión pudiendo provocar un cambio de estado.

El paso de un estado de agregación más ordenado a otro más desordenado (donde las partículas se mueven con más libertad entre sí) se denomina cambio de estado progresivo. Cambios de estado progresivos son:

El paso de sólido a líquido que se llama fusión. Ejemplo el hielo a agua líquida se funde.

El paso de líquido a gas que se llama vaporización. Ejemplo el agua líquida pasa a vapor de agua: evaporándose lentamente (secándose un recipiente o una superficie con agua) o al entrar en ebullición el líquido (hierve).

El paso de sólido a gas que se llama sublimación. Ejemplo el azufre o el yodo sólidos al calentarlos pasan directamente a gas.

El paso de un estado de agregación más desordenado a otro más ordenado se denomina cambio de estado regresivo. Cambios de estado regresivos son:

El paso de gas a líquido que se llama condensación. Ejemplo en los días fríos de invierno el vapor de agua de la atmósfera se condensa en los cristales de la ventana que se encuentran fríos o en el espejo del cuarto de baño.

El paso de líquido a sólido que se llama solidificación. Ejemplo el agua de una cubitera dentro del congelador se solidifica formando cubitos de hielo.

El paso de gas a sólido que se denomina solidificación regresiva.

Estas burbujas ascienden y se desprenden a la atmósfera: decimos que el agua hierve. El proceso se llama ebullición. La evaporación y la ebullición son dos formas diferentes de producirse el cambio de estado de líquido a gas, que se llama vaporización.

La ropa se seca porque el agua que contiene se evapora, pero no hace falta que la prenda esté a 100º C. En una olla al fuego el agua alcanza los 100º y entra en ebullición.

Este camino desde sólido a gas también puede recorrerse en sentido inverso.

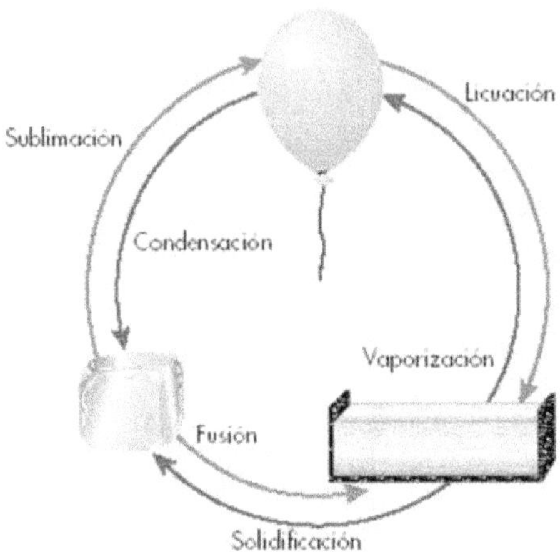

Tipos de agua:

- ✓ **Agua ácida:** Agua que contiene una cantidad de sustancias ácidas que hacen al pH estar por debajo de 7,0.
- ✓ **Agua blanda:** Cualquier agua que no contiene grandes concentraciones de minerales disueltos como calcio y magnesio.
- ✓ **Agua contaminada:** La presencia en el agua de suficiente material perjudicial o desagradable para causar un daño en la calidad del agua.
- ✓ **Agua desmineralizada:** Agua que es tratada contra contaminante, minerales y está libre de sal.
- ✓ **Agua de precolación**: Agua que pasa a través de la roca o del suelo bajo la fuerza de la gravedad.
- ✓ **Agua dura:** Agua que contiene un gran número de iones positivos. La dureza está determinada por el número de átomos de calcio y magnesio presentes. El jabón generalmente se disuelve malamente en las aguas duras.
- ✓ **Agua embotellada**: Agua que se vende en los envases de plásticos para ser bibida y/o uso doméstico.
- ✓ **Agua potable:** Agua que es segura para beber y para cocinar, contiene elementos como el CO, aire, sales de Na, K, Ca, Mg, que participan en el metabolismo que se realiza dentro del cuerpo. Tiene las siguientes características:
    - Es transparente, incolora, insípida e inodora.

- Debe disolver bien el jabón sin presencia de grumos y realizar la cocción de las legumbres.
- No debe contener sales minerales en exceso.
- No debe contener gérmenes patógenos, amoniaco, nitritos o nitratos.
- No debe contener aire en solución para que no sea indigesta.

✓ **Agua producto**: Agua que ha sido pasada a través de una planta de tratamiento de aguas residuales y está lista para ser entregada a los consumidores.

✓ **Agua salobre**: Agua que no está contenida en la categoría de agua salada, ni en la categoría de agua dulce. Esta agua está contenida entre las dos anteriores.

✓ **Agua segura**: Agua que no contiene bacterias peligrosas, metales tóxicos, o productos químicos, y es considerada segura para beber.

✓ **Agua subterránea**: Agua que puede ser encontrada en la zona satura del suelo; zona que consiste principalmente en agua. Se mueve lentamente desde lugares con alta elevación y presión hacia lugares de baja elevación y presión, como los ríos y lagos.

✓ **Agua superficial:** Toda agua natural abierta a la atmósfera, concerniente a ríos, lagos, reservorios, charcas, corrientes, océanos, mares, estuarios y humedales.

✓ **Agua ultra pura**: Una manera de trabajo especializado que demanda la creación de un agua ultra pura. Un número de técnicas son usadas, entre otras; filtración por membrana, intercambio iónico, filtros submicroscópicos, ultra violeta y sistemas de ozono. El agua producto es extremadamente pura y no contiene mucha concentración de sal, componentes orgánicos o pirogénicos, oxígeno, sólidos en suspensión y bacterias.

✓ **Aguas brutas:** Entrada antes de cualquier tratamiento o uso.

✓ **Aguas grises**: Aguas domésticas residuales compuestas por agua de lavar procedente de la cocina, cuarto de baño, aguas de los fregaderos, y lavaderos.

✓ **Aguas hipoanóxicas:** Aguas con una concentración de oxígeno disuelto menor que 2mg/L, el nivel generalmente aceptado como mínimo requerido para la vida y la reproducción de organismos acuáticos.

✓ **Aguas negras:** Aguas que contiene los residuos de seres humanos, de animales o de alimentos.

✓ **Aguas receptoras:** Un río, un lago, un océano, una corriente de agua u otro curso de agua, dentro del cual se descargan aguas residuales o efluentes tratados.

✓ **Aguas residuales**: Fluidos residuales en un sistema de alcantarillado. El gasto o agua usada por una casa, una comunidad, una granja, o industria que contiene materia orgánica disuelta o suspendida.

✓ **Aguas residuales brutas:** Aguas residuales sin tratar y sus contenidos.

✓ **Aguas residuales municipales**: Residuos líquidos, originados por una comunidad. Posiblemente han sido formado por aguas residuales domésticas o descargas industriales.

Propiedades físicas.

✓ El agua es un líquido inodoro, insípido, incoloro.

- ✓ δ= 1 g/mL a 4°C
- ✓ Tiene calor específico de 1 cal/Kg.K porque tiene muchos puentes de hidrógeno.
- ✓ Es polar.
- ✓ Imbibición: es el poder de un líquido de penetrar en los canales de un sólido – esponja en agua-.
- ✓ Capilaridad: muestra el agua que sube espontáneamente en un tubo capilar. Es provocada por dos tipos de fuerzas:
- ✓ Cohesión: atracción intermolecular entre moléculas semejantes. (moléculas de agua).
- ✓ Adhesión: atracción entre moléculas distintas, como las del agua y el tubo de vidrio.
- ✓ Si la adhesión es más fuerte que la cohesión, el contenido del tubo será empujado hacia arriba. Esto continua hasta que la fuerza adhesiva quede balanceada por el peso del agua en el tubo.
- ✓ Tensión superficial: forma una película.

Propiedades químicas.

A. Reacción con los metales.

El sodio descompone al agua en frío produciéndose hidrogeno y soda cáustica

$$2\,Na + 2\,H_2O \longrightarrow 2\,Na\,OH + H_2 + \emptyset$$

El magnesio reacciona con el agua en caliente produciéndose hidrógeno y óxido de magnesio o magnesia

$$Mg + H_2O \xrightarrow{\Delta} Mg\,O + H_2\nearrow$$

B. Reacción con los no metales.

El carbón reduce el vapor del agua a una temperatura aproximada a los 1000 oC, liberando hidrógeno y tomando oxígeno para formar el monóxido de carbono.

$$C + H_2O \xrightarrow{1000°C} CO + H_2\nearrow$$

Si la temperatura sobrepasa los mil grados, se produce el gas carbónico

$$C + 2\,H_2O \xrightarrow{1000°C} CO_2 + 2H_2\nearrow$$

C. Reacción con los óxidos

Con los óxidos metálicos el agua forma hidróxidos o bases.

$$K_2 + H_2O \longrightarrow 2KOH$$

D. Reacción con los anhídridos

El agua con estos compuestos produce oxácidos; así con el anhídrido carbónico produce el ácido carbónico

$$C O_2 + H_2O \longrightarrow H_2 C O_3$$

E. Propiedades ácido – base del agua.

Como es bien sabido, el agua es un disolvente único, una de sus propiedades especiales, es su capacidad para actuar como un ácido o como una base. El agua se comporta como una base en reacciones con ácidos como HCl y CH3COOH y funciona como un ácido frente a bases como el NH3.

F. Acción catálica.

Es el catalizador universal, en efecto se ha comprobado que la mayor parte de las reacciones químicas no se verifica cuando hay falta de agua

G. Hidratación e hidratos.

En la hidratación el agua reacciona con la sustancia, constituyendo una serie de partículas asociadas y éstas toman el nombre de hidratos. Por ejemplo el cloruro de bario dihidratado.

$$BaCl_2 + H_2O \longrightarrow BaCl_2 \cdot 2H_2O$$

Propiedades específicas:

A. Acción disolvente

El agua es el líquido que más sustancias disuelve, por eso decimos que es el disolvente universal. Esta propiedad, tal vez la más importante para la vida, se debe a su capacidad para formar puentes de hidrógeno con otras sustancias que pueden presentar grupos polares o con carga iónica (alcoholes, azúcares con grupos R-OH, aminoácidos y proteínas con grupos que presentan cargas + y - , lo que da lugar a disoluciones moleculares (Ver la figura de la derecha). También las moléculas de agua pueden disolver a sustancias salinas que se disocian formando disoluciones iónicas.

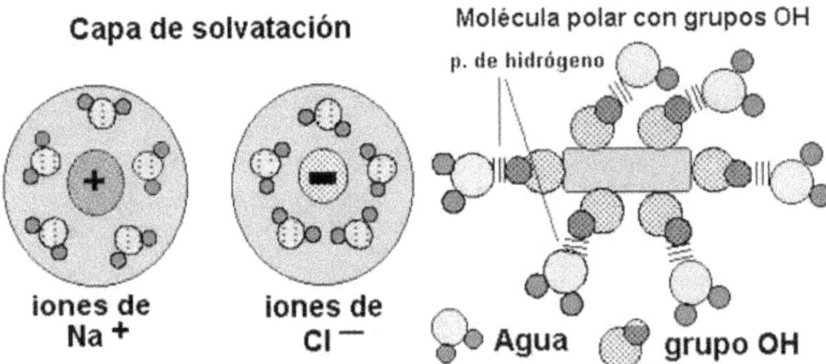

En el caso de las disoluciones iónicas los iones de las sales son atraídos por los dipolos del agua, quedando "atrapados" y recubiertos de moléculas de agua en forma de iones hidratados o solvatados.

La capacidad disolvente es la responsable de dos funciones:

1.- Medio donde ocurren las reacciones del metabolismo
2.- Sistemas de transporte

B. Elevada fuerza de cohesión

Los puentes de hidrógeno mantienen las moléculas de agua fuertemente unidas, formando una estructura compacta que la convierte en un líquido casi incomprensible. Al no poder comprimirse puede funcionar en algunos animales como un esqueleto hidrostático, como ocurre en algunos gusanos perforadores capaces de agujerear la roca mediante la presión generada por sus líquidos internos.

C. Elevada fuerza de adhesión

Esta fuerza está también en relación con los puentes de hidrógeno que se establecen entre las moléculas de agua y otras moléculas polares y es responsable, junto con la cohesión del llamado fenómeno de la capilaridad.

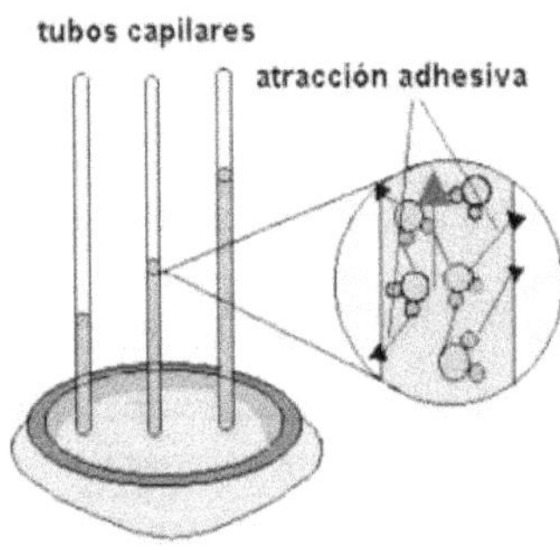

Cuando se introduce un capilar tal como muestra la figura, en un recipiente con agua, ésta asciende por el capilar como si trepase agarrándose por las paredes, hasta alcanzar un nivel superior al del recipiente, donde la presión que ejerce la columna de agua, se equilibra con la presión capilar. A este fenómeno se debe en parte la ascensión de la savia bruta desde las raíces hasta las hojas, a través de los vasos leñosos.

D. Gran calor específico.

También esta propiedad está en relación con los puentes de hidrógeno que se forman entre las moléculas de agua. El agua puede absorber grandes cantidades de "calor" que utiliza para romper los p de h. por lo que la temperatura se eleva muy lentamente. Esto permite que el citoplasma acuoso sirva de protección ante los cambios de temperatura. Así se mantiene la temperatura constante.

E. Elevado calor de vaporización.

Sirve el mismo razonamiento, también los p. de h. son los responsables de esta propiedad. Para evaporar el agua, primero hay que romper los puentes y posteriormente dotar a las moléculas de agua de la suficiente energía cinética para pasar de la fase líquida a la gaseosa. Para evaporar un gramo de agua se precisan 540 calorías, a una temperatura de **20°C**.

F. Ionización del agua

$$2H_2O \rightleftharpoons HO^- + H_3O^+$$

Disociación del agua

El agua pura tiene la capacidad de disociarse en iones, por lo que en realidad se puede considerar una mezcla de:

- agua molecular (H2O)
- protones hidratados (H3O+) e
- iones hidroxilo (OH-)

En realidad esta disociación es muy débil en el agua pura, y así el producto iónico del agua a 25: es

$$K_w = [H^+][OH^-] = 1,0 \times 10^{-14}$$

Este producto iónico es constante. Como en el agua pura la concentración de hidrogeniones y de hidroxilos es la misma, significa que la concentración de hidrogeniones es de 1 x 10 -7. Para simplificar los cálculos Sorensen ideó expresar dichas concentraciones utilizando logaritmos, y así definió el pH como el logaritmo cambiado de signo de la concentración de hidrogeniones.

Según esto:

- disolución neutra pH = 7
- disolución ácida pH < 7
- disolución básica pH > 7

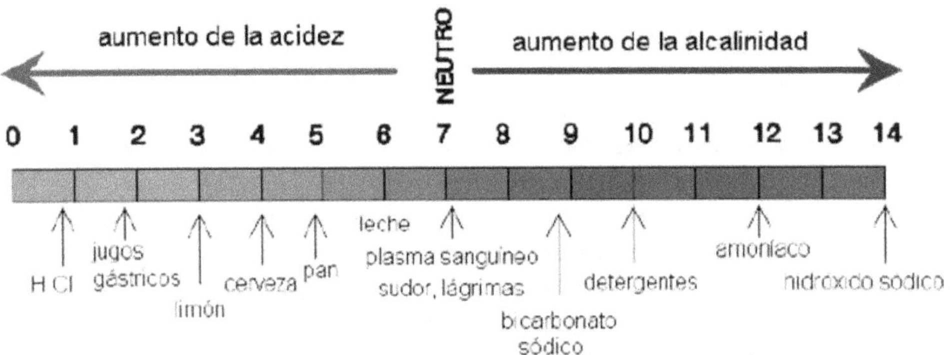

En la figura se señala el pH de algunas soluciones. En general hay que decir que la vida se desarrolla a valores de pH próximos a la neutralidad.

En la figura se señala el pH de algunas soluciones. En general hay que decir que la vida se desarrolla a valores de pH próximos a la neutralidad.

Los organismos vivos no soportan variaciones del pH mayor de unas décimas de unidad y por eso han desarrollado a lo largo de la evolución sistemas de tampón o buffer, que mantienen el pH constante mediante mecanismos homeostáticos. Los sistemas tampón consisten en un par ácido-base conjugado que actúan como dador y aceptor de protones respectivamente.

El tampón bicarbonato es común en los líquidos intercelulares, mantiene el pH en valores próximos a 7,4, gracias al equilibrio entre el ión bicarbonato y el ácido carbónico, que a su vez se disocia en dióxido de carbono y agua:

$$HCO_3^- + H^+ \rightleftharpoons H_2CO_3 \rightleftharpoons CO_2 + H_2O$$

Si aumenta la concentración de hidrogeniones en el medio por cualquier proceso químico, el equilibrio se desplaza a la derecha y se elimina al exterior el exceso de CO2 producido. Si por el contrario disminuye la concentración de hidrogeniones del medio, el equilibrio se desplaza a la izquierda, para lo cual se toma CO2 del medio exterior.

G. Ósmosis

Si tenemos dos disoluciones acuosas de distinta concentración separadas por una membrana semipermeable (deja pasar el disolvente pero no el soluto), se produce el fenómeno de la ósmosis que sería un tipo de difusión pasiva caracterizada por el paso del agua (disolvente) a través de la membrana semipermeable desde la solución más diluida (hipotónica) a la más concentrada (hipertónica), este trasiego continuará hasta que las dos soluciones tengan la misma concentración (isotónicas o isoosmóticas).

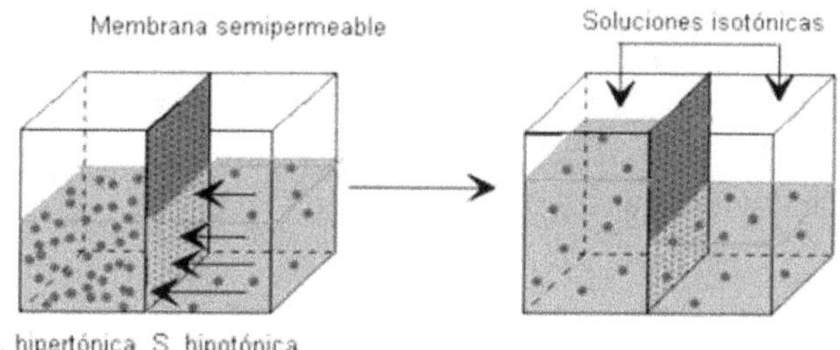

Y se entiende por presión osmótica la presión que sería necesaria para detener el flujo de agua a través de la membrana semipermeable.

La membrana plasmática de la célula puede considerarse como semipermeable, y por ello las células deben permanecer en equilibrio osmótico con los líquidos que las bañan.

Cuando las concentraciones de los fluidos extracelulares e intracelulares son igual, ambas disoluciones son isotónicas.

Si los líquidos extracelulares aumentan su concentración de solutos se hacer hipertónicos respecto a la célula, y ésta pierde agua, se deshidrata y mueren (plamólisis).

Y si por el contrario los medios extracelulares se diluyen, se hacen hipotónicos respecto a la célula, el agua tiende a entrar y las células se hinchan, se vuelven turgentes (turgescencia), llegando incluso a estallar.

El agua dentro de los compuestos quimicos

Agua de coordinación: está en composiciones estequiométricas, desempeña un papel de ligando.

Agua de cristalización: está en proporciones estequiométricas, puede estas ligada al anión, agua reticular; o al catión, agua de coordinación

Los compuestos que la tienen se denominan **Hidratos**. Estas moléculas afectan a la energía reticular y por ello influyen en la solubilidad de la sal.

Eflorescencia: Cuando la presión de vapor del agua del aire rodea al hidrato es mejor que la presión de vapor disociación del mismo, se da la pérdida del agua del cristal; éste ya no presenta las mismas características del elemento.

Delicuescencia: La presión de vapor del aire que rodea al cristal es mayor que la presión de vapor de disociación del mismo. Se da la absorción de moléculas de agua y forman compuestos higroscópicos con aspecto lechoso.

CICLO NATURAL DEL AGUA

El movimiento continuo de agua entre la Tierra y la atmósfera se conoce como ciclo hidrológico. Se produce vapor de agua por evaporación en la superficie terrestre y en las masas de agua, y por transpiración de los seres vivos. Este vapor circula por la atmósfera y precipita en forma de lluvia o nieve.

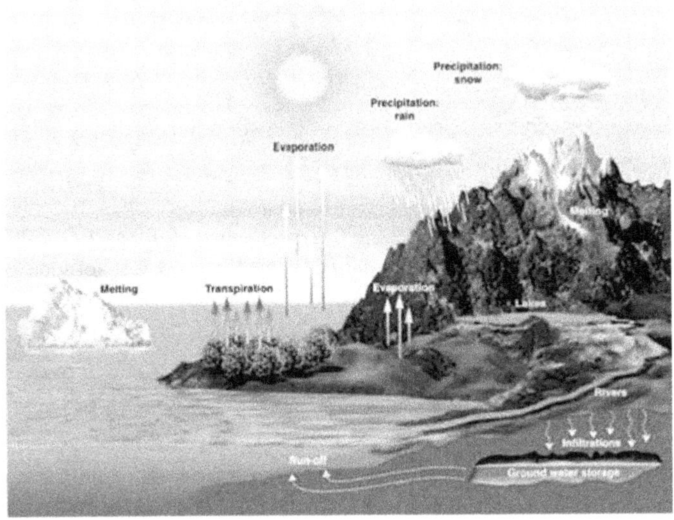

CONTAMINACIÓN DEL AGUA.

El agua al caer con la lluvia por enfriamiento de las nubes arrastra impurezas del aire. Al circular por la superficie o a nivel de capas profundas, se le añaden otros contaminantes químicos, físicos o biológicos. Puede contener productos derivados de la disolución de los terrenos: calizas (CO3Ca), calizas dolomíticas (CO3Ca- CO3Mg), yeso (SO4Ca-H2O), anhidrita (SO4Ca), sal (ClNa), cloruro potásico (ClK), silicatos, oligoelementos, nitratos, hierro, potasio, cloruros, fluoruros, así como materias orgánicas.

Hay pues una contaminación natural, pero al tiempo puede existir otra muy notable de procedencia humana, por actividades agrícolas, ganaderas o industriales, que hace sobrepasar la capacidad de autodepuración de la naturaleza.

Principales contaminantes:

Los principales contaminantes del agua son los siguientes:

✓ Aguas residuales y otros residuos que demandan oxígeno (en su mayor parte materia orgánica, cuya descomposición produce la desoxigenación del agua).
✓ Agentes infecciosos.
✓ Nutrientes vegetales que pueden estimular el crecimiento de las plantas acuáticas. Éstas, a su vez, interfieren con los usos a los que se destina el agua y, al descomponerse, agotan el oxígeno disuelto y producen olores desagradables.
✓ Productos químicos, incluyendo los pesticidas, diversos productos industriales, lassustancias tensioactivas contenidas en los detergentes, y los productos de la descomposición de otros compuestos orgánicos.
✓ Petróleo, especialmente el procedente de los vertidos accidentales.
✓ Minerales inorgánicos y compuestos químicos.
✓ Sedimentos formados por partículas del suelo y minerales arrastrados por las tormentas y escorrentías desde las tierras de cultivo, los suelos sin protección, las explotaciones mineras, las carreteras y los derribos urbanos.
✓ Sustancias radiactivas procedentes de los residuos producidos por la minería y el refinado del uranio y el torio, las centrales nucleares y el uso industrial, médico y científico de materiales radiactivos.
✓ El calor también puede ser considerado un contaminante cuando el vertido del agua empleada para la refrigeración de las fábricas y las centrales energéticas hace subir la temperatura del agua de la que se abastecen.

LLUVIA ÁCIDA.

Lluvia ácida es un término muy amplio que se emplea para describir las diversas maneras en que los ácidos caen de la atmósfera, tiene una variedad de efectos, entre ellos el daño causado a los bosques y los suelos, los peces y otros seres vivientes, los materiales y la salud humana. La lluvia ácida también reduce la distancia y el grado de claridad con que podemos ver a través del aire, efecto éste que se conoce como la reducción de la visibilidad.

La mayor parte de las sustancias acidificantes vertidas al aire son:

✓ El dióxido de azufre y los óxidos de nitrógeno: una gran parte del dióxido de azufre es oxidado a trióxido de azufre, que es muy inestable y pasa rápidamente a ácido sulfúrico.
✓ La oxidación catalítica del dióxido de azufre es también rápida. Se cree que en las gotas de agua se produce la oxidación implicando oxígeno molecular y, como

catalizadores, sales de hierro y manganeso procedentes de la combustión del carbón.

✓ Además, puede producirse oxidación fotoquímica por la acción del ozono. En cualquier caso, la consecuencia es la formación de niebla con alto contenido en ácido sulfúrico.

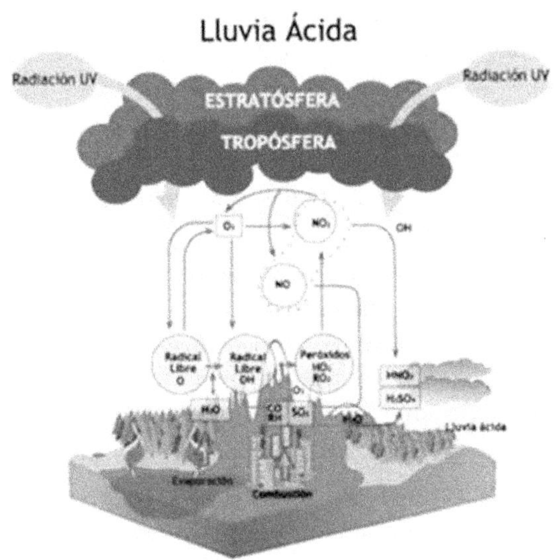

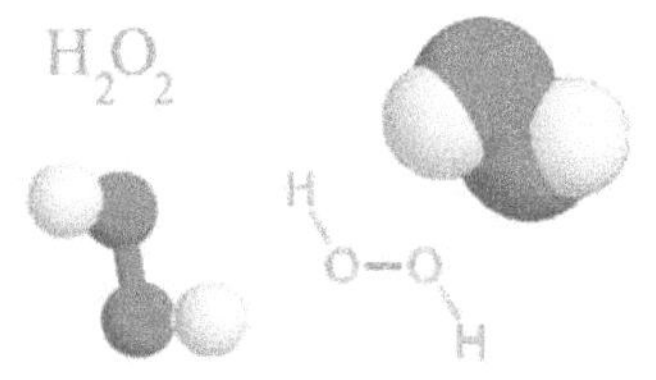

Peróxido de hidrógeno
H₂O₂

El peróxido de hidrogeno, también llamado agua oxigenada, es una sustancia líquida (Tfus=-0.43º y Teb=150ºC). Tiene un punto de ebullición más alto que agua, así que las disoluciones se pueden concentrar por evaporación. A temperatura ambiente, es un líquido azul pálido casi incoloro y viscoso (consecuencia del enlace por puentes de hidrógeno, d = 1.44 g/cc). A concentraciones elevadas es extremadamente corrosiva y por tanto en esas condiciones debe ser utilizada con gran precaución. Es una sustancia más ácida que el H2O (Ka = 1.5 10-12).

La geometría molecular se presenta en los esquemas que siguen. Las moléculas tienen una estructura no plana (en forma de libro) cuyo momento dipolar es mayor que el del agua. El ángulo diédrico varía notablemente entre estado gaseoso o sólido.

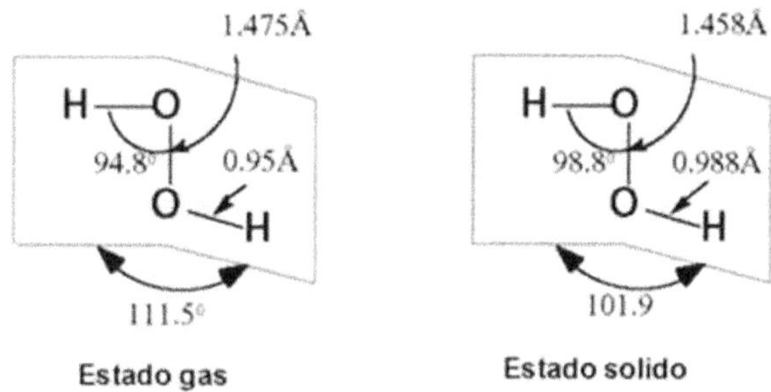

Es termodinámicamente inestable respecto a la descomposición:

$$H_2O_{2(l)} \rightarrow H_2O_{(l)} + 1/2\ O_{2(g)} \qquad \Delta G = -119.2\ kJ\ mol^{-1}$$

Cuando está pura el proceso de descomposición es lento debido a factores cinéticos (el mecanismo de reacción supone una muy elevada energía de activación). Pero casi cualquier cosa (iones metálicos de transición, metales, sangre, polvo) es capaz de catalizar su descomposición. Incluso los pocos iones que una botella de vidrio libera en la disolución son capaces de iniciar dicha descomposición. Esta es la razón por la que se debe guardar en botellas de plástico. Un simple calentamiento también induce una rápida descomposición. Se suele añadir como estabilizador por ser un agente quelante como el EDTA.

El peróxido de hidrógeno es soluble en agua en todas proporciones. Usualmente se adquiere el agua oxigenada en solución acuosa al 30% o 120 volúmenes. (Esto indica que por la descomposición del H_2O_2 contenido en un litro de disolución se formarían 120 litros de oxígeno medido en condiciones estándar según la reacción de descomposición). Al igual que el agua, es un buen disolvente de compuestos iónicos pero presenta el inconveniente ya señalado de que puede descomponerse fácilmente en su presencia.

El peróxido de hidrogeno es un fuerte oxidante en medio ácido y, en menor medida en medio básico.

Podemos inferir que el peróxido de hidrógeno puede actuar como un oxidante fuerte. Dado que el estado de oxidación en el peróxido es (-1), también puede oxidarse a O_2 y por tanto puede actuar también como reductor (R-3).

Como agente oxidante

M. ácido: $2\ Fe^{+2} + H_2O_2 + 2\ H^+ \rightarrow 2\ Fe^{+3} + 2\ H_2O$

M. básico $2\ Mn^{+2} + 2\ H_2O_2 \rightarrow 2\ MnO_2 + H_2O$

Como agente reductor

M. ácido $2\ MnO_4^- + 5\ H_2O_2 + 6\ H^+ \rightarrow 2\ Mn^{+2} + 8\ H_2O + 5\ O_2$

$\qquad\qquad HClO + H_2O_2 \rightarrow H_3O^+ + Cl^- + O_2$

M. básico $2\ Fe(CN)_6^{-3} + H_2O_2 + 2\ OH^- \rightarrow 2\ Fe(CN)_6^{-4} + 2\ H_2O + 5\ O_2$

$\qquad\qquad Cl_2 + H_2O_2 + 2\ OH^- \rightarrow 2\ Cl^- + 2\ H_2O + O_2$

Termodinámicamente es mejor oxidante que reductor. Las reacciones de oxidación se suelen llevar a cabo en medio ácido mientras que las de reducción en medio básico. Se comporta como reductor frente a oxidantes fuertes como el MnO4-.

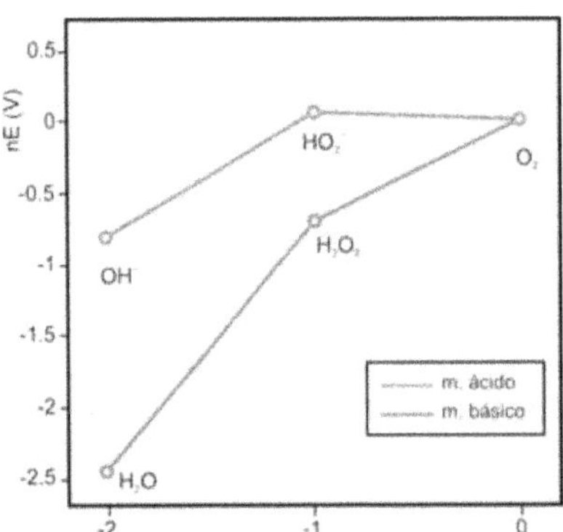

El **diagrama de Frost** muestra que H_2O_2 es inestable frente a su dismutación, tanto en medio ácido como básico. En la práctica, a temperaturas moderadas, no se descompone a menos que haya presente trazas de metales que catalizan su descomposición. La mayoría de catalizadores de esta reacción son pares redox en los que la forma oxidada puede reducir al **H_2O_2** mientras que la forma reducida puede reducir al **H_2O_2**. Viendo el diagrama de Frost vemos que cualquier par con potencial $0.695<E^0<1.77$ V en medio ácido puede catalizar la reacción de descomposición del peróxido de hidrógeno.

$$Fe^{3+}/Fe^{2+} \qquad E^0\ +0.771V$$
$$2\ Fe^{3+} + H_2O_2 \rightarrow 2\ Fe^{2+} + O_2 + 2\ H^+ \qquad E^0= +0.08V$$
$$2\ Fe^{2+} + H_2O_2 + 2\ H^+ \rightarrow 2\ Fe^{3+} + 2\ H_2O \qquad E^0 = +1.0V$$
$$2\ H_2O_2 \rightarrow 2\ H_2O + O_2$$

El peróxido de hidrógeno tiene una química rica y variada consecuencia de:

- ✓ La capacidad para actuar tanto como agente oxidante como reductor en medio ácido y en medio básico. Se oxida con MnO_4^{-2} y Ce^{+4} dando O_2
- ✓ La capacidad para actuar en reacciones ácido base dando sales de peroxonio $(H_2OOH)^+$, hidroperóxidos $(OOH)^-$, y peróxidos $(O_2)-$. El peróxido de hidrógeno es un ácido más fuerte que el agua y en disoluciones diluidas tiene un pka (20ºC) de 11.75.

$$H_2O_2 + H_2O \rightleftharpoons H_3O^+ + OOH-$$

Del mismo modo, el **H_2O_2** es una base más débil que el agua, estando el siguiente equilibrio desplazado hacia la derecha:

$$H_3O_2^+ + H_2O \rightleftharpoons H_2O_2 + H_3O^+$$

Esta propiedad del agua oxigenada de dar reacciones ácido base permite la obtención de sales de peroxonio (H2OOH+), hidroperóxidos (OOH-), y peróxidos (O2-). En el caso concreto de ion hidroperóxido, éste se obtiene por desprotonación del H2O2. Los hidro peróxidos de los metales alcalinos, MOOH, se conocen en disolución. El NH3 líquido también es capaz de desprotonar el H2O2 conduciendo a la formación del NH4+OOH-, sólido de color blanco que presenta un punto de fusión de 25 ºC.

- ✓ La capacidad para formar complejos peroxometal y aniones peroxoácido.

$$Cr_2O_7^{2-} + 2\ H^+ + 4\ H_2O_2 \rightarrow 2\ CrO(O_2)_2 + 5\ H_2O$$

Obtención del peróxido de hidrógeno

Fue preparado por primera vez en 1818 mediante la siguiente reacción química:

$$BaO_2 + H_2SO_4 \longrightarrow BaSO_{4\,(s)} + H_2O_2$$

Posteriormente se preparó mediante hidrólisis de peroxidisulfatos, procedente de la electrolisis de bisulfatos:

Cátodo: $2\ H^+_{(ac)} + 2\ e^-\ H_{2(g)}$

Ánodo: $2\ HSO_4^-\ _{(ac)}\ 2\ H^+_{(ac)} + S_2O_8^{2-}\ _{(ac)} + 2\ e^-$

$$\left[O=\overset{\textstyle O}{\underset{\textstyle O}{S}}-O-O-\overset{\textstyle O}{\underset{\textstyle O}{S}}=O \right]^{-2}$$

Hidrólisis: $S_2O_8^{2-}\ _{(ac)} + 2\ H_2O\ _{(l)} \rightarrow H_2O_{2\ (ac)} + 2\ HSO_4^-\ _{(ac)}$

Este proceso se utiliza en la actualidad tan sólo cuando se quiere preparar, a escala de laboratorio, el peróxido de deuterio D_2O_2:

$$K_2S_2O_8 + 2\ D_2O \rightarrow D_2O_2 + 2\ KDSO_4$$

Preparación industrial:

Existen tres procesos industriales para preparar **H_2O_2**:

- ✓ Oxidación del isopropanol
- ✓ Oxidación electroquímica del H2SO4 o (NH4)2SO4
- ✓ Proceso de la antraquinona (el más importante)
- ✓ Método de la oxidación del isopropanol

No hace muchos años la compañía multinacional Shell desarrolló un nuevo procedimiento, "proceso del isopropanol", donde se utiliza a este alcohol utiliza como producto de partida. El rendimiento es del 30 %.

$$CH_3\text{-}CHOH\text{-}CH_3 + O_2 \rightarrow CH_3\text{-}CO\text{-}CH_3 + H_2O_2$$
$$(90\text{-}140\,ºC,\ 15\text{-}20\ atm)$$

El rendimiento es tan bajo debido a reacciones colaterales. El peróxido de hidrógeno se separa por destilación fraccionada. Se obtiene así una disolución de H2O2 al 20 % en peso. La gran desventaja de este proceso es que se obtienen doble peso de acetona que de H2O2.

Método de la oxidación electroquímica del H_2SO_4 o $(NH_4)_2SO_4$

El peróxido de hidrógeno se maneja ordinariamente en forma de disolución al 3%. Esta disolución se obtiene por electrolisis del ácido sulfúrico concentrado (550 a 570 g/L) o de ácido sulfúrico (260 g/l), lo que origina el ácido peroxodisulfúrico $H_2S_2O_8$, hidrolizando después el ácido y destilando el peróxido de hidrógeno obtenido:

Electrolisis:

Cátodo: $2\ H^+_{(ac)} + 2\ e^- \rightarrow H_{2(g)}$

Ánodo: $2\ H_2SO_4^-{}_{(ac)} \rightarrow 2\ H^+_{(ac)} + H_2S_2O_8^{2-}{}_{(ac)} + 2\ e^-$

$2\ H_2SO_4^-{}_{(ac)} \rightarrow H_2S_2O_{8\ (ac)} + H_2$

Con $(NH_4)_2SO_4$ (210 a 220 g/l):

$(NH_4)_2SO_4 + H_2SO_{4\ (ac)} \rightarrow (NH_4)_2S_2O_{8\ (ac)} + H_2$

Hidrólisis:

$H_2S_2O_{8\ (ac)} + H_2O \rightarrow H_2SO_5 + H_2SO_4$

$H_2SO_5 + H_2O \rightarrow H_2SO_4 + H_2O_2$

El rendimiento del proceso del 70 %. La desventaja del proceso es el coste de la electricidad y de la producción.

Aplicaciones del H_2O_2

Se utiliza en la fabricación de otros productos químicos (30%) y de productos de limpieza (20%)

Su principal uso es como oxidante, en especial, como agente blanqueante de pasta de papel y textiles (30%) (Las sustancias de origen animal (lana, pelos, pieles) se deterioran con otros agentes de blanqueo como el hipoclorito, o SO2)

En el laboratorio se usa en la oxidación de azufre, nitrógeno y yoduros.

Se utiliza como germicida (dis. al 3%): destruye gérmenes patógenos. Inhibe el crecimiento de todos los gérmenes anaerobios. Actúa como desodorante y antiséptico bucal. Destrucción de materia orgánica.

Blanqueante de pinturas. Un pigmento blanco frecuente tiene de composición Pb3(OH)2(CO3)2 se deteriora por efecto de la polución generando PbS negro. El proceso de restauración consiste en la oxidación del sulfuro con agua oxigenada:

$PbS_{(s)} + 4\ H_2O_2 \rightarrow PbSO_4 + 4\ H_2O$

Propiedades físicas.

- ✓ Soluble en agua.
- ✓ Líquido siruposo, incoloro, de sabor áspero y astringente.
- ✓ Debido a su inestabilidad, no puede determinarse el punto de ebullición.
- ✓ Miscible en alcohol y éter.
- ✓ Insoluble en benceno.
- ✓ Si es puro, es un líquido viscoso de color azul.

Propiedades químicas.

- ✓ Es un ácido muy débil, que se ioniza dando H_3O^+ y HO^{2-} y puede originar O_2^{2-}.
- ✓ Actúa como oxidante en presencia de iones Ag^+ y Cu^{2+} y en disoluciones ácidas.
- ✓ Como reductor en presencia de oxidante y en disoluciones alcalinas.

$$2\ e\text{-} + 2\ H^+ + O_2 \longrightarrow H_2O_2 + 2\ H^+ + 2\ e\text{-} = H_2O$$

En su descomposición se libera calor ya que es inestable

$$(\Delta H = \text{-})\ \ 2\ H_2O_2 \longrightarrow 2\ H_2O + O_2$$

Si se utiliza permanganato, actúa como reductor.

$$2\ MnO_4 + 5\ H_2O_2 + 6\ H^+ \longrightarrow 2\ Mn^{2+} + 8\ H_2O + 5\ O_2$$

Cuando se agrega H2O2 a una solución ácida de dicromato de potasio, se forma peróxido de cromo CrO5 , el cual al extraerse con éter da una coloración azul que sirve para determinar la cantidad de H2O2 en una disolución.

Clasificación de los elementos de la tabla periódica

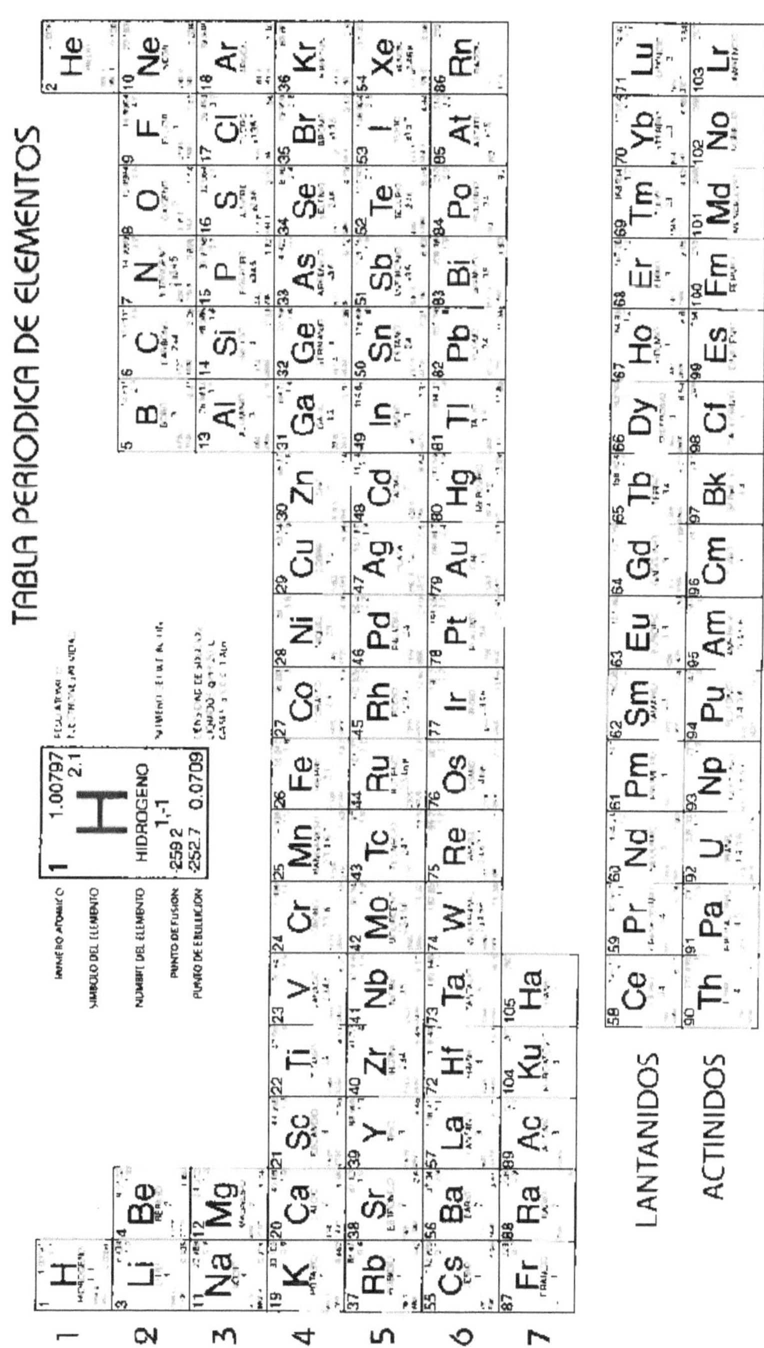

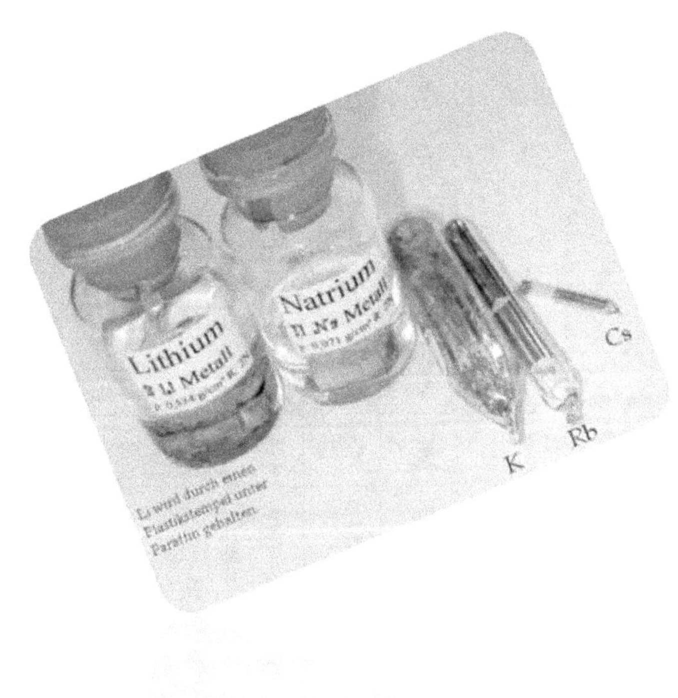

CAPÍTULO 4: ELEMENTOS DEL GRUPO 1: LOS METALES ALCALINOS

ELEMENTOS ALCALINOS

INTRODUCCIÓN.

Los metales alcalinos forman el grupo I de la tabla periódica y agrupan los siguientes elementos:

Litio, Sodio, Potasio, Rubidio, Cesio y Francio. Los dos primeros son los más abundantes se caracterizan por tener un único electrón en la última capa, por lo que presentan una fuerte tendencia a perderlo y constituir iones con carga 1+. Son por tanto reductores.

LOS METALES ALCALINOS.

Como grupo, los metales alcalinos (elementos del grupo IA) son los elementos más electropositivos (o l os menos electronegativos) que se conocen. Tienen muchas propiedades semejantes, algunas de ellas se indican en la tabla. A partir de sus configuraciones electrónicas, es de esperarse que el número de oxidación de estos elementos en sus compuestos sea +1, ya que los cationes serían isoelectrónicos de los gases nobles. De hecho, esto es lo que ocurre.

Los metales alcalinos tienen bajos puntos de fusión y son bastante suaves para poder ser cortados con una navaja. Todos estos metales tienen estructuras cristalinas centradas en el cuerpo, con baja eficiencia de empaquetado, lo que explica sus bajas densidades.

De hecho, el litio es el metal más ligero que se conoce. Debido a su gran reactividad química, los metales alcalinos nunca se encuentran en la naturaleza en su forma elemental; se encuentran combinados con iones halogenuros, sulfatos, carbonatos y silicatos. En esta sección se describirá la química de dos miembros del grupo IA: sodio y potasio. La química del litio, rubidio y cesio es menos importante; todos los isótopos del francio, que es el último miembro del grupo, son radiactivos

El potasio y el sodio se encuentran casi en la misma cantidad en la naturaleza. Se presentan en forma de silicatos como la albita ($NaAlSi_3O_8$) y la ortoclasa ($KAlSi_3O_8$). Durante periodos muy prolongados (en la escala geológica), el viento y la lluvia descomponen los silicatos, convirtiendo a los iones sodio y potasio en compuestos más solubles. Por último, la lluvia extrae estos compuestos del suelo y los transporta al mar.

Sin embargo, cuando se analiza la composición del agua de mar se encuentra que la relación de concentraciones de sodio y potasio es aproximadamente de 28 a 1. La razón de esta distribución desigual obedece a que el potasio es esencial para el crecimiento de las plantas, mientras que el sodio no lo es.

Las plantas atrapan los iones potasio durante el trayecto, mientras que los iones sodio quedan en libertad para viajar hacia el mar. Otros minerales que contienen sodio o potasio son la halita ($NaCl$), que se muestra en la figura, el salitre de Chile ($NaNO_3$) y la silvita (KCl). El cloruro de sodio también se obtiene de la sal de roca.

La forma más conveniente de obtener el sodio metálico es por electrólisis del cloruro de sodio fundido, en la celda Downs. El punto de fusión del cloruro de sodio es bastante alto (801°C), y se requiere mucha energía para mantener grandes cantidades de la sustancia fundida. La adición de una sustancia apropiada, como el $CaCl_2$, disminuye el punto de fusión hasta alrededor de 600°C, una temperatura más conveniente para el proceso electrolítico.

Su estructura electrónica es ns'. Son los elementos menos electronegativos al tener sus átomos la máxima tendencia en perder electrones. Los cationes que forman son muy estables. Los metales alcalinos son blandos, muestran recién cortados un color blanco argentino que se empeña rápidamente por oxidación, debido a ello se guardan en una atmósfera inerte. El punto de fusión el punto de ebullición y el calor específico disminuyen al aumentar el número atómico. Presentan bajo potencial de ionización.

Se combinan con el hidrógeno para formar hidruros, reaccionar vigorosamente con el agua para formar hidróxidos solubles, muy alcalinos. Las moléculas de estos metales, en estado gaseosos, son monoatómicas. La mayoría de las sales de los metales alcalinos son solubles en agua.

Los hidróxidos son básicos, por lo tanto, son más susceptibles de ser atacados por un soluble polar como el agua.

Propiedades	Litio	Sodio	Potasio	Rubidio	Cesio	Francio
Número atómico	3	11	19	37	55	87
Masa atómica	6.941	22.98768	39.0963	85.4678	132.90543	233.0197
Configuración Electrónica	$1s^2 2s^1$	$[Ne]3s^1$	$[Ar]4s$	$[Kr]5s$	$[Xe]6s$	$[Rn]$
Potencial de seducción en V	-	-2,711	-	-	-	-
Punto de Fusión en °C	180.5	97.8	63.7	38.9	28.4	-
Punto de Ebullición en °C	1336	880	760	700	670	-
Densidad en gr/cm^3	0,53	0,97	0,86	1,53	1,87	-
Estructura Cristalina	Cúbica	Cúbico	Cúbico	Cúbica	Cúbica	Cúbica
Símbolo	Li	Na	K	Rb	Cs	Fr

Sodio

Es un elemento metálico blanco plateado, extremamente blando y muy reactivo. En el Grupo 1 (o IA) del sistema periódico, el sodio es uno de los metales alcalinos. Su número atómico es 11. Fue descubierto en 1807 por el químico británico Humphry Davy.

Las propiedades físicas del mismo han sido resumidas en el siguiente cuadro:

Radio medio*	180 pm
Radio atómico calculado	190 pm
Radio covalente	154 pm
Radio de Van der Waals	227 pm
Configuración electronica	$[Ne]3s^1$
Estados de oxidacion (óxido)	1 (base fuerte)
Estructura cristalina	Cúbica centrada en el cuerpo
Propiedades físicas	
Estado de la materia	sólido (no magnético)
Punto de fusion	370.87 K
Punto de ebullicion	1156 K
Entalpia de vaporizacion	96.96 kJ mol
Entalpia de fusion	2.598 kJ mol
Presión de vapor	$1.43x10^1$ Pa a 1234 K
Velocidad del sonido	3200 m s a 293.15 K
Informacion diversa	
Electronegatividad	0.93 (Pauling)
Calor especifico	1230 J (kg K)
Conductividad electrica	$21x10^6$ m Ω
Conductividad térmica	141 W (m K)
Potenciales de ionizacion	

1e = 495.8 kJ mol	6e = 16613 kJ mol
2e = 4562 kJ mol	7e = 20117 kJ mol
3e = 6910.3 kJ mol	8e = 25496 kJ mol
4e = 9543 kJ mol	ol
5e = 13354 kJ mol	10e = 141362 kJ mol

Isótopos más estables

iso.	AN (%)	Vida media	MD	ED (MeV)	PD
^{22}Na	Sintetico	2.602 a	ε	2.842	^{22}Ne
^{23}Na	100	Na es estable con 12 neutrones			

Valores en el SI y en condiciones normales (0 ºC y 1 atm), salvo que se indique lo contrario.
*Calculado a partir de distintas longitudes de enlace covalente, metálico o iónico.

PROPIEDADES Y ESTADO NATURAL.

El sodio elemental es un metal tan blando que puede cortarse con un cuchillo. Tiene una dureza de 0,4. Se oxida con rapidez al exponerlo al aire y reacciona violentamente con agua formando.

Hidróxido de sodio e hidrógeno. Tiene un punto de fusión de 98°C, un punto de ebullición de 883°C y una densidad relativa de 0,97. Su masa atómica es 22,9898.

Sólo se presenta en la naturaleza en estado combinado. Se encuentra en el mar y en los lagos salinos como cloruro de sodio, $NaCl$, y con menor frecuencia como carbonato de sodio, Na_2CO_3, y sulfato de sodio, Na_2SO_4. El sodio comercial se prepara descomponiendo electrolíticamente cloruro de sodio fundido. El sodio ocupa el séptimo lugar en abundancia entre los elementos de la corteza terrestre. Es un componente esencial del tejido vegetal y animal.

ABUNDANCIA Y OBTENCIÓN.

El sodio es relativamente abundante en las estrellas, detectándose su presencia a través de la línea D del espectro solar, situada aproximadamente en el amarillo. La corteza terrestre contiene aproximadamente un 2,6% de sodio, lo que lo convierte en el cuarto elemento más abundante, y el más abundante de los metales alcalinos.

Actualmente se obtiene por electrólisis de cloruro sódico fundido, procedimiento más económico que el anteriormente usado, la electrólisis del hidróxido de sodio. Es el metal más barato.

El compuesto más abundante de sodio es el cloruro sódico o sal común, aunque también se encuentra presente en diversos minerales como anfíbolea, trona, halita, zeolitas, etc.

APLICACIONES.

El elemento se utiliza para fabricar tetraetilplomo y como agente refrigerante en los reactores nucleares (véase Energía nuclear). El compuesto de sodio más importante es el cloruro de sodio, conocido como sal común o simplemente sal. Otros compuestos importantes son el carbonato de sodio, conocido como sosa comercial, y el bicarbonato de sodio, conocido también como bicarbonato de sosa. El hidróxido de sodio, conocido como sosa cáustica se usa para fabricar jabón y papel, en las refinerías de petróleo y en la industria textil.

COMPUESTOS

Los compuestos de sodio de mayor importancia industrial son:

- ✓ Carbonato de Sodio (Na_2CO).
- ✓ Bicarbonato de Sodio ($NaHCO_3$).
- ✓ Hidróxido de sodio o Sosa cáustica ($NaOH$).
- ✓ Cloruro de sodio o sal común de mesa ($NaCl$).
- ✓ Nitrato de sodio o Sal de Chile ($NaNO_3$).
- ✓ Tiosulfato de sodio pentahidratado ($Na_2S_2O_3 \cdot 5\ H_2O$).
- ✓ Bórax ($Na_2B_4O_7 \cdot 10\ H_2O$).

ISÓTOPOS.

Se conocen trece isótopos de sodio. El único estable es el Na-23. Además existen dos isótopos radioactivos cosmogénicos, Na-22 y Na-24, con períodos de semidesintegración de 2,605 años y 15 horas respectivamente.

PRECAUCIONES.

En forma metálica el sodio es explosivo en agua y venenoso tanto aislado como combinado con muchos otros elementos. El metal debe manipularse siempre cuidadosamente y almacenarse en atmósfera inerte evitando el contacto con el agua y otras sustancias con las que el sodio reacciona.

EFECTOS DEL SODIO SOBRE LA SALUD.

El sodio es un componente de muchas comidas, por ejemplo la sal común. Es necesario para los humanos para mantener el balance de los sistemas de fluidos físicos. El sodio es también requerido para el funcionamiento de nervios y músculos. Un exceso de sodio puede dañar nuestros riñones e incrementa las posibilidades de hipertensión.

CLORURO DE SODIO

También llamado cloruro de sodio, compuesto químico de fórmula NaCl. El término sal también se aplica a las sustancias producidas en la reacción de un ácido con una base, llamada reacción de neutralización. Las sales se caracterizan por sus enlaces iónicos, lo que da lugar a puntos de fusión relativamente altos, conductividad eléctrica en disolución o fundidas y estructura cristalina en estado sólido.

El uso más común de la sal es la salazón. La sal es un componente esencial de la dieta de los seres humanos y de otros animales de sangre caliente. Algunas personas restringen su consumo directo de sal, pero obtienen las cantidades necesarias comiendo carne y pescados que la contienen. La sal de mesa común destinada al consumo en zonas continentales alejadas del mar suele contener pequeñas cantidades de yodo para prevenir el bocio.

Los animales salvajes a menudo se congregan en torno a corrientes saladas o en superficies con incrustaciones de sal para lamer los depósitos de sal.

Industrialmente la sal es la fuente de obtención del cloro y del sodio, así como de sus respectivos compuestos. Entre los compuestos del cloro de relevancia comercial se encuentran el ácido clorhídrico, el cloroformo, el tetracloruro de carbono y el polvo de blanquear. Entre los compuestos de sodio más importantes se encuentra el carbonato de sodio, el sulfato de sodio, el bicarbonato de sodio, el fosfato de sodio y el hidróxido de sodio. La sal se emplea también para preservar carnes y pescados, y en ciertos métodos de refrigeración para preparar mezclas frigoríficas, así como en los procesos de teñido y para fabricar jabón y vidrio. Al ser transparentes a los rayos infrarrojos, los cristales de sal se utilizan para hacer los prismas y lentes de instrumentos empleados en el estudio de estos rayos. Caucho o hule. El tetraborato de sodio se conoce comúnmente como bórax. El fluoruro de sodio, NaF, se utiliza como antiséptico, como veneno para ratas y cucarachas, y en cerámica. El nitrato de sodio, conocido como nitrato de Chile, se usa como fertilizante.

El peróxido de sodio, Na_2O_2, es un importante agente blanqueador y oxidante. El tiosulfato de sodio, $Na_2S_2O_3 \cdot 5H_2O$, se usa en fotografía como agente.

CARBONATO DE SODIO.

Es un importante compuesto (llamado sosa comercial) que se emplea en toda clase de procesos industriales, incluyendo el tratamiento de aguas y la fabricación de jabones, detergentes, medicamentos y aditivos para alimentos. En la actualidad casi la mitad de todo el Na_2CO_3 se utiliza en la industria del vidrio (en el vidrio cal- carbonato), el carbonato de sodio ocupa el undécimo lugar entre los productos químicos producido en los Estados Unidos (11 millones de toneladas en 1998). Durante muchos años el Na_2CO_3 se produjo por el proceso de solvay, en el cual primero se disuelve amoniaco en una disolución saturada de cloruro de sodio, el burbujeo de dióxido de carbono en la disolución produce la presentación del bicarbonato de sodio de la siguiente manera.

$$NH_2{}_{(ac)} + NaCl_{(ac)} + H_2CO_3{}_{(ac)} \longrightarrow NaHCO_3{}_{(s)} + NH_4Cl_{(ac)}$$

Después el bicarbonato de sodio se separa de la disolución y se calienta para producir el carbonato de sodio.

$$2NaHCO_3{}_{(s)} \longrightarrow Na_2Co_3{}_{(s)} + CO_2{}_{(g)} + H_2O_{(g)}$$

Sin embargo, el creciente costo del amoniaco y los problemas de contaminación derivados de los subproductos estimularon a los químicos a buscar otras fuentes de carbonato de sodio, una de ellas es a partir de mineral trona $(Na5(CO_3)2(HCO_3)- 2(H_2O))$, del cual se encontraron grandes depósitos en Wyoming. Cuando la trona se caliente y se muele, se descompone como sigue.

$$2Na_5(CO_3)_2(HCO_3)\,2H_2O_{(s)} \longrightarrow 5Na_2CO_3{}_{(s)} + CO_2{}_{(g)} + 3H_2O_{(g)}$$

El carbonato de sodio obtenido de esta forma se disuelve en agua, la disolución se filtra para eliminar las impurezas insolubles y el carbonato de sodio se cristaliza como $Na_2CO_3 \cdot 10H_2O$. Por ultimo el hidrato se caliente para obtener carbonato de sodio anhidro puro.

HIDRÓXIDO DE SODIO.

Las propiedades del hidróxido de sodio es muy al del hidróxido de potasio se preparan por electrolisis de las disoluciones acuosas de Na_2Ca y KCl ambos hidróxido son bases fuertes y muy solubles en agua. El hidróxido de ¡sodio se utiliza en la manufactura del jabón y de muchos compuestos orgánicos e inorgánicos.

NITRATO DE SODIO.

En Chile se encuentran grandes depósitos de nitrato de sodio (salitre de chile). Aproximadamente a 500 ºC se descompone con desprendimiento de oxigeno:

$$2NaNO_3{}_{(s)} \longrightarrow 2NaNO_2{}_{(s)} + O_2{}_{(g)}$$

POTASIO

Es el quinto metal más ligero y liviano; es un sólido blando que se corta con facilidad con un cuchillo, tiene un punto de fusión muy bajo, arde con llama violeta y presenta un color plateado en las superficies no expuestas al aire, en cuyo contacto se oxida con rapidez, lo que obliga a almacenarlo recubierto de aceite.

Al igual que otros metales alcalinos reacciona violentamente con el agua desprendiendo hidrógeno, incluso puede inflamarse espontáneamente en presencia de agua.

APLICACIONES

- ✓ El potasio metal se usa en células fotoeléctricas.
- ✓ El cloruro y el nitrato se emplean como fertilizantes.
- ✓ El peróxido de potasio se usa en aparatos de respiración autónomos de bomberos y mineros.
- ✓ El nitrato se usa en la fabricación de pólvora y el cromato y dicromato en pirotecnia.
- ✓ El carbonato potásico se emplea en la fabricación de cristales.
- ✓ La aleación NaK, una aleación de sodio y potasio, es un material empleado para la transferencia de calor.
- ✓ El cloruro de potasio se utiliza para provocar un paro cardíaco en las ejecuciones con inyección letal.

Otras sales de potasio importantes son el bromuro, cianuro, potasio, yoduro, y el sulfato.

El ion K^+ está presente en los extremos de los cromosomas (en los telómeros) estabilizando la estructura. Asimismo, el ion hexahidratado (al igual que el correspondiente ion de magnesio) estabiliza la estructura del ADN y del ARN compensando la carga negativa de los grupos fosfato.

La bomba de sodio es un mecanismo por el cual se consiguen las concentraciones requeridas de iones K^+ y Na^+ dentro y fuera de la célula —concentraciones de iones K^+ más altas dentro de la célula que en el exterior— para posibilitar la transmisión del impulso nervioso.

Las hortalizas (brócoli, remolacha, berenjena y coliflor) y las frutas (los bananos y las de hueso, como aguacate, albaricoque, melocotón, cereza,ciruela), son alimentos ricos en potasio.

El descenso del nivel de potasio en la sangre provoca hipopotasemia.

Es uno de los elementos esenciales para el crecimiento de las plantas —es uno de los tres que se consumen en mayor cantidad— ya que el ion potasio, que se encuentra en la mayoría de los tipos de suelo, interviene en la respiración.

ABUNDANCIA Y OBTENCIÓN

El potasio constituye del orden del 2,4% en peso de la corteza terrestre siendo el séptimo más abundante. Debido a su solubilidad es muy difícil obtener el metal puro a partir de sus minerales. Aún así, en antiguos lechos marinos y de lagos existen grandes depósitos de minerales de potasio (carnalita, langbeinita, polihalita y silvina) en los que la extracción del metal y sus sales es económicamente viable.

La principal mena de potasio es la potasa, que se extrae en California, Alemania, Nuevo México, Utah y en Saskatchewan (Canadá) (donde se encuentra en depósitos de evaporita a 900 m de profundidad).

En el futuro pueden convertirse en fuentes importantes de potasio y sales de potasio muchos yacimientos que se encuentran en otros países, tal es el caso de Argentina, donde se esta desarrollando un proyecto en la Provincia de Mendoza y Provincia de Neuquén,[2] por parte de empresas extranjeras.

Los océanos también pueden ser proveedores de potasio, pero en un volumen cualquiera de agua salada la cantidad de potasio es mucho menor que la de sodio, disminuyendo el rendimiento económico de la operación.

PROPIEDADES QUÍMICAS

El potasio debe ser protegido del aire para prevenir la corrosión del metal por el óxido e hidróxido. A menudo, las muestras son mantenidas bajo un medio reductor como el queroseno. Como otros metales alcalinos, el potasio reacciona violentamente con agua, produciendo hidrógeno. La reacción es notablemente más violenta que la del litio o sodio con agua, y es suficientemente exotérmica para que el gas hidrógeno desarrollado se encienda. Como el potasio reacciona rápidamente con aún los rastros del agua, y sus productos de reacción son permanentes, a veces es usado solo, o como NaK (una aleación con el sodio que es líquida a temperatura ambiente) para secar solventes antes de la destilación. En este papel, el potasio sirve como un potente disecante. El hidróxido de potasio reacciona fuertemente con el dióxido de carbono, debido a la alta energía del ion K^+. El ion K^+ es incoloro en el agua. Los métodos de separación del potasio incluyen precipitación, algunas veces por análisis gravimétrico.

ISOTOPOS

Se conocen diecisiete isótopos de potasio, tres de ellos naturales ^{39}K (93,3%), ^{40}K (0,01%) y ^{41}K (6,7%). El isótopo ^{40}K, con un periodo de semidesintegración de $1,277 \times 10^9$ años, decae a ^{40}Ar (11,2%) estable mediante captura electrónica y emisión de un positrón, y el 88,8% restante a ^{40}Ca mediante desintegración β.

La desintegración del ^{40}K en ^{40}Ar se emplea como método para la datación de rocas. El método K-Ar convencional se basa en la hipótesis de que las rocas no contenían argón cuando se formaron y que el formado no escapó de ellas si no que fue retenido de modo que el presente proviene completa y exclusivamente de la desintegración del potasio original. La medición de la cantidad de potasio y ^{40}Ar y aplicación de este procedimiento de datación es adecuado para determinar la edad de minerales como el feldespato volcánico, moscovita, biotita y hornblenda y en general las muestras de rocas volcánicas e intrusivas que no han sufrido alteración.

Más allá de la datación, los isótopos de potasio se han utilizado mucho en estudios del clima, así como en estudios sobre el ciclo de los nutrientes por ser un macro-nutriente requerido para la vida.

El isótopo ^{40}K está presente en el potasio natural en cantidad suficiente como para que los sacos de compuestos de potasio comercial puedan emplearse en las demostraciones escolares como fuente radiactiva.

IMPORTANCIA BIOLÓGICA

El potasio es el catión mayor del líquido intracelular del organismo humano. Está involucrado en el mantenimiento del equilibrio normal del agua, el equilibrio osmótico entre las células y el fluido intersticial[3] y el equilibrio ácido-base, determinado por el pH del organismo. El potasio también está involucrado en la contracción muscular y la regulación de la actividad neuromuscular, al participar en la transmisión del impulso nervioso a través de los potenciales de acción del organismo humano. Debido a la naturaleza de sus propiedades electrostáticas y químicas, los iones de potasio son más grandes que los iones de sodio, por lo que los canales iónicos y las bombas de las membranas celulares pueden distinguir entre los dos tipos de iones; bombear activamente o pasivamente permitiendo que uno de estos iones pase, mientras que bloquea al otro.[4] El potasio promueve el desarrollo celular y en parte es almacenado a nivel muscular, por lo tanto, si el músculo está siendo formado (periodos de crecimiento y desarrollo) un adecuado abastecimiento de potasio es esencial. Una disminución importante en los niveles de potasio sérico (inferior 3,5 meq/L) puede causar condiciones potencialmente fatales conocida como hipokalemia, con resultado a menudo de situaciones como diarrea, diuresis incrementada, vómitos y deshidratación. Los síntomas de deficiencia incluyen: debilidad muscular, fatiga, astenia, calambres, a nivel gastrointestinal: íleo, estreñimiento, anormalidades en el electrocardiograma, arritmias cardiacas, y en causas severas parálisis respiratorias y alcalosis.[5]

PRECAUCIONES

El potasio sólido reacciona violentamente con el agua, más incluso que el sodio, por lo que se ha de conservar inmerso en un líquido apropiado como aceite o queroseno.

LITIO.

Los compuestos de litio se hallan muy difundidos en la naturaleza, como minerales: hepidolita o mica de litio. Espodumeno. Ambligonita.

El litio se encuentra en la ceniza de las plantas, principalmente del tabaco, remolacha y caña de azúcar. Se encuentra en las aguas de manantiales consideradas eficientes contra el reumatismo.

OBTENCION Y PROPIEDADES

Se prepara por electrólisis de su cloruro fundido, es el más duro, se combina directamente con el nitrógeno.

A temperaturas elevadas se una con el hidrógeno para formar hidruros muy estables que conducen la electricidad cuando están fundidos.

A la llama del mechero se reconoce por su color rojo carmín.

APLICACIONES E IMPORTANCIA BIOLOGICA

Se emplea en medicina y en la fabricación de esmalte para cerámica y en vidrios.

El litio, no está claramente establecido como elemento esencial, aunque numerosos estudios recientes permiten sugerir que lo podría ser. Estudio en animales muestran que la deficiencia de litio causa anomalías reproductivas, reduce la vida esperada e induce cambios en el comportamiento. El litio podría tener un comportamiento beneficioso en el comportamiento humano, asociado a alguna función de este elemento, lo que lo transformaría en esencial.

Debido a la relación diagonal entre Li y Mg, es posible que exista algún tipo de competencia entre ambos iones, y en particular, podría influir en los sistemas conteniendo fosfato.

Ciertas sales de litio se han utilizado intensivamente, y con muy buenos resultados en el tratamiento de ciertos desórdenes psíquicos.

El litio forma parte de iones en agua más fácilmente que el potasio.

RUBIDIO, CESIO Y FRANCIO.

El rubidio y el cesio son altamente reactivos por lo cual arden rápidamente. Son conservados en ampollas. Su punto de fusión es bajo.

Estos elementos se encuentran juntos en muy pequeñas cantidades en los minerales lepidolita y carnalita, así como las cenizas de tabaco, te, café.

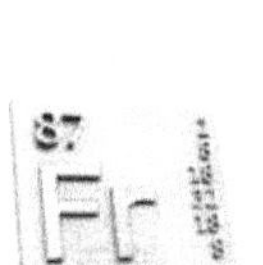

Obtención, propiedades y aplicaciones: puede obtenerse calentando sus hidróxidos con magnesio o aluminio en corrientes de hidrógeno o calentando sus cloruros con calcio. Sus propiedades químicas son semejantes a la del potasio. Se emplean para eliminar los últimos vestigios de gases en los tubos de vacío. El cesio sirve para construir células fotoeléctricas de emisión de electrones, sus propiedades de emitir electrones al ser expuesto a la luz.

El isótopo del francio Fr 87223 se forma a partir de la desintegración alfa, sus propiedades químicas son las de un metal muy activo.

CUADRO COMPARATIVO DE LOS ELEMENTOS DEL GRUPO 1 A

ELEMENTO	HISTORIA	ESTADO NATURAL	PROPIEDADES	OBTENCIÓN	APLICACIONES
LITIO	Descubierto por Johan Arfredson discipulo0 de Berzelio Aislado en 1855 por Robethr W. Bunsen y August Matthiessen	Es un elemento escaso y se presenta en forma de silicatos como lepidolita petalita o mica de litio	Es un metal de muy baja densidad	De la electrolisis de sales fundidas de este elemento	En la metalurgia sus compuestos en la ceramica soldadura, fabricación de drogas y manufacturas y productos quimicos en la sintesis de compuestos organicos
SODIO	Preparo por primera ves el sodio metalico en 1807	Dada su gran actividad no se encuentra libre en la naturaleza,si no en forma exclusiva en todo lugar(aguas naturales, rocas , sales, etc).	De color blanco plateado de lustre metálico la densidad mas baja que ka de agua funde a 97.50 ^{0}C y hierve a 880 ^{0}C	De la electrolisis $2KCl \rightarrow 2K+Cl2$	
POTASIO	Humprhy Davy lo separo en 1807 electrizando el KOH fundido	No se encuentras libre en la naturaleza si no que forma rocas silicatos en forma de feldespastos de potasio	Es blando de baja densidad de color plateado mas activo que el sodio cuando se junta con el agua desprendiendo una llama violeta	De la electrolisis $2KCl \rightarrow 2K+Cl$	

ELEMENTO	HISTORIA	ESTADO NATURAL	PROPIEDADES	OBTENCION	APLICACIONES
RUBIDIO	Descubierto por Roberth W. Bunsen y Gustav Kirchhoff en 1860	Es bastante abundante y se encuentra en diversos minerales como leucita, polucita, y zinnwaldita	Es reactivo ligado de bajo punto de fusión	Se obtiene de la leucita polucita zinnwaldita y cloruro de potasio	Son pocas las aplicaciones, en celulas fotoeléctricas
CESIO	Descubierto por Roberthh W. Bunsen y Gustav Kirchhoff en 1860	No es tan abundante y se encuentra como constituyente de minerales complejos como polucita, lepidolita, carnalita	Es blanco es uno de los mas pesados del grupo y de bajo punto de fusion menos electronegativo con el aire se oxida fácilmente	Se obtiene a través de la polucita que tienes la mayor cantidad de cesio	En celdas fotoeléctricas cortadores de centello bulbos de radio,lamparas militares de señales infrarrojo y otros mas
FRANCIO	Marguerite Perey del laboratorio del instituto del radio de Paris descubrió el elemento en 1989	Tienes una vida media corta de 21 minutos	Es el mas pesado del grupo		

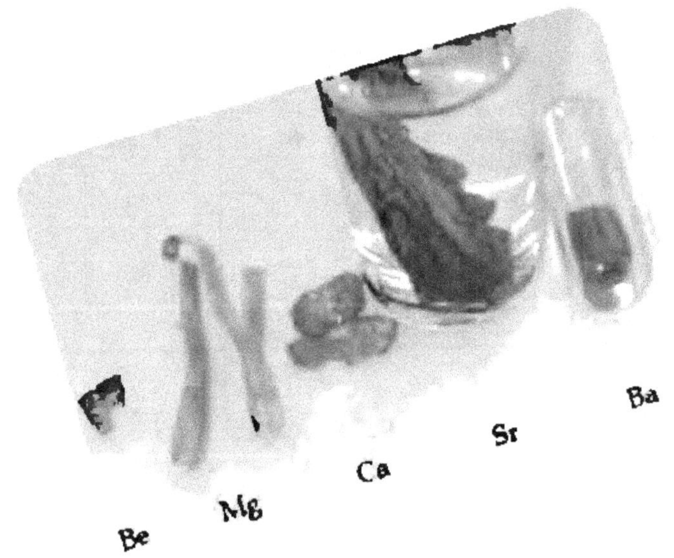

CAPÍTULO 5: ELEMENTOS DEL GRUPO 2: METALES ALCALINOTÉRREOS

METALES ALCALINOTÉRREOS

INTRODUCCIÓN.

Los metales alcalinotérreos, berilio, magnesio, calcio, estroncio, bario y radio se encuentran situados en el segundo grupo del sistema periódico (IIA), tal como muestra la figura. Todos ellos tienen una configuración electrónica final ns2 que les confiere una gran reactividad y reciben este nombre porque pueden formar parte de alcálisis o bases y además figuran en la corteza terrestre.

ESTADO NATURAL.

Los metales alcalinotérreos no se encuentran libres en la naturaleza sino formando compuestos de tipo iónico, a excepción de los del berilio que presentan un importante porcentaje covalente. Al contrario que los alcalinos, muchas de las sales de los metales alcalinotérreos son insolubles en agua.

CARACTERISTICAS.

- ✓ Todos los elementos de este grupo poseen grupo metálico, son ligeros y mucho más duros que los metales alcalinos
- ✓ Colorean característicamente la llama del mechero, lo que sirve para reconocerlos, así las sales de calcio dan la coloración rojo ladrillo, las de estroncio rojo carmín, las de bario verde y las de radio color rojo oscuro peculiar.
- ✓ El berilio, el magnesio y el calcio son atacados por el oxígeno del aire y se recubren por una capa de óxido que los protege de una oxidación futura.
- ✓ Son electropositivos y muy activos a excepción del berilio, sus átomos muestran una gran tendencia a perder dos electrones y formar cationes divalentes. Como grupo estos elementos siguen a los metales alcalinos en actividad química.
- ✓ El berilio se asemeja mucho al aluminio.
- ✓ El magnesio se asemeja, por el contrario a los metales del subgrupo de este grupo, principalmente el zinc.
- ✓ El radio se parece mucho a los electos de este grupo en sus propiedades químicas, pero debido a su radioactividad conviene estudiarlo con los elementos radioactivos.

PROPIEDADES FISICAS:

Se puede observar que sus puntos de fusión y ebullición, son elevados pero sin guardar regularidad a medida que se desciende en la serie.

Sus potenciales de acción también son elevados aumentando de arriba hacia abajo en la secuencia alcalinotérrea, lo cual indica su poder reductor creciente desde el berilio hasta el radio.

Sus pesos y masas atómicas se van duplicando casi exactamente.

ELEMENTO	Número Atómico	N° de Masa de Isótopos	P. de fusión (0C)	P. de ebullición (0C)	Densidad (g/cc) a 20 °C	Potencia de Oxidación	Radio Atómico (A°)	Electrone gatividad (A. Rochow)
Berilio	4	9	1280	1500	1,85	1,9	0,89	1,5
Magnesio	12	24	650	1100	1,74	2,4	1,36	1,2
Calcio	20	40	850	1300	2,63	2,9	1,73	1,0
Estroncio	38	88	770	1300	2,63	2,9	1,91	1,0
Bario	56	137	850	1500	365	2,9	1,98	1,0
Radio	88	226	700	1100	5,50	2,9		1,0

PROPIEDADES QUÍMICAS.

Los alcalinotérreos muestran configuraciones electrónicas análogas y todos ellos poseen dos electrones de valencia en su nivel más externo.

ELEMENTO	CONFIGURACIÓN ELECTRÓNICA
Berilio	$1s^2$ $2s^2$
Magnesio	$1s^2$ $2s^2$ $2p^6$ $3s^2$
Calcio	$1s^2$ $2s^2$ $2p^6$ $3s^2$ $3p^6$ $4s^2$
Estroncio	$1s^2$ $2s^2$ $2p^6$ $3s^2$ $3p^6$ $3d^{10}$ $4s^2$ $4p^6$ $5s^2$
Bario	$1s^2$ $2s^2$ $2p^6$ $3s^2$ $3p^6$ $3d^{10}$ $4s^2$ $4p^6$ $4d^{10}$ $5s^2$ $5p^6$ $6s^2$
Radio	$1s^2$ $2s^2$ $2p^6$ $3s^2$ $3p^6$ $3p^{10}$ $4s^2$ $4p^6$ $4d^{10}$ $4f^{14}$ $5s^2$ $5p^6$ $5d^{10}$ $6s^2$ $6p^6$ $7s^2$

Al igual que los metales alcalinos no forman iones complejos, ni sus óxidos se reducen fácilmente por el carbono, sus óxidos son polvos blancos terrosos que con el agua forman hidróxidos bastantes fuertes, cuya solubilidad aumenta desde el berilio al radio.

✓ Forman hidruros y nitruros por combinación directa de los elementos:

$$3Mg + N_2 \longrightarrow Mg_3N_2$$

$$Ca + H_2 \longrightarrow CaH_2$$

✓ Los metales se preparan por electrólisis de sales fundidas. Muchas de las sales corrientes de magnesio, calcio y estroncio son insolubles en agua.

- ✓ Sus hidróxidos, carbonatos, fluoruros y sulfatos son escasamente solubles, la solubilidad de los sulfatos y carbonatos disminuye el aumentar el número atómico del metal, mientras que de los hidróxidos y fluoruros aumentan.
- ✓ Los electrones de este grupo no se encuentran libres en la naturaleza sino, formando compuestos con número de oxidación $^{+2}$.

CALCIO

INTRODUCCIÓN

La palabra calcio procede del latín calx con que los romanos denominaban a la cal que utilizaban como mortero y que se obtenía, como hoy, quemando la caliza. Fue descubierto por Davy, en 1.808, aisló el calcio metálico por electrólisis del óxido se pensaba que éste último era un elemento.

ESTADO NATURAL

El calcio como elemento no se encuentra libre en la naturaleza, pero sus compuestos son muy abundantes (3,6% de la corteza terrestre) y de singular importancia, los minerales más frecuentes que lo contienen son: el fluoruro de calcio CaF_2 o fluorita, el fosfato de

calcio $Ca_3(PO_4)_2$ o fosforita, el carbonato de calcio $CaCO_3$ o calcita que forma las calizas normales, el sulfato de calcio $CaSO_4$. $2 H_2O$ o yeso, el silicato de aluminio y calcio $CaAl_2Si_2O_8$ o feldespato y el carbonato doble de calcio y magnesio $CaCO_3$. $MgCO_3$ o dolomita.

PROPIEDADES FISICAS

Símbolo	Ca
Número atómico	20
Peso atómico	40.08
Número de oxidación	+2
Punto de fusión	850°C
Punto de ebullición	1300°C
Densidad	1.85g cc
Configuración electrónica	$1s^2\ 2s^2\ 2p^6\ 3s^2\ 3p^6\ 4s^2$

Es un metal blanco, blando, que se puede cortar con un cuchillo siendo el corte parecido al del plomo. Es algo mas duro que los metales alcalinos y bastante ligero. Es un buen conductor de la electricidad.

PROPIEDADES QUIMICAS.

Se combina fácilmente con el oxígeno por lo que su brillo desaparece al estar en contacto con el aire.

✓ El calcio es muy activo, en el aire húmedo se empaña lentamente debido a que se forma óxido de calcio.

$$2Ca + O_2 \longrightarrow 2CaO$$

✓ Con el agua la reacción es rápida pero no violenta, formando hidróxido de calcio y desprendiendo hidrógeno.

$$Ca + 2H_2O \longrightarrow Ca(OH)_2 + H_2$$

✓ Otra reacción característica del calcio es la formación de hidruros cuando es calentada en presencia de hidrógeno.

$$Ca + H_2 \longrightarrow CaH_2$$

✓ El calcio también reacciona con el nitrógeno (al rojo) para producir el nitruro de calcio.

$$3Ca + N_2 \longrightarrow Ca_3N_2$$

RESUMEN DE REACTIVIDAD

Con aire:	Vigorosa: —> CaO ; Ca$_3$N$_2$
Con H$_2$O:	Suave: —> H$_2$: Ca(OH)$_2$
Con HCl 6M:	Vigorosa: —> H$_2$: CaCl$_2$
Con HNO$_3$ 15M:	Vigorosa: —> H$_2$: Ca(NO$_3$)$_2$
Con NaOH 6M:	No reacciona

OBTENCIÓN

El calcio se obtiene por electrólisis del cloruro de calcio fundido al que se le agrega cierta cantidad de cloruro de calcio para bajar su punto de fusión (catalizador).

Esta operación se efectúa en un crisol de grafito que sirve de ánodo a una temperatura de 720º C.

$$CaCl_2 \longrightarrow Ca + Cl_2$$

El cátodo es una barra de hierro que se dispone en tal forma que sólo el extremo inferior esté en contacto con el electrolito fundido, éste se va subiendo gradualmente a medida que se deposita el calcio, que toma la forma de una varilla regular protegido de la oxidación por una capa de cloruro.

APLICACIONES

- ✓ El calcio metálico se utiliza para eliminar el azufre y sus compuestos en el proceso de refinado de aceites.
- ✓ Sus compuestos tienen muchas aplicaciones.
- ✓ En los procesos de síntesis en química orgánica se usa para desecar (eliminar el agua) los disolventes tales como alcoholes.
- ✓ Se utiliza ampliamente como excipiente en la fabricación de tabletas.
- ✓ Por encima de un 99% de una tableta puede ser sulfato de calcio.
- ✓ La cal viva se utiliza como material refractario en hornos y en la construcción para la preparación del mortero.
- ✓ El yeso (sulfato de calcio hidratado) también tiene aplicaciones conocidas por todos.
- ✓ El mármol (carbonato de calcio) se utiliza como material ornamental en la construcción y en estatuaria.
- ✓ Se usa en algunas aleaciones por ejemplo con el plomo dándole mayor dureza y como reductor para extraer ciertos metales como torio, vanadio y uranio.
- ✓ El calcio, combinado químicamente, está presente, en los dientes y los huesos (como hidroxifosfato de calcio), y en numerosos fluidos corporales (como componente de complejos proteínicos) esenciales para la contracción muscular, la transmisión de los impulsos nerviosos y la coagulación de la sangre.

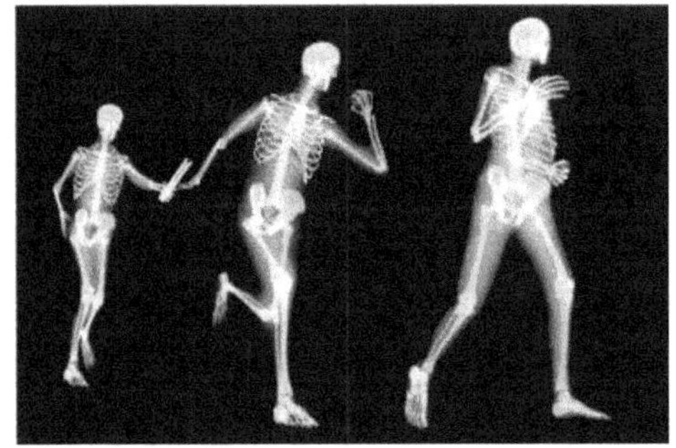

El calcio fortalece los huesos

El calcio se encuentra en muchos productos naturales

OXIDO DE CALCIO

FUNDAMENTO TEÓRICO.

Hasta la revolución industrial y el descubrimiento del cemento en 1824 en Pórtland, Inglaterra, la cal (CaO) ha sido el principal ligante de la construcción en morteros, revestimientos y pinturas.

Es responsable de la solidez de los edificios antiguos y medievales y ha participado en obras tan prestigiosas como los frescos y estucos que los decoran.

Un 20 % de la superficie terrestre esta cubierta de roca caliza. Según el tipo de caliza utilizada, la cocción permite la fabricación de varios tipos de cal:

1. La cal aérea, procedente de una caliza pura
2. La cal dolomítica, procedente de una caliza rica en carbonato de magnesio
3. La cal hidráulica natural, procedente de una marga (caliza arcillosa).

CARACTERISTICAS

Fórmula	CaO
Fórmula electrónica	Ca : : O :
Nombre Comercial	Cal viva
Peso molecular	56
Punto de fusión	2670 °C

ESTADO NATURAL

El oxido de calcio no se encuentra libre en la naturaleza, se obtine por la accion del hombre.

El óxido de calcio reacciona violentamente con el agua, haciendo que ésta alcance los 90 °C. Se forma entonces hidróxido de calcio, también llamado cal apagada, o $Ca(OH)_2$.

El hidróxido de calcio reacciona otra vez con el óxido de carbono (IV) del aire para formar de nuevo carbonato de calcio. En esta reacción la masa se endurece. Por esto el óxido de calcio forma parte de formulaciones de morteros, especialmente a la hora de enlucir paredes de color blanco.

PROPIEDADES FÍSICAS

El óxido de calcio (cal viva) es un polvo blanco que se presenta en masas amorfas, se obtiene en forma de trozos blancos duros de sabor cáustico, fusible sólo a elevadas temperaturas. Muy ávido por el agua. Si se caliente fuertemente se pone incandescente y emite una luz blanca brillante, llamada "luz Drumond".

PROPIEDADES QUÍMICAS

El óxido de calcio es muy ávido por el agua con el cual reacciona vivamente, originándose cal apagada en una reacción fuertemente exotérmica y con aumento de volumen.

$$CaO + H_2O \longrightarrow Ca(OH)_2 + O$$

El óxido de calcio, es un óxido básico, es decir que reacciona con los ácidos formando sales y agua:

$$Ca\,O + H_2SO_4 \longrightarrow CaSO_4 - H_2O$$

$$Ca\,O + 2HCl \longrightarrow Ca\,Cl_2 + H_2O$$

En caliente se combina con algunos gases como el anhídrido carbónico y el anhídrido sulfuroso formando sales.

$$Ca\,O + SO_2 + O \longrightarrow Ca\,S\,O_3$$

OBTENCIÓN

La cal viva se obtiene calcinando la piedra caliza (CaCO3) en hornos especiales entre 800 a 1000 o de temperatura, evitando que ésta se eleve mas para que la arena de la caliza no se combine con la cal formando una escoria de silicato de calcio (CaSiO3). La cal producida a temperatura excesiva se llama "cal muerta o cal quemada" y se apaga muy lentamente.

$$Ca\,C\,O_3 + O \longleftrightarrow Ca\,O + CO_2$$

La doble flecha de la ecuación nos indica que esta reacción es reversible es decir, que el óxido de calcio y el anhídrido carbónico vuelven a reaccionar regenerando el carbonato de calcio, lo que se evita dejando salir del horno el dióxido de carbono.

APLICACIONES

- ✓ El óxido de calcio se usa como caustificante y por su avidez por el agua para desecar gases.
- ✓ Se usa en metalurgia como escorificante.
- ✓ En la industria del curtido, para depilar los pellejos antes de curtirlos.
- ✓ Para depurar aguas duras.
- ✓ En la agricultura para neutralizar suelos ácidos.
- ✓ Es indispensable como material de construcción para preparar cal apagada.
- ✓ En la fabricación de bases alcalinas, carburos de calcio, vidrio.
- ✓ Se usa para obtener el hidróxido de calcio o cal apagada.

Cal Hidratada.

Se obtiene al agregar agua a la cal viva produciéndose una reacción exotérmica durante el apagado de la cal, resultando un polvo blanco fino.

CARACTERÍSTICAS:

* Polvo blanco de alta finura

* Tamaño de partícula 99% Malla 100

De la cal viva, mezclada con agua, se obtiene la cal apagada (o cal hidratada, que es hidróxido de carbono $Ca(OH)_2$)

Durante este proceso se va produciéndose la desintegración rápida de las piedras, que se diluyen en el agua. Posteriormente, dejando secar esta pasta puede obtenerse cal en polvo.

Magnesio

INTRODUCCIÓN

El magnesio es uno de los metales alcalinotérreos, y pertenece al grupo 2 (o IIA) del sistema periódico. El número atómico del magnesio es 12.

Aislado por vez primera por el químico británico Humphry Davy en 1808, se obtiene hoy en día principalmente por la electrólisis del cloruro de magnesio fundido.

ESTADO NATURAL

El magnesio ocupa el sexto lugar en abundancia natural entre los elementos de la corteza terrestre. Existe en la naturaleza sólo en combinación química con otros elementos, en particular, en los minerales carnalita, dolomita y magnesita, en muchos silicatos constituyentes de rocas y como sales, por ejemplo el cloruro de magnesio, que se encuentra en el mar y en los lagos salinos. Es un componente esencial del tejido animal y vegetal.

El oxígeno, el agua o los álcalis no atacan al metal a temperatura ambiente. Reacciona con los ácidos, y cuando se calienta a unos 800ºC reacciona también con el oxígeno y emite una luz blanca radiante. El magnesio tiene un punto de fusión de unos 649ºC, un punto de ebullición de unos 1.107ºC y una densidad de 1,74 g/cm3; su masa atómica es 24,305.

PROPIEDADES FÍSICAS

Símbolo	Mg
Número atómico	12
Peso atómico	24.31
Número de oxidación	+2
Punto de fusión	650 °C
Punto de ebullición	1107 °C
Densidad	1.74 g/cc
Configuración electrónica	$1s^2\ 2s^2\ 2p^6\ 3s^2$

Magnesio, de símbolo Mg, es un elemento metálico blanco plateado, relativamente no reactivo. El magnesio es maleable y dúctil cuando se calienta.

Exceptuando el berilio, es el metal más ligero que permanece estable en condiciones normales.

PROPIEDADES QUÍMICAS

El Magnesio presenta un comportamiento intermedio entre el Berilio y el resto de los elementos de este grupo; manifiesta una escasa tendencia a formar compuestos covalentes aunque interviene en algunas combinaciones de este tipo, forma cationes divalentes, es característica su insolubilidad en agua para formar el hidróxido de Magnesio insoluble que recubre el metal evitando su disolución.

El Magnesio también se encuentra en forma de silicatos y carbonatos como son las montañas de dolomita Mg Ca (CO3)2. A partir de la calcinación de este mineral se obtiene el calcio y el magnesio.

OBTENCIÓN

El magnesio se obtiene por electrólisis del cloruro de magnesio fundido al que se le agrega cierta cantidad de cloruro de magnesio para bajar su punto de fusión (catalizador).

$$MgCl_2 \longrightarrow Mg + Cl_2$$

APLICACIONES

El magnesio forma compuestos bivalentes, siendo el más importante el carbonato de magnesio ($MgCO_3$), que se forma por la reacción de una sal de magnesio con carbonato de sodio y se utiliza como material refractario y aislante. El cloruro de magnesio ($MgCl_2 . 6 H_2O$), que se forma por la reacción de carbonato u óxido de magnesio con ácido clorhídrico, se usa como material de relleno en los tejidos de algodón y lana, en la fabricación de papel y de cementos y cerámicas.

Otros compuestos son el citrato de magnesio ($Mg_3(C_6H_5O_7)_2 . 4 H_2O$), que se forma por la reacción de carbonato de magnesio con ácido cítrico y se usa en medicina y en bebidas efervescentes; el hidróxido de magnesio, ($Mg(OH)_2$), formado por la reacción de una sal de magnesio con hidróxido de sodio, y utilizado en medicina como laxante, "leche de magnesia", y en el refinado de azúcar; sulfato de magnesio ($MgSO_4 . 7 H_2O$), llamado sal de Epson y el óxido de magnesio (MgO), llamado magnesia o magnesia calcinada, que se prepara calcinando magnesio con oxígeno o calentando carbonato de magnesio, y que se utiliza como material refractario y aislante, en cosméticos, como material de relleno en la fabricación de papel y como laxante antiácido suave.

Las aleaciones de magnesio presentan una gran resistencia a la tracción. Cuando el peso es un factor a considerar, el metal se utiliza aleado con aluminio o cobre en fundiciones para piezas de aviones; en miembros artificiales, aspiradoras e instrumentos ópticos, y en productos como esquíes, carretillas, cortadoras de césped y muebles para exterior.

El metal sin alear se utiliza en flashes fotográficos, bombas incendiarias y señales luminosas, como desoxidante en la fundición de metales y como afinador de vacío, una sustancia que consigue la evacuación final en los tubos de vacío. Los principales países productores de magnesio son Estados Unidos, China y Canadá.

Estroncio

INTRODUCCIÓN

Estroncio, de símbolo Sr, es un elemento metálico, dúctil, maleable y químicamente reactivo. Pertenece al grupo 2 (o IIA) del sistema periódico, y es uno de los metales alcalinotérreos. Su número atómico es 38.

El estroncio metálico fue aislado por vez primera por el químico británico Humphry Davy en 1808; el óxido se conocía desde 1790.

ESTADO NATURAL

El estroncio nunca se encuentra en estado elemental, y existe sobre todo como estroncianita, $SrCO_3$, y celestina, $SrSO_4$. Ocupa el lugar 15 en abundancia natural entre los elementos de la corteza terrestre y está ampliamente distribuido en pequeñas cantidades. Las cantidades mayores se extraen en México, Inglaterra y Escocia.

PROPIEDADES FÍSICAS

Símbolo	Sr
Número atómico	38
Peso atómico	87.62
Número de oxidación	+2
Punto de fusión	768 °C
Punto de ebullición	1380 °C
Densidad	2.6 g/cc
Configuración electrónica	$1s^2\ 2s^2\ 2p^6\ 3s^2\ 3p^6\ 3d^{10}\ 4s^2\ 4p^6\ 5s^2$

El estroncio tiene color plateado cuando está recién cortado.

PROPIEDADES QUÍMICAS

Se oxida fácilmente al aire y reacciona con el agua para producir hidróxido de estroncio e hidrógeno gas. Como los demás metales alcalinotérreos, se prepara transformando el carbonato o el sulfato en cloruro, el cual, por hidrólisis, produce el metal.

$$SrCO_3 + 2HCl \longrightarrow SrCl_2 + H_2O + CO_2$$

OBTENCIÓN

El estroncio se obtiene por electrólisis del cloruro de estroncio fundido al que se le agrega cierta cantidad de cloruro de estroncio para bajar su punto de fusión (catalizador).

$$SrCl_2 \longrightarrow Sr + Cl_2$$

APLICACIONES

El principal uso del estroncio es en cristales para tubos de rayos catódicos de televisores en color debido a la existencia de regulaciones legales que obligan a utilizar este metal para filtrar los rayos X evitando que incidan sobre el espectador. Otros usos son: Pirotecnia (nitrato), producción de imanes de ferrita, el carbonato se usa en el refino del cinc (remoción del plomo durante la electrolisis), y el metal en la desulfurización del acero y como componente de diversas aleaciones, el titanato de estroncio tiene un índice de refracción extremadamente alto y una dispersión óptica mayor que la del diamante, propiedades de interés en diversas aplicaciones ópticas. También se ha usado ocasionalmente como gema. Otros compuestos de estroncio se utilizan en la fabricación de cerámicas, productos de vidrio, pigmentos para pinturas (cromato), lámparas fluorescentes (fosfato) y medicamentos (cloruro y peróxido), el isótopo radiactivo Sr-89 se usa en la terapia del cáncer, el Sr-85 se ha utilizado en radiología y el Sr-90 en generadores de energía autónomos.

Debido a que emite un color rojo brillante cuando arde en el aire, se utiliza en la fabricación de fuegos artificiales y en señales de ferrocarril. La estronciana (óxido de estroncio), SrO, se usa para recubrir las melazas de azúcar de remolacha. El estroncio 90 es un isótopo radiactivo peligroso que se ha encontrado en la lluvia radiactiva subsiguiente a la detonación de algunas armas nucleares.

Bario

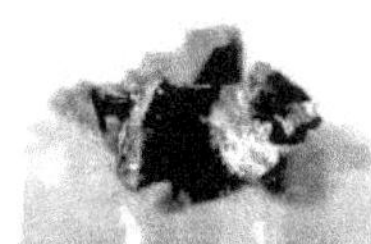

INTRODUCCIÓN

Bario, de símbolo Ba, es un elemento blando, plateado y altamente reactivo. Pertenece al grupo 2 (o IIA) del sistema periódico, y es uno de los metales alcalinotérreos. Su número atómico es 56. El bario fue aislado por primera vez en 1808 por el científico británico Humphry Davy.

ESTADO NATURAL

El elemento reacciona intensamente con el agua, y se corroe rápidamente en aire húmedo. De hecho, el elemento es tan reactivo que no existe en la naturaleza en estado libre. Sus compuestos más importantes son minerales: el sulfato de bario y el carbonato de bario (witherita), $BaCO_3$. Es el 14º elemento más común, ocupando una parte de 2.000 de la corteza terrestre.

PROPIEDADES FÍSICAS

Símbolo	Ba
Número atómico	56
Peso atómico	137.34
Número de oxidación	+2
Punto de fusión	714 ºC
Punto de ebullición	1640 ºC
Densidad	3.5 g/cc
Configuración electrónica	$1s^2\ 2s^2\ 2p^6\ 3s^2\ 3p^6\ 3d^{10}\ 4s^2\ 4p^6\ 4d^{10}\ 5s^2\ 5p^6\ 6s^2$

El metal es dúctil y maleable; los trozos recién cortados tienen una apariencia gris-blanca lustrosa.

PROPIEDADES QUÍMICAS

El metal reacciona con el agua más fácilmente que el estroncio y el calcio, pero menos que el sodio; se oxida con rapidez al aire y forma una película protectora que evita que siga la reacción, pero en aire húmedo puede inflamarse. El metal es lo bastante activo químicamente para reaccionar con la mayor parte de los no metales.

OBTENCIÓN

El bario se obtiene por electrólisis del cloruro de bario fundido al que se le agrega cierta cantidad de cloruro de bario para bajar su punto de fusión (catalizador).

$$BaCl_2 \longrightarrow Ba + Cl_2$$

APLICACIONES

El bario metálico tiene pocas aplicaciones prácticas, aunque a veces se usa para recubrir conductores eléctricos en aparatos electrónicos y en sistemas de encendido de automóviles. El sulfato de bario (BaSO4) se utiliza también como material de relleno para los productos de caucho, en pintura y en el linóleo. El nitrato de bario se utiliza en fuegos artificiales, y el carbonato de bario en venenos para ratas. Una forma de sulfato de bario, opaca a los rayos X, se usa para examinar por rayos X el sistema gastrointestinal.

Berilio

INTRODUCCIÓN

Berilio, de símbolo Be, es un elemento metálico, gris, frágil, con número atómico 4. Se le llama berilio por su mineral principal, el berilo, un silicato de berilio y aluminio. Fue descubierto como óxido en 1797 por el químico francés Louis Nicolás Vauquelin; el elemento libre fue aislado por primera vez en 1828 por Friedrick Wöhler y Antonine Alexandre Brutus Bussy, independientemente. Puesto que sus compuestos solubles tienen sabor dulce, al principio se le llamó glucinio, como referencia al azúcar glucosa.

ESTADO NATURAL

El berilio, uno de los metales alcalinotérreos, ocupa el lugar 51 en abundancia entre los elementos naturales de la corteza terrestre.El berilio tiene una alta resistencia por unidad de masa. Se oxida ligeramente al contacto con el aire, cubriéndose con una fina capa de óxido. La capacidad del berilio de rayar el vidrio se atribuye a este recubrimiento óxido. Los compuestos del berilio son generalmente blancos (o incoloros en solución) y bastante similares en sus propiedades químicas a los compuestos correspondientes de aluminio. Esta similitud hace difícil separar el berilio del aluminio, que casi siempre está presente en los minerales de berilio.

PROPIEDADES FÍSICAS

Símbolo	Be
Número atómico	4
Peso atómico	9,0122
Número de oxidación	+2
Punto de fusión	1277 °C
Punto de ebullición	2770 °C
Densidad	1,85 g cc
Configuración electrónica	$1s^2 \ 2s^2$

El berilio tiene uno de los puntos de fusión más altos entre los metales ligeros. Su módulo elástico es aproximadamente un 33% mayor que el del acero. Tiene una conductividad térmica excelente, es no magnético y resiste el ataque con ácido nítrico. Es muy permeable a los rayos X y, al igual que el radio y el polonio, libera neutrones cuando es bombardeado con partículas alfa (del orden de 30 neutrones por millón de partículas alfa).

PROPIEDADES QUÍMICAS

En condiciones normales de presión y temperatura el berilio resiste la oxidación del aire, aunque la propiedad de rayar al cristal se debe probablemente a la formación de una delgada capa de óxido.

OBTENCIÓN

El berilio se encuentra en 30 minerales diferentes, siendo el más importante berilo y bertrandita, principales fuentes del berilio comercial, crisoberilo y fenaquita. Actualmente la mayoría del metal se obtiene mediante reducción de fluoruro de berilio con magnesio. Las formas preciosas del berilo son la aguamarina y la esmeralda.

APLICACIONES

Añadiendo berilio a algunas aleaciones se obtienen a menudo productos con gran resistencia al calor, mejor resistencia a la corrosión, mayor dureza, mayores propiedades aislantes y mejor calidad de fundición. Muchas piezas de los aviones supersónicos están hechas de aleaciones de berilio, por su ligereza, rigidez y poca dilatación. Otras aplicaciones utilizan su resistencia a los campos magnéticos, y su capacidad para no producir chispas y conducir la electricidad. El berilio se usa mucho en los llamados sistemas de multiplexado. A pequeña escala, un único hilo hecho con componentes de berilio de gran pureza puede transportar cientos de señales electrónicas.

Puesto que los rayos X atraviesan fácilmente el berilio puro, el elemento se utiliza en las ventanas de los tubos de rayos X. El berilio y su óxido, la berilia, se usan también en la generación de energía nuclear como moderadores en el núcleo de reactores nucleares, debido a la tendencia del berilio a retardar o capturar neutrones.

Aunque los productos del berilio son seguros de usar y manejar, los humos y el polvo liberados durante la fabricación son altamente tóxicos. Deben tomarse precauciones extremas para evitar respirar o ingerir las más mínimas cantidades. Las personas que trabajan con óxido de berilio utilizan capuchas diseñadas especialmente.

El berilio y su óxido se utilizan cada vez más en la industria. Aparte de su importancia en la fabricación de los aviones y los tubos de rayos X, el berilio se usa en ordenadores o computadoras, láser, televisión, instrumentos oceanográficos y cubiertas protectoras del cuerpo.

Radio

INTRODUCCIÓN

Radio (del latín, radius, "rayo"), de símbolo Ra, es un elemento metálico radiactivo, blanco- plateado y químicamente reactivo. Pertenece al grupo 2 (o IIA) del sistema periódico, y es uno de los metales alcalinotérreos. Su número atómico es 88.

El radio fue descubierto en el mineral pechblenda por los químicos franceses Marie y Pierre Curie en 1898. Estos descubrieron que el mineral era más radiactivo que su componente principal, el uranio, y separaron el mineral en varias fracciones con el fin de aislar las fuentes desconocidas de radiactividad. Una fracción, aislada utilizando sulfuro de bismuto, contenía una sustancia fuertemente radiactiva, el polonio, que los Curie conceptuaron como nuevo elemento.

Más tarde se trató otra fracción altamente radiactiva de cloruro de bario para obtener la sustancia radiactiva, que resultó ser un nuevo elemento, el radio.

ESTADO NATURAL

El radio 226, metal, funde a 700 °C, y tiene una densidad relativa de 5,5. Se oxida rápidamente en el aire. El elemento se usa y se maneja en forma de cloruro o bromuro de radio, y prácticamente nunca en estado metálico.

Las propiedades químicas del radio son similares a las del bario, y ambas sustancias se separan de los otros componentes del mineral mediante precipitación del sulfato de bario y de radio. Los sulfatos se convierten en carbonatos o sulfuros, que luego se disuelven en ácido clorhídrico. La separación del radio y del bario es el resultado final de las sucesivas cristalizaciones de las soluciones de cloruro.

De los isótopos del radio, de números másicos entre 206 y 232, el más abundante y estable es el isótopo con número másico 226. El radio 226 se forma por la desintegración radiactiva del isótopo del torio de masa 230, que es el cuarto isótopo en la serie de desintegración que empieza con el uranio 238. La vida media del radio 226 es de 1.620 años. Emite partículas alfa, transformándose en radón gas.

PROPIEDADES FÍSICAS

Símbolo	Ra
Número atómico	88
Peso atómico	226
Número de oxidación	+2
Punto de fusión	700 °C
Punto de ebullición	--------
Densidad	5,5 g/cc
Configuración electrónica	$1s^2\ 2s^2\ 2p^6\ 3s^2\ 3p^6\ 3p^{10}\ 4s^2\ 4p^6\ 4d^{10}\ 4f^{14}\ 5s^2\ 5p^6\ 5d^{10}\ 6s^2\ 6p^6\ 7s^2$

Cuando se prepara, el metal radio puro es de color blanco brillante, pero se ennegrece cuando se expone al aire (probablemente debido a la formación de nitruro). Es luminiscente (dando un color azul pálido).

PROPIEDADES QUÍMICAS

El radio es el más pesado de los alcalinotérreos, es intensamente radiactivo y se parece químicamente al bario. Los preparados de radio son destacables porque son capaces de mantenerse a más alta temperatura que su entorno, y por sus radiaciones, que pueden ser de tres tipos: rayos alfa, rayos beta y rayos gamma. Además, el radio produce neutrones si se mezcla con berilio, se corrompe en agua para dar hidróxido de radio y es ligeramente más volátil que el bario.

OBTENCIÓN

Se conocen 13 isótopos del radio; todos son radiactivos; cuatro se encuentran en la naturaleza y el resto se produce sintéticamente. Sólo el 226Ra es tecnológicamente importante. Se encuentra ampliamente distribuido en al naturaleza, por lo regular en cantidades mínimas. La fuente más concentrada es la pecblenda (uraninita). El radio se forma por la desintegración radiactiva del uranio y, por tanto, se encuentra en todos los minerales de uranio. Está presente en la mena de uranio en la proporción de una parte de radio por tres millones de uranio. Se extrae del mineral añadiéndole un compuesto de bario que actúa como "portador".

APLICACIONES

La radiación emitida por el radio tiene efectos nocivos sobre las células vivas, y la exposición excesiva produce quemaduras. Sin embargo, las células cancerígenas son a menudo más sensibles a la radiación que las células normales, y dichas células pueden ser destruidas, sin dañar seriamente el tejido sano, controlando la intensidad y la dirección de la radiación. El radio sólo se utiliza actualmente en el tratamiento de unos pocos tipos de cáncer; se introduce cloruro de radio o bromuro de radio en un tubo sellado y se inserta en el tejido afectado. Cuando se mezcla una sal de radio con una sustancia como el sulfuro de cinc, la sustancia produce luminiscencia debido al bombardeo de los rayos alfa emitidos por el radio. Antes se usaban pequeñas cantidades de radio en la producción de pintura luminosa, que se aplicaba a las esferas de los relojes, a los picaportes y a otros objetos para que brillaran en la oscuridad.

CUADRO COMPARATIVO ELEMENTOS ALCALINOTERREOS

ELEMENTO (abundancia)	HISTORIA (Estado Natural)	MINERALES CONOCIDOS	CARACTERISTICAS GENERALES	PRINCIPALES APLICACIONES
Berilio (0,006%)	Descubierto por Vauquelin en 1798 en forma de óxido Friedrich Wöhler y A. A. Bussy de forma independiente aislaron el metal en 1828 mediante reacción de potasio con cloruro de berilio	Be_3 $Al_2Si_6O_{18}$ Silicato de berilio magnesio	Metal blanco-plateado muy quebradizo. Se empaña ligeramente en el aire, llegando a cubrirse con una delgada capa de óxido.	Se usa en aleaciones para usos industriales diversos, en la fabricación de componentes electrónicos. Su óxido (BeO) se usa en la fabricación de piezas cerámicas.
Magnesio (2,0%)	El inglés Joseph Black lo reconoce como elemento en 1775 y en 1808 Humphrey Davy obtuvo el metal mediante la electrólisis.	$CaMg_3Si_4O_{12}$ Silicato de magnesio y calcio $MgCO_3$ Magnesita $MgCO_3CaCO_3$ Dolomita	El magnesio es un metal blanco argentino, relativamente blando, maleable y no muy dúctil. Es un buen conductor del calor y la electricidad.	Aleaciones con el aluminio, con cobre o con cinc, es muy usado para construcciones metálicas ligeras, flashes fotográficos, bombas incendiarias y bengalas de señalización.
Calcio (3,6%)	Descubierto en 1808 por Humphrey Davy por electrólisis de una amalgama de mercurio y cal, en 1854 Bunsen y en 1856 obtienen el metal por electrólisis del cloruro de calcio y Henry Moissan obtuvo el calcio con una pureza del 99% por electrólisis del yoduro	Carbonatos Sulfatos Fluoruros Silicatos Fosfatos	Es un metal blanco, blando, que se puede cortar con un cuchillo.	Se usa para desecar los disolventes tales como alcoholes, en la fabricación de tabletas, la cal viva se utiliza como material refactario y en la construcción. El mármol se utiliza como material ornamental en la construcción y en estatuaria.
Estroncio (poco abundante)	El estroncio metálico fue aislado por vez primera por el químico británico Humphry Davy en 1808; el óxido se conocía desde 1790.	$SrCO_3$ Estroncita	Es un elemento metálico, de color blanco plateado recién cortado, relativamente dúctil y maleable.	Para hacer imanes permanentes, en la fabricación de cátodos para tubos de vacío como regulador. Algunas de sus sales se utilizan en medicina.
Bario (0,05%)	El bario fue aislado por primera vez en 1808 por el científico británico Humphry Davy.	$BaSO_4$ Baritina o sulfato de bario	Es un metal blanco plateado, parecido al calcio en su aspecto, blando y bastante reactivo	Para cubrir conductores eléctricos en aparatos electrónicos y para diagnosticar problemas gastrointestinales. En pirotecnia para dar color verde. También se utiliza en pinturas, vidrios y como componente de algunos raticidas.
Radio (menos de una millonésima parte)	El radio fue descubierto en el mineral pechblenda por los químicos franceses Marie y Pierre Curie en 1898, del cloruro de bario para obtener la sustancia radiactiva, que resultó ser un nuevo elemento, el radio	Su fuente principal es el uranio	Es un elemento metálico, blanco plateado y radiactivo.	El radio se usa ahora únicamente en el tratamiento de unos pocos tipos de cáncer.

CAPÍTULO 6: ELEMENTOS DEL GRUPO 3: TÉRREOS

ELEMENTOS TÉRREOS

INTRODUCCIÓN

En 1702; W. Homber obtuvo del borax y lo llamo sal sedativum, posteriormente, este nombre secambio por el acido boracico y finalmente, por el del ácido bórico. En 1808 Gay – Luzca y Louis – Jacques Thernard (1777 –1857), en Francia y Davy en Inglaterra, de elemento reduciendo el ácido con potasio. En 1825, Hans Christian Dersted preparo una amalgama de aluminio (metal disuelto en mercurio). Wohler, en 1827; mejorando el método de Derstel, obtuvo aluminio en forma de polvo fino.

✓ En 1875 por BOISDAUDRAN, quin dio al nuevo elemento el nombre de su país nativo, Francia (Gallia). MENDELEJEFF predijo su existencia y le denomino eka-aluminio. Feridnand Reich (1799 - 1882) y Hieronymus Theodor Ricater (1824 - 1898) observaron dos líneas espectrales brillantes al examinar la llama del mineral blenda, dándole el nombre de indio.

✓ **Obtención:** Se obtuvo tratando ácido bórico, H_3BO_3, con potasio, ya que era conocida en esta época la gran afinidad del potasio hacia el oxígeno. Fue obtenido por Gay-Lussac y Thenard y, de forma independiente, por Davy, 9 días después.

Etimológicamente deriva de la palabra árabe "buraq" o del persa "burah", ambas significaban "borax", haciendo referencia al producto que contenía el boro

CARACTERISTICAS

El grupo III A de los elementos representativos de la tabla periódica, son: Boro, aluminio, galio, indio y Talio, en el siguiente cuadro observa la estructura atómica de los elementos ya mencionados: donde indica que los elementos pueden presentar una valencia de +3.

Elemento	Número atómico	Número de electrones en cada nivel de energía					
		K	L	M	N	O	P
Boro	5	2	3				
Aluminio	13	2	8	3			
Galio	31	2	8	18	3		
Indio	49	2	8	18	18	3	
Talio	81	2	8	18	32	18	3

PROPIEDADES FÍSICAS

	Boro	Aluminio	Galio	Indio	Talio
Peso atómico	10,82	26,97	69,72	114,76	204,39
Número atómico	5	13	31	49	81
Radio del ión trivalente ®	0,20	0,50	0,62	0,81	0,95
Densidad (gr/cm³)	2,3	2,702	5,903	7,362	11,85
Punto de fusión (°C)	2300	658,7	29,78	155	302
Punto de ebullición (°C)	2550	1800	2000	1450	1457
Color del sólido	Cristal transparente	Blanco Argentino	Blanco Argentino	Blanco Argentino	Blanco Azulado

PROPIEDADES QUIMICAS

Entre sus propiedades químicas; el Galio actúa también como divalente y el indio y el Talio tienen valencia 1 + 2 en algunos de sus compuestos. El boro y el aluminio dan carburos. El hidróxido de boro es moderadamente ácido y los hidróxidos de los demás elementos del grupos son básicos; los elementos de un grupo tienen carácter mas metálico o básico a medidas que aumentan su numero atómico.

El boro es un elemento puente típico; se parece al aluminio por que forman compuestos en los que ambos elementos actúan como trivalentes por ejemplo:

$$B_2O_3 \text{ y } Al_2O_3, \qquad\qquad B(OH)_3; \ Al(OH)_3$$

APLICACIONES

BORO

La disolución de ácido bórico se usa como antiséptico, suave en lociones para los ojos y la garganta, aunque el ácido bórico es un buen preservador de alimentos, esta prohibido usarlo como tal por ser nocivo para la salud

- ✓ El boro amorfo se usa en pirotecnia (proporcionando un color verde característico) y en el encendido de cohetes.
- ✓ Es un agente metalúrgico desgasificante, pues reacciona a alta temperatura con oxígeno y nitrógeno.
- ✓ Utilización por sus propiedades lubricantes.
- ✓ El isótopo 10-B tiene aplicaciones para el control de reactores nucleares, como escudo para la radiación nuclear y en instrumentos usados para detectar neutrones.
- ✓ Las fibras de boro que forman una matriz tipo epoxi son más fuertes y rígidas que el acero y un 25% más ligeras que el aluminio. Se utilizan para crear estructuras aeroespaciales, blindajes, etc.

✓ El boro se utiliza, en trazas, para modificar las propiedades de semiconductores como silicio y germanio.

✓ El boro se utiliza en el proceso de refinado del aluminio.

✓ Junto al hierro forma aleaciones de gran dureza (ferroboro).

✓ El ácido bórico se utiliza como antiséptico suave.

✓ El bórax se usa como fundente para soldaduras.

✓ El bórax se utiliza como detergente.

✓ Algunos compuestos de boro ofrecen esperanzas para el tratamiento de la artritis.

✓ El nitruro de boro, BN, es un material tan duro como el diamante. aunque es un aislante eléctrico. conduce el calor como los metales.

✓ El borohidruro de sodio es un agente reductor en medio básico.

ALUMINIO

Se utiliza para cables de transmisión de electricidad. El metal y sus aplicaciones se utilizan en la construcción de automóviles, coches de ferrocarril, cámaras fotográficas, utensilios de cocina y en la industria de la aviación.

✓ El aluminio se emplea en puertas, ventanas, cerraduras, pantallas, canales de desagüe.

✓ Se utiliza en automóviles: llantas, parrilla, acondicionadores de aire, transmisiones automáticas, radiadores, bloques de motor y paneles de carrocería.

✓ El aluminio es un metal muy maleable y bastante dúctil, por lo que se aplica para: utensilios de cocina, decoración y aplicaciones industriales donde se necesita resistencia, ligereza y facilidad de fabricación.

✓ A pesar de que su conductividad eléctrica es el 60% de la del cobre, se usa para transmisión de la corriente eléctrica debido a su ligereza y precio.

✓ Aleado con pequeñas cantidades de otros elementos, se obtienen materiales de gran importancia en la construcción de modernos aviones, cohetes, etc.

✓ El aluminio, evaporado al vacío, forma una capa con alta reflexión para la luz visible o protector y no se deterioran como las de plata. Se usan para la construcción de espejos de telescopios, papeles decorativos, empaquetado, ...

✓ El óxido de aluminio, alúmina, se encuentra en la naturaleza como: rubíes, zafiros, topacio, esmeril. Rubíes y zafiros sintéticos se emplean para la construcción de láseres. La alúmina se emplea en fabricación de vidrios, material refractario y como catalizador.

✓ El tricloruro de aluminio se usa como catalizador. El tricloruro de aluminio hexahidratado, $AlCl_3 \cdot 6\ H_2O$ se emplea como desodorante y antitranspirante ya que elimina las bacterias que se forman en la transpiración y producen olores desagradables.

El sulfato de aluminio se usa en la fabricación de colas, mordientes y relleno de goma sintética; en la industria papelera se emplea para coagular fibras de celulosa y obtener una superficie dura e impermeable.

El aluminato de sodio, $NaAl(OH)_4$, se utiliza junto al sulfato de aluminio en purificación de agua, ya que al mezclarse los iones aluminio y aluminato se produce hidróxido de aluminio que es una red esponjosa y gelatinosa que atrapa impurezas según se forma y sedimenta, eliminándose por filtración sin productos secundarios.

GALIO

Se aplica en termómetros de tubo de cuarzo que puede utilizarse a temperaturas superiores a los 1200ºc.

- ✓ Se emplea en el dopado de semiconductores y en la fabricación de dispositivos de estado sólido como: transistores, diodos, células solares, etc.
- ✓ El ^{72}Ga se emplea en el diagnóstico y terapia de tumores óseos.
- ✓ Se utiliza en aleaciones con bajo punto de fusión.
- ✓ El arseniuro de galio se usa para convertir la electricidad en luz coherente (láser).
- ✓ Con hierro, litio, magnesio, itrio y gadolinio forma materiales magnéticos.
- ✓ El galato de magnesio, con impurezas de iones divalentes, se utiliza en la pólvora de fósforos activados con luz ultravioleta.
- ✓ El galio se utiliza para la detección de neutrinos solares.

INDIO

Se utiliza en la industria de la óptica y aleaciones

- ✓ Se utiliza para formar espejos, de mayor resistencia a la corrosión que la plata.
- ✓ Aleado con galio forma aleaciones de bajo punto de fusión.
- ✓ Se emplea en aleaciones con alta resistencia a la corrosión.
- ✓ En la industria de semiconductores se emplea para fabricar transistores, rectificadores, termistores y fotoconductores.
- ✓ El indio, en láminas, se usa como detector de neutrones, debido a su elevada sección de captura de neutrones, tanto lentos como rápidos.
- ✓ Aleado junto a plata y cadmio se utiliza como absorbente de neutrones.
- ✓ El cloruro de indio (III) se usa en tubos de iluminación, para incrementar el rendimiento luminoso.

TALIO

Se utiliza en la fabricación de vidrio óptico especial de alguna de sus sales sirven para matar algunos parásitos.

- ✓ El talio, junto con azufre o selenio y arsénico, se emplea para producir vidrios de bajo punto de fusión (funden entre 125 y 150 ºC) que tienen las mismas propiedades, a temperatura ambiente, que los vidrios ordinarios.
- ✓ El sulfuro de talio al exponerlo a la luz infrarroja sufre cambios de conductividad, lo cual lo hace apto para fotocélulas.

- ✓ Los cristales de bromuro-yoduro de talio se emplean como material óptico infrarrojo.
- ✓ El óxido de talio se emplea para producir vidrios de alto índice de refracción.
- ✓ El talio se utiliza para tratar la tiña y otras infecciones de la piel.

BORO

HISTORIA

Aunque los compuestos de Boro se conocen desde la antigüedad, el compuesto se uso primero como fuente en metalurgia y luego en extensión limitada en medicina. En 1702, W. Homberg obtuvo un ácido del "bórax", y lo llamo sal sedativum.

En 1809, Gay-Lussac y Luis-Jacques Thenard (1777 - 1857), en Francia y Davy en Inglantera, prepararon una forma impura del elemento reduciendo el ácido con potasio. En 1909, el Dr. E. Weintraub, obtuvo Boro puro fundido calentando una mezcla de $B\,Cl_3$ y H_2.

ESTADO NATURAL

El elemento no se encuentra libre en la naturaleza, constituye el 0,001% de la corteza. Aparece como ácido Bórico u ortoborico ($H_3\,B\,O_3$), en aguas minerales de zonas volcánicas, y como boratos en borax, kernita, ulexita ($Na_2\,Ca_2\,B_{10}\,O_{18}.\,16\,H_2O$) o boronatrocalata ($Na\,Ca\,B_5\,O_9.\,8\,A\,H_2O$) colemanita ($Ca_2\,B_6\,O_{11}.\,5\,H_2O$), boracita ($Mg_6\,(B_{14}\,O_{26})\,Cl_2$).

Los Estados Unidos de América (desierto de Mojave, en California) y Turquía son los mayores productores de boro. El elemento se encuentra combinado en bórax, ácido bórico, colemanita, kernita, ulexita y boratos. El ácido bórico se encuentra a veces en las aguas volcánicas. La ulexita es un mineral que de forma natural presenta las propiedades de la fibra óptica.

OBTENCION

El elemento boro se ha obtenido generalmente calentando el oxido bórico ($B_2\,O_3$) con sodio, potasio, magnesio o aluminio en un crisol tapado:

$$B_2O_3 \;+\; 6K \longrightarrow 3\,K_2O \;+\; 2B$$

En este ultimo caso se calienta óxido Bórico, B_2O_3, con magnesio en polvo y el producto de la reacción se trata después con ácido clorhídrico, obteniéndose boro amorfo, de color pardo amarillento. Si se disuelve el polvo amorfo en aluminio fundido a temperatura elevada al enfriarse la disolución se depositan cristales amarillos transparentes.

$$5B_2O_3 + 3Mg \longrightarrow 4B + 3B_2O_4 + 3MgO$$

PROPIEDADES FÍSICAS.

El Boro es de color marrón, sumamente duro, y, por ejemplo, raya el rubí. Es el único no metal del grupo, es un mal conductor de al electricidad a temperatura ambiente, pero es bueno a altas temperaturas, se parece mas al Silicio y carbono que a los demás alementos de su grupo.Funcionan como tri y pentavalentes.

Símbolo: B
Numero Atomico: 5
Masa atomica: 10,811
Estructura electronica: 2s2 2p1
Electrones en los niveles de energia: 2, 3
Numeroso de oxidación: -3, +3
Electronegatividad: 2,04
Energia de ionización (kj.mol-1): 799
Afinida electronica (kj.mol-1): 27
Radio atomico (pm): 88
Radio iónico (pm) (carga del ión): 12 (+3)
Punto de fusión (°C): 2075
Punto de ebullición (°C): 4000
Densida (kg/m3): 2340; (20 °C)
Volumen atomico (cm3/mol): 4,62
Estructura cristalina: Romboédrica
Color: Marrón

PROPIEDADES QUÍMICAS

Cuando es calentado en oxigeno el boro quema brillantemente dando el trióxido (B_2O_3), también quema con el aire formando una mezcla de oxido y nitruro los agentes oxidantes (ejemplos el ácido nítrico) oxidan el boro y el ácido bórico; el boro reacciona también con los hidróxidos alcalinos fundidos, formando boratos, con desprendimiento de hidrógeno.

COMPUESTOS DEL BORO

Los compuestos del Boro son:

A. HIDRUROS Y HALUROS DEL BORO.

Se conocen varios hidruros de boro por ejemplo al reaccionar el boruro magnésico, MgB, con ácido clorhídrico, se obtiene boro butano (B_4H_{10}) los hidruros del boro son tóxicos y de olordesagradable.

Los haluros de boro pueden obtenerse por combinación directa por ejemplo: El cloruro ($B Cl_3$) se prepara por la acción del cloro sobre una mezcla calentada de carbón y oxido bórico.

$$B_2O_3 \quad + \quad 3\,C \quad +3\,Cl_2 \longrightarrow 3\,CO \quad + \quad 2\,BCl_3 \uparrow$$

Los haluros de Boro se hidrolizan completamente con agua, formando acido metabórico y el haluro de hidrógeno:

$$BCl_3 \quad + 2\,H_2O \longrightarrow HBO_2 \quad + \quad 3\,H\,Cl$$

B. ÓXIDOS Y OXÁCIDOS DEL BORO.

Cuando se calienta el ácido bórico altas temperaturas, se obtiene oxido bórico (B O), sólido blanco vítreo:

$$2H_3BO_3 \longrightarrow B_2O_3 \quad + \quad 3H_2O$$

El ácido se obtiene por evaporación de los manantiales calientes volcánicos. También se prepara por la acción del ácido sulfúrico sobre disoluciones concentradas de bórax.

$$B_4O_2^{=} \quad + \quad 2H_3O^{+} \quad + \quad 3\,H_2O \longrightarrow 4\,H_3BO_3$$

C. TRIFLORURO DE BORO.

Es un gas incoloro fumante, obtenido tratando una mezcla de ácido sulfúrico concentrado, fluorato de de amonio y trióxido de boro Ej:

$$B_2O_3 \quad + 6\,NH_4F + 6H_2SO_4 \longrightarrow 2\,BF_3 \quad + 6\,NH_4\,HSO_4 \quad +3H_2O$$

D. BORANOS

Nombre colectivo de una serie de compuestos químicos de uso industrial y científico. Los boranos altamente reactivos están compuestos principalmente de boro e hidrógeno, aunque también se conocen como boranos algunos compuestos derivados. Un químico alemán, Alfred Stock, estudió en profundidad los boranos por primera vez a comienzos del siglo XX. Desde entonces estos compuestos se han utilizado en la preparación de goma de silicona así como en otros procesos de polimerización. También se emplean en combustibles de alta energía. Los boranos son bastante inestables, y los más ligeros, como el diborano (B_2H_6), pueden explotar al contacto con el aire. El diborano puede emplearse para producir boranos con una mayor masa molecular, como el decaborano ($B_{10}H_{14}$), y para recubrir el boro puro en diversos equipos tecnológicos.

E. BORAX; TETRABORATO DE SODIO ($Na_2B_4O_7$).

El bórax se encuentra naturalmente como tíncal en los lagos interiores desecados de algunas partes de la India, Tibet y California. El tíncal nativo contiene alrededor de 55 por ciento de bórax propiamente dicho, esto es de $Na_2B_4O_7 \bullet 10\ H_2O$ .Este se extrae Lixiviando la masa con agua y evaporando hasta que se separen cristales.

En una época se preparaban grandes cantidades de bórax partiendo de borato de calcio nativo. El mineral pulverizado se hervía en tambores con un pequeño exceso de carbonato de sodio acuoso. Precipita carbonato de calcio como un lodo, y de la solución limpia se obtiene cristales de bórax.

En la solución madre que da meta borato de sodio, y es convertido en bórax soplando dióxido de carbono a través de él.

Desde 1926, cuando se descubrió la Kermita (rasorita), esta ha sido la única fuente de bórax; Es extraída primero con agua caliente que disuelve el bórax; la sílice que pudiera existir en solución es precipitada, y el filtrado caliente después de dilución se trata como un agente oxidante para destruirla materia colorante. Después de una filtración más, el bórax es obtenido por cristalización.

El bórax se obtiene ordinariamente en forma de grandes cristales incoloros de decahidrato, $Na_2B_4O_7 \bullet 10\ H_2O$. Es poco soluble en agua fría, pero más soluble en caliente. Las soluciones de bórax son alcalinas pues, Como el asido bórico es un ácido muy débil se produce considerable hidrólisis. Las soluciones de bórax pueden ser tituladas con ácido clorhídrico valorado utilizando anaranjado de metilo (que no es afectado por el ácido bórico) como indicador.

Cuando es calentado, el bórax funde pierde agua, y se hincha en una masa blanca porosa debido a la expulsión del agua finalmente el bórax funde en un vidrio limpio – vidrio de bórax- que es bórax anhidro. Como el ácido bórico, el bórax fundido disuelve muchos óxidos colorantes, dando vidrios característicos. Las "perlas"de bórax, en anillo de alambre de platino, son usadas como ensayo de los óxidos que se disuelven en la perla, y muestran colores característicos como indica la tabla:

Oxido Metálico	Llama Oxidante	Llama Reductora
Cobre............	Verde (caliente): azul (fria)	Incolora o roja
Cobalto..........	Azul (caliente o frio)	Azul
Cromo............	Verde o rojo (caliente o fria)	Verde
Hierro............	Amarilla (fria): parda (caliente)	Verde sucio u oliva
Niquel..........	Violeta (caliente): parda (fria)	Gris y opaca
Manganeso....	Amatista (caliente o fria)	Gris y opaca

APLICACIONES

Hasta hace poco el boro elemental no había encontrado aplicación, pero ahora se usa lo mismo que el bromuro de calcio, como desoxidante para los metales. El ácido bórico son técnicamente importantes, grandes cantidades de bórax se usa en la fabricación de esmaltes, vidriados, para vidrios ópticos; en la fabricación de jabón y aceites secantes, para mantener rigidos los pabilos de las bujías al arder, como agente limpiador, y atiesante en lavanderia y para satinar el papel, los naipes, etc; En la preparación de barnices para metales; con caseina como sustituto de la goma arabigase emplea tambien como antisectico en Medicina.

En aleaciones, electrónicas (tesmistores), fibras artificiales (raquetas de tenis, moderador de neutrones)

ELEMENTO	HISTORIA	PROPIEDADES	ESTADO NATURAL	OBTENCION	APLICACIÓN
BORO	* En 1972 W Homberg obtuvo un acido de borax. *En 1808 Gay Lussac y Louis Jacques Thenar, David preparan el elemento reduciendo el acido con potasio. *En 1909 , el Dr E Weintraubo, boro puro fundido calentando $B\ Cl_3$ y H_2	el boro quema brillantemente dando el trióxido ($B_2\ O_3$), también quema con el aire formando una mezcla de oxido y nitruro los agentes oxidante	*El elemento se encuentra libre en la naturaleza formando compuestos como acido bórico ($H_3\ B\ O_3$) Borax ($Na_2\ B_4\ O_7$) Borato calcico ($Ca_2\ B_8\ O_{11}\ 5H_2$ O) Borito magnésico ($2Mg_3\ B_8\ O_{16}$. Mg Cl)	*Se obtiene calentando el oxido ($B_2\ O_3$) con sodio potasio, magnesio o aluminio en un crisol tapado $B_2\ O_3 + 6K => 3K_2\ O + 2B$	*El acido bórico se utiliza como antiséptico para las lesiones, para los ojos, la nariz y la garganta, y para la preservación de los alimentos *El borax se utiliza para la fabricación de vidrios esmaltes aleaciones en la electrónica, etc.
ALUMINIO	*En la edad media se dio el nombre de alumbre a la sal doble ($K_2\ SO_4\ Al_2\ (S\ O_4)_3$ 24 H_2 O obtenido del mineral alunita *En 1825, Hans Christian preparo una amalgama de aluminio (metal disuelto en mercurio) *Wohler, en 1825 obtuvo aluminio puro en forma de polvo fino	Es un metal muy electropositivo y Altamente reactivo De color plateado y muy ligero	*Es el tercer elemento mas abundante, todos los elementos se hallan combinados con silicio y oxigeno Feldespato ($K\ Al\ Si_3\ O_3$) Mica ($K\ Al\ Si\ O_4$) Caolín ($H_2\ Al_2\ (Si\ O_4)_2\ H_2\ O$) Su único oxido de Aluminio ($Al_2\ O_3$), etc.	*Se obtuvo aluminio puro de forma, polvo puro fino $Al\ Cl_2 + 3K=>Al + 3K\ Cl$	*Se usa para cables de transmisión de Electricidad. *El metal y sus aleaciones se utilizan en la construcción de automóviles, coches de ferrocarril, cámaras fotográficas, utensilios de cocina y en la industria de la aviación
GALIO	En 1875 po Boisbaudran quien, le dio el nombre el nombre de su país nativo, Francia (Gallia) *Mendeleje le denomino eka – aluminio	Elemento plateado , punto de fusión baja	Se encuentra en diversas minas		*Galio; se aplica en termómetros de tubo de cuarzo que puede utilizarse a temperaturas superiores a los
INDIO		Elemento plateado suave	Se encuentra en las minas de zinc		1200°c
TALIO	*Ferdinand Reich y Hieronymus Theodor Richter observaron dos líneas espectrales brillantes indigovioladas al examinar la llama del mineral blenda	Elemento grisáceo, maleable	Se encuentra en las minas de plomo y cadmio		*Talio; Se utiliza en la fabricación de vidrio óptico especial y alguna de sus sales sirven para matar algunos Parásitos.

CAPÍTULO 7: ELEMENTOS DEL GRUPO 4: CARBONOIDEOS

ELEMENTOS CARBONOIDEOS

INTRODUCCIÓN

Este grupo esta constituido por los siguientes elementos: Carbono (C), Silicio (Si), Germanio (Ge), Estaño (Sn) y Plomo (Pb).

Entre estos cinco elementos, el carbono y el silicio son de singular importancia, el primero en química orgánica por unirse consigo mismo, con el hidrogeno, con el oxigeno, el nitrógeno y otros elementos. Y de los cuales muchos se encuentran en los seres vivos.

El silicio por su parte se halla presente en la constitución de materiales que integran la corteza terrestre. Solo de manera particular se trataran el carbono y el silicio.

PROPIEDADES FÍSICAS DE LOS CARBONOIDES

NOMBRE	CARBONO	SILICIO	GERMANIO	ESTRONCIO	PLOMO
Símbolo	C	Si	Ge	Sn	Pb
Masa Atómica	12,01	28,09	72,60	118,70	207,21
Número Atómico	6	14	32	50	82
Punto de fusión (°C)	3500	1400	959	232	327
Punto de Ebullición (°C)	4200	2355	2700	2270	1725
Densidad	2,25	2,4	5,36	6,53	11,34
Radio Atómico (Å)	0,77	1,17	1,22	1,41	1,51
Electronegatividad	2,5	1,8	1,8	1,8	1,8

CARACTERÍSTICAS GENERALES DE LOS CARBONOIDES

Los elementos representativos del grupo IV son los siguientes: Carbono, silicio, germanio, estaño y plomo. Los dos primeros son no metálicos en sus características, pero el germanio, estaño y plomo son elementos metálicos y tanto más cuanto mayor es su número atómico.

Dentro del grupo, y en el orden creciente del numero atómico los elementos mas livianos, el carbono y el silicio presentan propiedades acidas; el germanio también participa de esta propiedad, aunque con menos intensidad. Los elementos mas pesados muestran propiedades básicas, porque forman óxidos que con el agua originan los hidróxidos o bases.

Tienen un estado de oxidación máximo de más 4 con excepción del silicio, cada elemento presenta además una valencia de más 2. El carbono y el silicio forman compuestos en los cuales están unidos átomos de los elementos por pares de electrones compartidos. El germanio, estaño y plomo forman cationes sencillos en su estado bivalente; en su estado de oxidación de más 4 son covalentes.

ESTRUCTURA DE LOS ELEMENTOS DEL GRUPO IV A

ELEMENTO	N° ATOMICO	CONFIGURACIÓN ELECTRÓNICA
Carbono	6	$1s^2\ 2s^2\ 2p^2$
Silicio	14	$1s^2\ 2s^2\ 2p^6\ 3s^2\ 3p^2$
Germanio	32	$1s^2\ 2s^2\ 2p^6\ 3s^2\ 3p^6\ 3d^{10}\ 4s^2\ 4p^2$
Estaño	50	$1s^2\ 2s^2\ 2p^6\ 3s^2\ 3p^6\ 3d^{10}\ 4s^2\ 4p^6\ 4d^{10}\ 5s^2\ 5p^2$
Plomo	82	$1s^2\ 2s^2\ 2p^6\ 3s^2\ 3p^6\ 3d^{10}\ 4s^2\ 4p^6\ 4d^{10}\ 4f^{14}\ 5s^2\ 5p^6\ 5d^{10}\ 6s^2\ 6p^2$

CARBONO

HISTORIA

El carbón (del latín *carbo*, carbón) fue descubierto en la prehistoria y ya era conocido en la antigüedad en la que se manufacturaba carbón mediante la combustión incompleta de materiales orgánicos.

Los últimos alótropos conocidos, los fullerenos, fueron descubiertos como subproducto en experimentos realizados con haces moleculares en la década de los 80.La prehistoria es la época histórica que transcurre entre la aparición del primer ser humano y la invención de la escritura, o la aparición del estado, por tanto sus límites están lejos de ser claros.

La mas preciosa de todas las formas de carbono, es el diamante que se menciona en el viejo testamento "Éxodo, Ezequiel ".El grafito se empleo en tiempos remotos para escribir los nombres de las diversas formas del carbono que proceden del latín y el griego: Los latinos llamaban carbón al carbón de leña; el vocablo griego graphein, escribir, se ha convertido en grafito, y el nombre del diamante, además significa INVENCIBLE, paso a ser sucesivamente adamant, diamaunt, diamant y por ultimo fue diamante.

En 1704 Sir Isaac Newton predijo que el diamante debía ser combustible.

En 1772 Lavoisier quemo un diamante en oxigeno y demostró que había formando dióxido de carbono.

Ya en 1797, el químico ingles Smithson Tennant dejo probado que el diamante es carbón puro.

ESTADO NATURAL

El carbono es un elemento ampliamente distribuido en la naturaleza, aunque sólo constituye un 0,025% de la corteza terrestre, donde existe principalmente en forma de carbonatos.

El dióxido de carbono es un componente importante de la atmósfera y la principal fuente de carbono que se incorpora a la materia viva. Por medio de la fotosíntesis, los vegetales convierten el dióxido de carbono en compuestos orgánicos de carbono, que posteriormente son consumidos por otros organismos.

La proporción del carbono en el organismo humano alcanza a un 17.5%.

La atmósfera contiene carbono especialmente en forma de anhídrido carbónico en una cantidad aproximada de 0.03% de volumen de ella.

El carbono se encuentra combinado con elementos como el hidrogeno, oxigeno y nitrógeno. Forma compuestos complejos, también se encuentra combinado con los gases mencionados, aceites minerales, caliza, magnesita y dolomita, minerales y plantas.

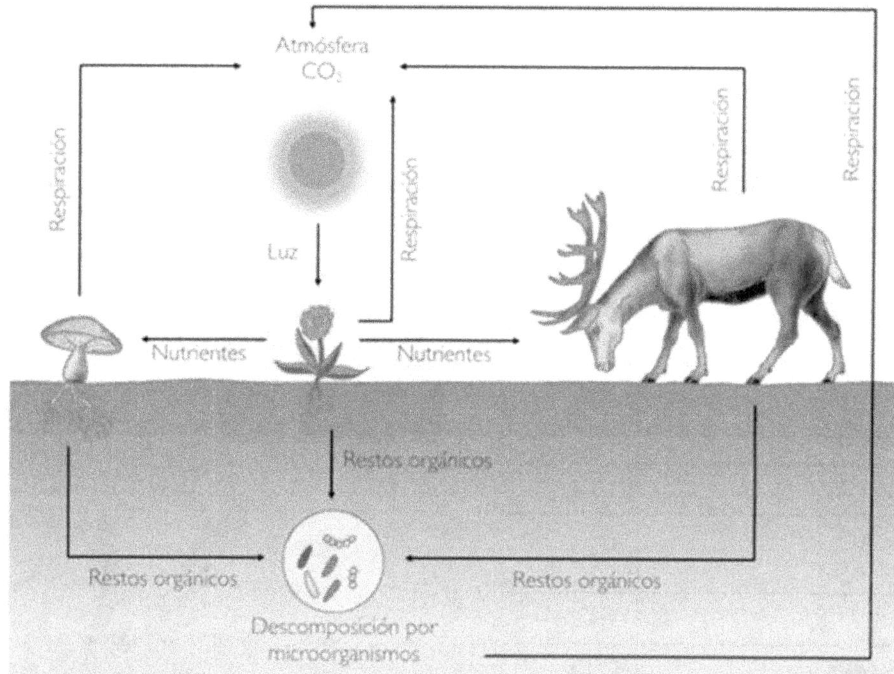

El carbono amorfo se encuentra con distintos grados de pureza en el carbón de leña, el carbón, el coque, el negro de carbono y el negro de humo. El negro de humo, al que a veces se denomina de forma incorrecta negro de carbono, se obtiene quemando hidrocarburos líquidos como el queroseno, con una cantidad de aire insuficiente, produciendo una llama humeante.

El humo u hollín se recoge en una cámara separada. Durante mucho tiempo se utilizó el negro de humo como pigmento negro en tintas y pinturas, pero ha sido sustituido por el negro de carbono, que está compuesto por partículas más finas. El negro de carbono, llamado también negro de gas, se obtiene por la combustión incompleta del gas natural y se utiliza sobre todo como agente de relleno y de refuerzo en el caucho o hule.

En 1985, los científicos volatilizaron el grafito para producir una forma estable de molécula de carbono consistente en 60 átomos de carbono dispuestos en una forma esférica desigual parecida a un balón de fútbol. La molécula recibió el nombre de buckminsterfulereno ('pelota de Bucky' para acortar) en honor a R. Buckminster Fuller, el inventor de la cúpula geodésica. La molécula podría ser común en el polvo interestelar.

ESTRUCTURA DEL ATOMO DE CARBONO

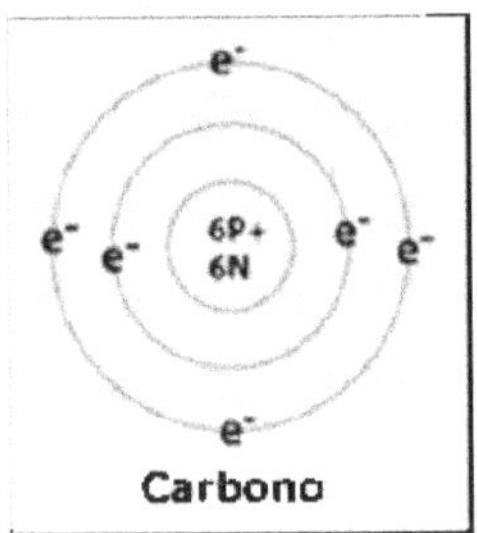

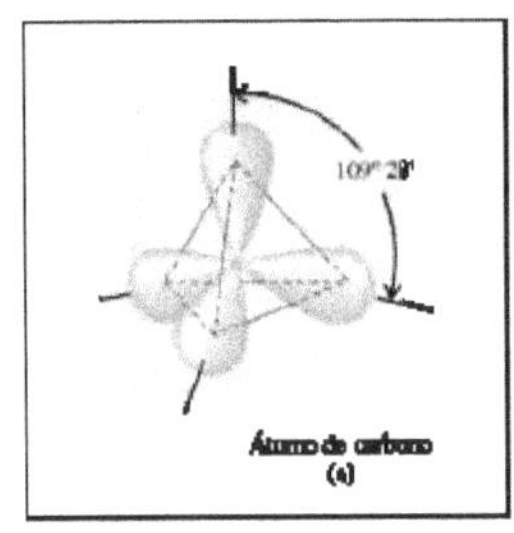

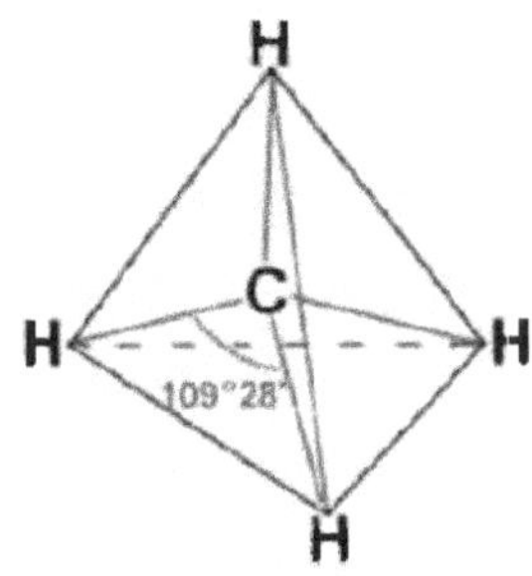

CARACTERISTICAS DEL CARBONO

Nombre	Carbono
Numero atomico	6
Valencia	2 +4 -4
Electronegatividad	2.5
Radio covalente (Å)	0.77
Radio ionico (Å) (estado de oxidacion)	0.15 (-4)
Radio atomico (Å)	0.914
Configuracion electronica	$1s^2 2s^2 2p^2$
Primer potencial de ionizacion (eV)	11.34
Masa atomica (g/mol)	12.01115
Densidad (g/ml)	2.26
Punto de ebullicion (°C)	4830
Punto de fusion (°C)	3727

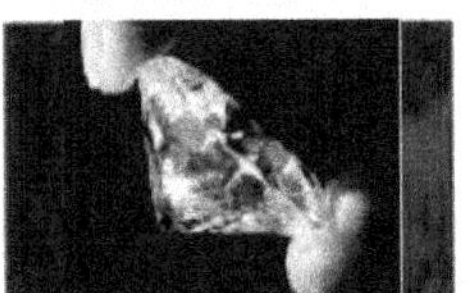

ISÓTOPOS DEL CARBONO.

Iso.	AN	Vida media	MD	ED MeV	PD
^{12}C	98.9%	C es estable con 6 neutrones			
^{13}C	1.1%	C es estable con 7 neutrones			
^{14}C	traza	5730 a	β^-	0.156	^{14}N

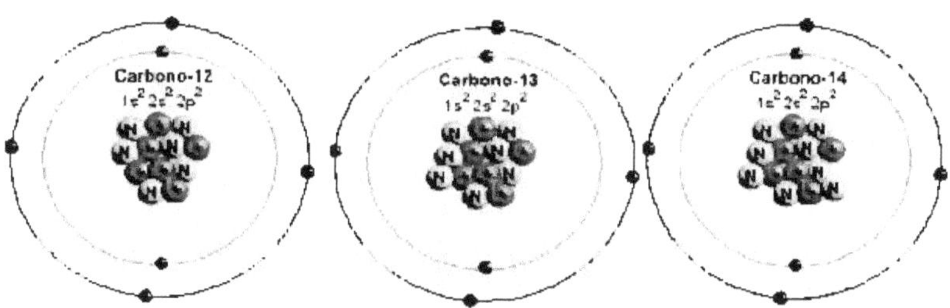

ISÓTOPOS.

En 1961 la IUPAC adoptó el isótopo C-12 como la base para la masa atómica de los elementos químicos.

Los isótopos de un elemento químico son las variedades en las que se suelen presentar sus átomos. Existen en la naturaleza tres isótopos del carbono: el 12C, el 13C y el 14C. Son tres variedades de un mismo elemento químico, el carbono, cuyos núcleos contienen el mismo número de protones (seis), pero un número diferente de neutrones (seis, siete y ocho), lo que les hace, a pesar de tener propiedades químicas semejantes, tener una masa atómica diferente: doce, trece y catorce.. Casi el 99 % del CO_2 atmosférico es del tipo que contiene el carbono ligero 12C.

Una pequeña parte, el **1,1 %** del CO_2, es algo más pesado, ya que contiene 13C. Y finalmente existe también en la atmósfera, en muy pequeña proporción, un tipo de CO_2 que contiene 14C, que es radiactivo e inestable, y cuyas aplicaciones han sólido ser fundamentalmente paleocronológicas.

El carbono-14 es un radioisótopo con una vida media de 5715 años que se emplea de forma extensiva en la datación de especimenes orgánicos. El 14C (que posee 6 protones y 8 neutrones) tiene la particularidad de que es un isótopo inestable, que poco a poco va transmutándose en nitrógeno, 14N (que posee 7 protones y 7 neutrones), y desaparece según la reacción: **C = N + β + neutrino**

Se puede entender por isótopo, el estimar con mucha precisión la edad de las sustancias que alguna vez tuvieron vida como los huesos y la madera midiendo su relación de 14C y 12C, el carbono 14 es radiactivo y se produce en la atmósfera superior por el bombardeo de los neutrones cósmicos, en el cual esta en grandes cantidades.

La ecuación:

$$^{14}_{7}N + ^{0}_{0}N \longrightarrow {}^{14}_{6}C + P$$

El carbono 14 así producido comienza inmediatamente a decaer

$$^{14}_{6}C \longrightarrow {}^{14}_{7}N + ^{0}C$$

De manera que la atmósfera se mantiene en concentración constante (15 cpm. Por gramo de carbono), de este nuclido radiactivo el ^{14}C se llega a incorporar dentro del dióxido de carbono ($^{14}CO_2$), del aire donde puede tomarlo las plantas a través de procesos de fotosíntesis.

La entrada de ^{14}C en los animales por el consumo de esas plantas o por el consumo de los animales que comieron plantas mientras estaban vivos, las plantas y los que consumen y excretan carbono de manera que ellos también poseen una concentración constante de C y por lo tanto están en equilibrio con su medio ambiente sin embargo, cuando mueren, el ^{14}C que poseen no es remplazado a medida que se degrada y por lo tanto comienza a disminuir la concentración ^{14}C.

La media vida ^{14}C es de 5770 años, por lo tanto si se encuentra que la concentración de carbono 14 es fósil a descendido a la mitad de su valor inicial que podría concluir en una edad de 5770 años. Los isótopos naturales y estables del carbono, son el C-12 (98,89%) y el C-13 (1,11%). Las proporciones de estos isótopos en un ser vivo o medio concreto se expresan en variación (±‰) respecto de la referencia (Vienna Pee Dee Belemnite; fósiles cretácicos de belemnites en Carolina del Sur). La δC-13 de la atmósfera terrestre es -7‰. Durante la fotosíntesis, el carbono fijado en los tejidos de las plantas es, sin embargo, significativamente más pobre en C-13 que la atmósfera.

La mayoría de las plantas presentan valores de δC-13 entre -24 y -34‰; otras plantas acuáticas, de desierto, de marismas saladas y hierbas tropicales, presentan valores de δC-13 entre -6 y -19‰ debido a diferencias en la reacción de fotosíntesis; un tercer grupo intermedio constituido por las algas y líquenes presentan valores entre -12 y -23‰. El estudio comparativo de los valores de δC-13 en plantas y organismos puede proporcionar valiosa información relativa a la cadena alimenticia de los seres vivos.

HIBRIDACIÓN DEL ATOMO DE CARBONO.

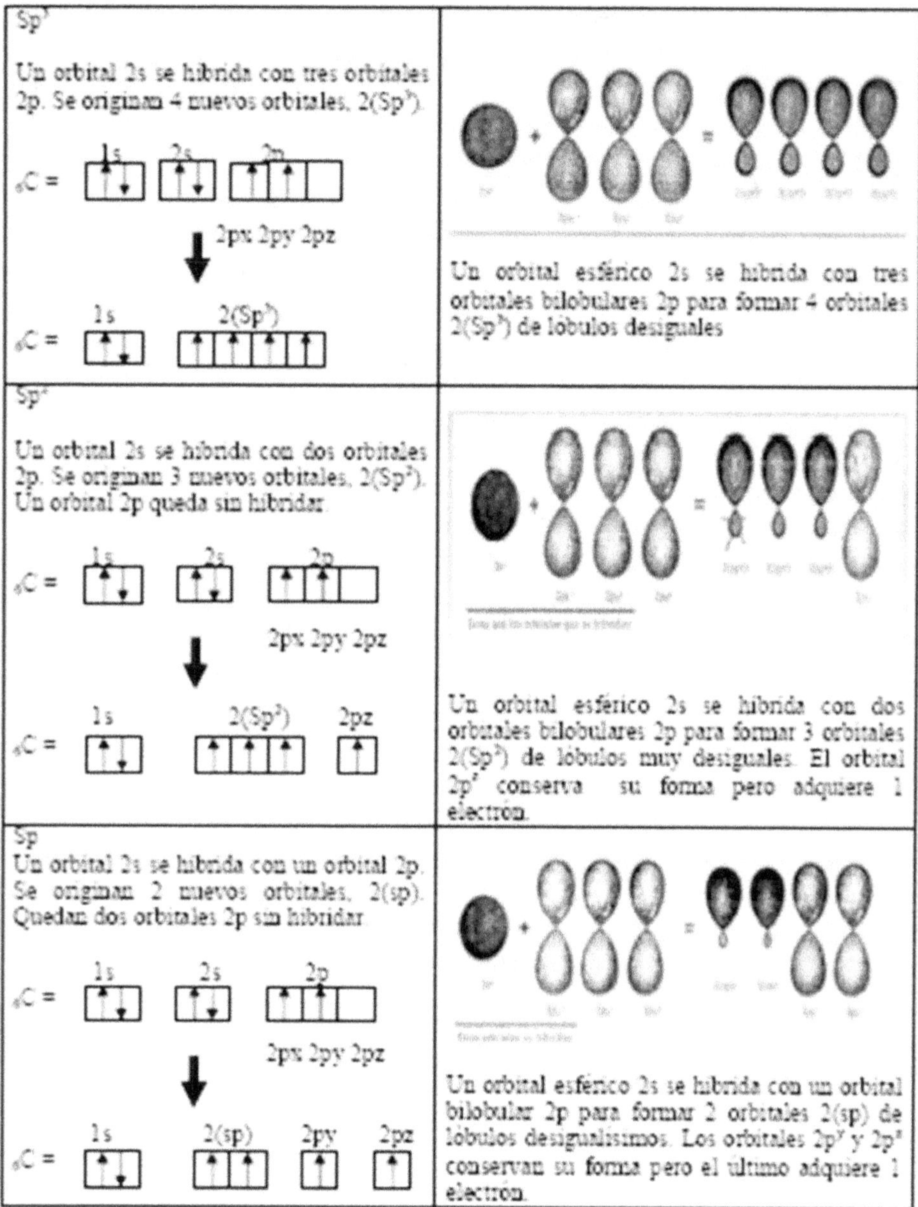

ORIENTACION ESPACIAL DE CONJUNTO	EJEMPLOS DE MOLECULAS
Los cuatro orbitales $2sp^3$ se orientan hacia los vértices de un tetraedro regular, dejando ángulos de 109° 28' 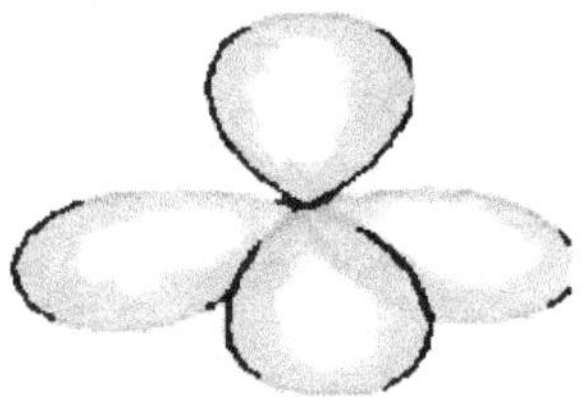	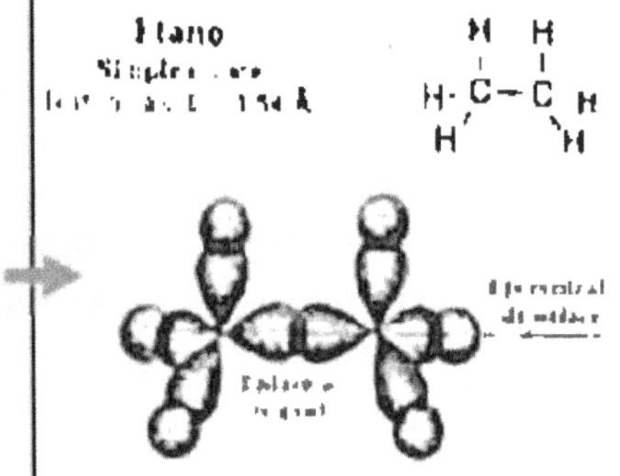 **Etano**
Los tres orbitales $2sp^2$ se orientan en triángulo, dejando ángulos de 120°. El orbital $2p^1$ atraviesa el triángulo 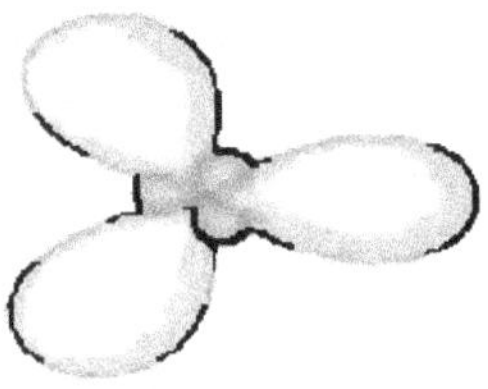	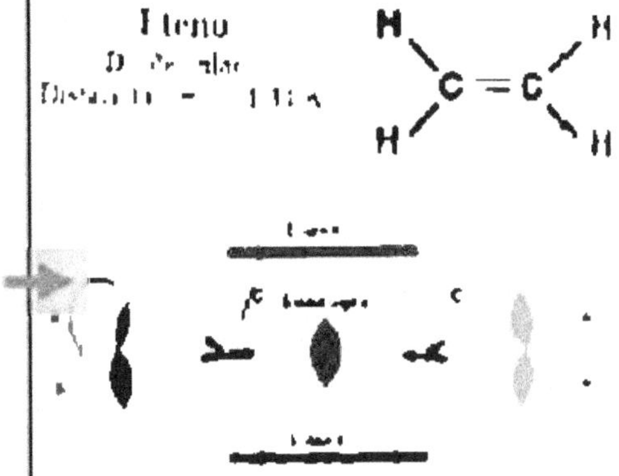 **Eteno**
Los dos orbitales $2sp$ están opuestos y siguen la dirección del eje de las x los orbitales $2py$ y $2pz$ mantiene su orientación 	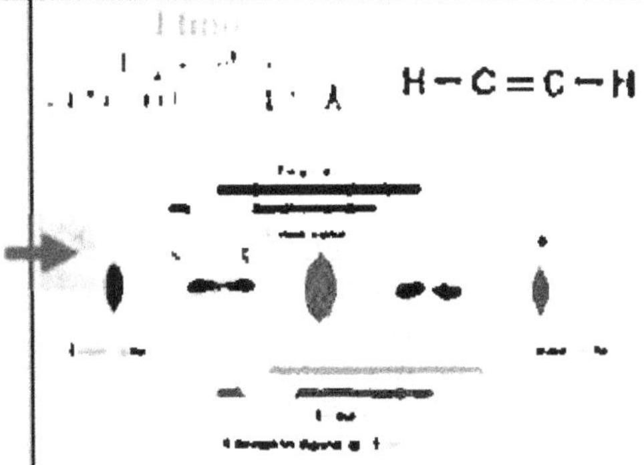 **Etino** $H - C \equiv C - H$

PROPIEDADES FÍSICAS

Las propiedades físicas de las tres formas difieren considerablemente a causa de las diferencias en su estructura cristalina. En el diamante, el material más duro que se conoce, cada átomo está unido a otros cuatro en una estructura tridimensional, mientras que el grafito consiste en láminas débilmente unidas de átomos dispuestos en hexágonos.El carbono amorfo se caracteriza por un grado de cristalización muy bajo. Puede obtenerse en estado puro calentando azúcar purificada a 900 °C en ausencia de aire.El carbono tiene la capacidad única de enlazarse con otros átomos de carbono para formar compuestos en cadena y cíclicos muy complejos. Esta propiedad conduce a un número casi infinito de compuestos de carbono, siendo los más comunes los que contienen carbono e hidrógeno. Sus primeros compuestos fueron identificados a principios del siglo XIX en la materia viva, y debido a eso, el estudio de los compuestos de carbono se denominó química orgánica.

El carbono es un elemento sólido, inodoro e insípido, insoluble en el agua, en los ácidos y bases diluidas y en los disolventes orgánicos, es soluble en el hierro fundido.

Elemento	C
Numero Atómico	6
Masa Atómica	12,01
Radio Atómico (Å)	0,77
Punto de fusión (°C)	3500
Punto de Ebullición	4200
Densidad	2,25
Potencial de Oxidación	-0,20

PROPIEDADES QUÍMICAS

El carbono en sus diversas formas es poco activo.

A. COMBUSTIBILIDAD

El carbono es combustible por la gran afinidad que tiene por él oxigeno, obra como reductor en caliente robando su oxigeno.

La reactividad del carbono es mas bien poco y en general las reacciones que presenta, ocurren a levadas temperaturas en estas condiciones, el carbono entra en actividad química con él oxigeno y produce dióxido de carbono y monóxido de carbono.

$$2C \; + \; O_2 \longrightarrow \; 2CO \qquad \text{monóxido de Carbono con poco oxigeno}$$

$$C \; + \; O_2 \longrightarrow \; CO_2 \qquad \text{Dióxido de Carbono con mucho Oxigeno}$$

Tanto el monóxido de carbono como el dióxido de carbono son productos gaseosos.

B. PODER REDUCTOR.

Por la gran afinidad que tiene el oxigeno, obra como reductor en caliente robando su oxigeno a las sustancias que la tienen. Por ejemplo:

$$SnO_2 \; + \; C \longrightarrow \; Sn \; + \; CO_2$$

Como se ve el Estaño es reducido de valencia +4 a 0 mientras que el carbono se oxida de valencia 0 a +4, el reductor se oxida y el oxidante se reduce.

Por este mismo poder reductor, el carbono al rojo vivo descompone al agua quitándole su oxigeno para formar monóxido de carbono, gas que queda mezclado con el hidrogeno restante de agua. Esta mezcla llamada gas de agua tiene valor industrial porque el monóxido de carbono y el hidrogeno son combustibles. Por ejemplo:

$$C \; + \; H_2O \longrightarrow \; CO \; + \; H_2$$

C. FORMACIÓN DE COMPUESTO.

Con el Hidrogeno se combina a la temperatura del arco voltaico formando el gas etino o acetileno.

$$C + 2H_2 \xrightarrow{\Delta} \; C H_4$$

Con el Azufre se combina a la temperatura del rojo formando sulfuro de carbón

$$C + 2S \xrightarrow{\Delta} \; C S_2$$

D. FORMACIÓN DE CADENAS.

Una propiedad notable del carbono es que sus átomos pueden unirse entre si formando cadenas carbonadas, Esta propiedad le permite formar numerosos compuestos, las cuales se estudian en la rama llamada Química Orgánica o del Carbono. Por ejemplo:

$$H - C - C - H \qquad \text{Etano.}$$

(estructura del Etano con átomos de H)

E. REACCIÓN CON METALES.

Igualmente a temperaturas elevadas, el Carbono reacciona con los metales y con el boro y con el silicio para formar compuestos denominados carburos.

$$2Ca\,O_{(S)} + 2\,C_{(S)} \longrightarrow Ca_2\,C_{(S)} + CO_{2(g)} \qquad \text{Carburo de Calcio}$$

Particularmente este carburo de calcio tiene importancia industrial porque por su reacción con el agua produce el acetileno

$$Ca_2\,C_{(S)} + 4\,H_2O_{(L)} \longrightarrow 2\,Ca(OH)_{2(g)} + C\,H_4 \qquad \text{Acetileno (Etino)}$$

El carburo de aluminio en su reacción con el agua produce otro hidrocarburo, que en este caso es el metano.

$$Al_4\,C_{3(S)} + 12\,H_2O_{(L)} \longrightarrow 4Al\,(OH)_{3(g)} + 3C\,H_{4(g)} \qquad \text{Metano}$$

ABUNDANCIA Y OBTENCIÓN.

El carbón no se creó durante el Big Bang porque hubiera necesitado la triple colisión de partículas alfa (núcleos atómicos de helio) y el universo se expandió y enfrió demasiado rápido para que la probabilidad de que ello aconteciera fuera significativa. Donde sí ocurre este proceso es en el interior de las estrellas (en la fase «RH (Rama horizontal)»} donde este elemento es abundante, encontrándose además en otros cuerpos celestes como los cometas y en las atmósferas de los planetas. Algunos meteoritos contiene diamantes microscópicos que se formaron cuando el sistema solar era aún un disco protoplanetario.

En combinación con otros elementos, el carbono se encuentra en la atmósfera terrestre y disuelto en el agua, y acompañado de menores cantidades de calcio, magnesio y hierro forma enormes masas rocosas (caliza, dolomía, mármol, etc.).

El grafito se encuentra en grandes cantidades en Estados Unidos, Rusia, México, Groenlandia e India.

Los diamantes naturales se encuentran asociados a rocas volcánicas (kimberlita y lamproíta). Los mayores depósitos de diamantes se encuentran en el continente africano (Sudáfrica, Namibia, Botswana, República del Congo y Sierra Leona. Existen además depósitos importantes en Canadá, Rusia, Brasil y Australia.

Es un elemento crucial para la existencia de los organismos vivos, y que tiene muchas aplicaciones industriales importantes. Su número atómico es 6; y pertenece al grupo 14 (o IVA) del sistema periódico.

VARIEDADES ALOTRÓPICAS DEL CARBONO.

El carbono como Se conocen cuatro formas alotrópicas del carbono, además del amorfo: grafito, diamante, fullerenos y nanotubos.

El 22 de marzo de 2004 se anunció el descubrimiento de una quinta forma alotrópica (nanoespumas) [1]. La forma amorfa es esencialmente grafito, pero que no llega a adoptar una estructura cristalina macroscópica.

DIAMANTE

La naturaleza química del diamante fue desconocida durante mucho tiempo, los griegos lo creían indestructible, al igual que las demás piedras preciosas a las que supera.

Newton fue el primero en sospechar que el diamante era combustible, después de haber observado que los cuerpos que mejor refractaban la luz eran los más combustibles, y el diamante poseía un poder refrigerante elevado. Esta forma de carbono más puro y escasa que se conoce representa en cristales del sistema regular o cúbico, generalmente sin color pero a veces puede ser rosado, amarillo, azul, rojo, verde y aun negro debido a pequeñas cantidades de impureza. Entre todas las sustancias naturales es la más dura que se conoce, de aquí que para pulirlo se emplea polvo del mismo diamante, una vez pulido es muy refringente porque ase que disperse los rayos de luz.

Es frágil a un conductor del calor y malo de la electricidad, arde a unos 800º C en atmósfera de oxigeno, y a 1.000º C en atmósfera inerte, se transforma en grafito.El diamante tallado en roca y brillante es muy empleado en joyería, un diamante que no tiene valor en joyería es empleado para hacer ejes de reloj, taladros y barrenos para perforar piedras preciosas.

GRAFITO

Es una sustancia negra, brillante, blanda y untuosa al tacto, es una forma alotrópica del carbono que cristaliza en forma hexagonal, y estos cristales, también se unen mediante fuertes enlaces covalentes.

Como se puede observar en la figura, se encuadran laminas que se sobreponen unas a otras con uniones débiles, levemente adheridas entres si, y que resbalan unas sobre otras.

El grafito se utiliza en la industria para la fabricación de electrodos, lubricantes, especialmente en el caso de que existan altas temperaturas. Empastado con arcilla constituye la materia prima para la producción de minas de lápiz; debido a su inatacabilidad de los ácidos; se emplea para la construcción de crisoles refractarios.

Se usa, así mismo, para fabricar baterías, barnices, y como moderador en los reactores nucleares.

DIFERENCIAS

DIAMANTE	GRAFITO
- Generalmente es transparente, pero a veces puede ser rosado, amarillo, azul, rojo, verde y aun negro debido a pequeñas cantidades de impurezas.	- Es de color negruzco y brillante.
- Tiene brillo adamantino.	- Es inatacable por los ácidos.
- Es mal conductor del calor y la electricidad	- Es un buen conductor del calor y la Electricidad
- Entre todas las sustancias naturales es la mas dura (dureza – 10)	- Es blando y untuoso al tacto. (Dureza=1.2) que se presenta en forma de laminas cristalinas que se deslizan unas sobre otras.
- Es frágil.	- Composición y estructura. Cristales hexagonales. Tabular u hojoso. Esta estructura nos permite comprender la facilidad de exfoliación.
- Composición y Estructura (Carbono puro). Cristaliza en octaedros	
- El diamante tallado en forma de roca y brillante es muy empleado en joyeria. Un diamante que no tiene valor en joyeria son empleados para hacer ejes de reloj, taladros y barrenos para perforar piedras preciosa	- Se emplea mezclado con arcilla para fabricar minas, también sirve para hacer electrodos, crisoles, lubricantes sólidos y en galvanoplastia.

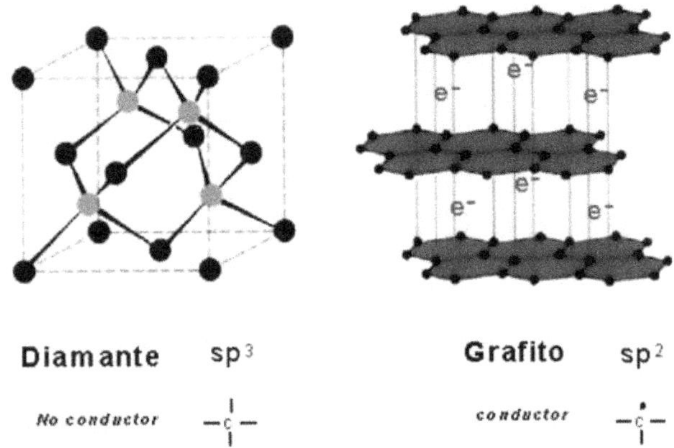

FULLERENOS C_{60}.

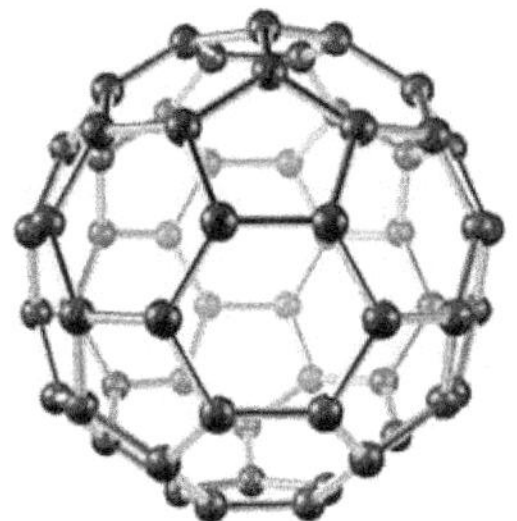

Los fullerenos tienen una estructura similar al grafito, pero el empaquetamiento hexagonal se combina con pentágonos (y posiblemente heptágonos) lo que curva los planos y permite la aparición de estructuras de forma esférica, elipsoidal y cilíndrica.

El constituido por 60 átomos de carbono presenta una estructura tridimensional similar a un balón de fútbol.

Las propiedades de los fullerenos no se han determinado por completo y aún se sigueninvestigando.

NANOTUBOS.

Los nanotubos de carbono, de forma cilíndrica rematados en sus extremos por hemiesferas (fullerenos), y que constituyen uno de los primeros productos industriales de la nanotecnología

CARBONOS NATURALES Y ARTIFICIALES

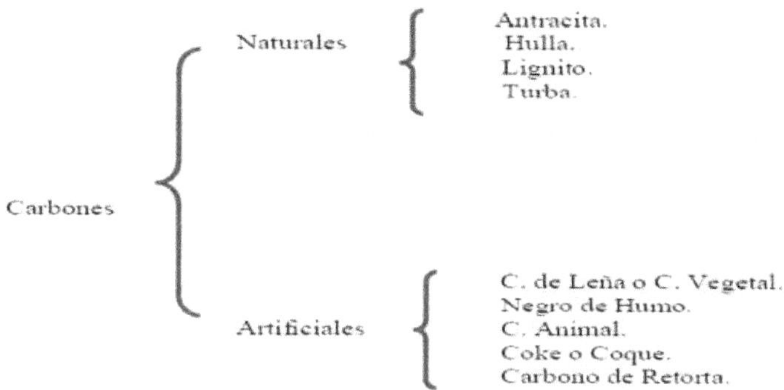

CARBONES NATURALES

Son el resultado de la descomposición lenta de los vegetales sepultados en épocas geológicas muy antiguas las cuales se han mineralizado.

Carbono naturales	Antracita	Hulla	Lignito	Turba
Contenido de carbono en %	90% - 96%	75% - 92%	55% - 75%	45% - 55%
Aspecto	negra y brillante	menos brillante	parecido a madera	Terroso
Poder Calorífico	8000	7500	6000	5500
Aplicaciones	Combustible	combustible	combustible	combustible jardinería

ANTRACITA.

Es la variedad de carbón más antigua y más rica en Carbono, es muy negra brillante, compacta y quebradiza, se enciende con dificultad y cuando arde lo hace con muy poca llama, case sin humo y desprendiendo mucho calor.

HULLA.

Es denominado también carbón de piedra o carbón mineral, es de color negro brillante, duro, quebradizo.

Existen dos clases de hulla: Hulla grasa o Bituminosa que es rica en betunes y grasas, por lo que arde con llama larga y desprendiendo humo.

La Hulla Seca que es pobre en betunes, por lo que arde con llama corta y muy poco humo. Es el combustible industrial más importante, ya que por destilación seca se extraen de la hulla numerosos productos, como ser el carbón de coke, gas de alumbrado, amoniaco, alquitrán mineral, del que a su vez se extrae la benceno, naftalina, anilina, etc.

LIGNITO.

Es una variedad intermedia entre la turba y la hulla, es de color negro o pardo y hay una variedad compacta, negra y brillante denominada AZABACHE.

El AZABACHE sirve para fabricar objetos de adorno como ser: botones, collares, aretes, etc.rde produciendo poco calor y desprendiendo mucho humo, pero sirve como combustible de poco valor.

TURBA.

Es la variedad de carbón geológicamente mas reciente y mas pobre en carbón. Es blanda, impura y esta constituida por restos de plantas parcialmente carbonizadas especialmente musgos.

Es de color negro o pardo, de estructura fibrosa o terrosa. Arde produciendo poco calor y despidiendo mucho humo y mal olor. Sirve como combustible de poco valor. La turba fibrosa sirve para fabricar una especie de cartón, tapices, colchones, etc.

Además se utiliza para desinfectar lugares pestilentes, como establos, cuadras, letrinas, etc. Porque tienes la propiedad de absorber grasas y líquidos.

CARBONOS ARTIFICIALES.

Estos carbonos se obtienen por la mamo del hombre.

CARBÓN VEGETAL O DE LEÑA.

Es el que resulta de la combustión incompleta de la leña. El procedimiento corriente para obtenerlo consiste en amontonar leña gruesa alrededor de una chimenea central y cubrir con tierra el montón, dejando varios orificios para que circule un poco de aire.

Hecha esta preparación, se enciende la leña y la carbonización dura varios días, debiendo evitarse la combustión completa, porque en tal caso solo se obtendría cenizas, También se prepara por destilación seca de la madera, calentando la leña en recipientes cerrados de hierro con un solo orificio de salida por donde gracias a la acción del calor, escapan gases y vapores en el curso del proceso contienen acido acético, alcohol, metilico, acetona y otros productos valiosos que se recogen y condensan en depósitos apropiados.

Es usado como combustible casero, en metalurgia, en la fabricación de pólvora, en filtros para purificar agua, en medicina para absorber el exceso de gases estomacales, para fabricar dentífricos y como contraveneno en algunas intoxicaciones.

NEGRO DE HUMO.

Se le conoce también como Hollín y se prepara por combustión incompleta de sustancias orgánicas muy ricas en carbono como ser: grasas, las resinas, los hidrocarburos, la trimentina, etc. Es un polvo negro muy ligero, fino e impalpable y muy suave al tacto.

Es un producto de gran importancia industrial, ya que se utiliza en la fabricación de pinturas, tintas, lápices de dibujo, discos fonográficos, y una de sus aplicaciones mas importantes es la vulcanización del caucho.

CARBÓN ANIMAL.

Se obtiene de los huesos que son sometidos a destilación seca, se obtiene un residuo negro, que contiene aproximadamente un 10% de carbono muy finamente dividido entre los poros de fosfato tricalcico. Esta variedad de carbón, llamada carbón animal o carbón de huesos (negro animal), Por ser muy poroso posee gran poder absorbente, sobre todo absorbe sustancias colorantes y gases. Se usa para decolorar el jarabe de azúcar, el vino, jugo de frutas, etc.

También como absorbente en las mascaras antiguas y en medicina como contraveneno y para absorber gases estomacales.

COKE O COQUE.

Se obtiene como residuo sólido de la destilación seca de la hulla. Es un carbón gris negrusco, duro y liviano, que no tizna los dedos y es un buen conductor del calor y la electricidad. Se enciende con dificultad y cuando arde lo hace casi sin llama ni humo y desprendiendo mucho calor.

Se utiliza como combustible domestico e industrial. En la metalurgia se emplea como reductor y para fabricar gas de agua.

CARBÓN DE RETORTA.

Es el carbón que queda en las paredes de la retorta al obtener el gas del alumbrado.

Es un carbón muy duro y compacto, buen conductor del calor y la electricidad; de ahí su uso en las pilas y el arco voltaico.

APLICACIONES.

El principal uso industrial del carbono es como componente de hidrocarburos; especialmente los combustibles fósiles petróleo y gas natural; del primero se obtiene por destilación en las refinerías gasolinas, keroseno y aceites y es además la materia prima empleada en la obtención de plásticos, mientras que el segundo se está imponiendo como fuente de energía por su combustión más limpia. Otros usos son:

- ✓ El isótopo carbono-14, descubierto el 27 de febrero de 1940, se usa en la datación radiométrica.
- ✓ El grafito se combina con arcilla para fabricar las minas de los lápices.
- ✓ El diamante se emplea para la construcción de joyas y como material de corte aprovechando su dureza.
- ✓ Como elemento de aleación principal de los aceros (aleaciones de hierro).
- ✓ En varillas de protección de reactores nucleares.
- ✓ Las pastillas de carbón se emplean en medicina para absorber las toxinas del sistema digestivo y como remedio de la flatulencia.
- ✓ El carbón activado se emplea en sistemas de filtrado y purificación de agua.

ACERO

Los aceros son aleaciones de hierro y carbono con porcentajes de este último variables entre 0,03 y 2,00%. Se distinguen de las fundiciones, también aleaciones de hierro y carbono, en que la proporción de carbono es superior para estas: entre 1,5 y el 4%.

Tal es la importancia industrial de este material que su metalurgia recibe la denominación especial de siderurgia, y su influencia en el devenir de la humanidad queda reflejada en el hecho de que una de las edades de hombre recibe la denominación de edad de hierro, la que comenzó hacia el año 3500 adC, y que aún perdura. Su densidad promedio es 7800 kg / m3.

La diferencia fundamental entre ambos materiales es que los aceros son, por su ductilidad, fácilmente deformables en caliente utilizando forjado, laminación o extrusión, mientras que las fundiciones son frágiles y se fabrican generalmente por moldeo.

Además de los componentes principales indicados, los aceros incorporan otros elementos químicos. Algunos son perjudiciales (Impurezas) y provienen de la chatarra, el mineral o el combustible empleado en el proceso de fabricación; es el caso del azufre y el fósforo. Otros se añaden intencionalmente para la mejora de alguna de las características del acero (Aleantes); pueden utilizarse para incrementar la resistencia, la ductilidad, la dureza, etcétera, o para facilitar algún proceso de fabricación como puede ser el mecanizado. Elementos habituales para estos fines son el níquel, el cromo, el molibdeno y otros.

El acero es actualmente la aleación más importante, empleándose de forma intensiva en numerosas aplicaciones, aunque su utilización se ve condicionada en determinadas circunstancias por las ventajas técnicas o económicas específicas que ofrecen otros materiales: el aluminio cuando se requiere mayor ligereza y resistencia a la corrosión, el hormigón armado por su mayor resistencia al fuego, los materiales cerámicos en aplicaciones a altas temperaturas, etcétera. Aún así siguen empleándose extensamente ya que:

Existen abundantes yacimientos de minerales de hierro suficientemente rico, puro y fácil de explotar.

- ✓ Existe la posibilidad de reciclar la chatarra.
- ✓ Los procedimientos de fabricación son relativamente simples y económicos.
- ✓ Presentan una interesante combinación de propiedades mecánicas, las que pueden modificarse dentro de un amplio rango variando los componentes de la aleación o aplicando tratamientos.
- ✓ Su plasticidad permite obtener piezas de formas geométricas complejas con realtiva facilidad.
- ✓ La experiencia acumulada en su utilización permite realizar predicciones de su comportamiento, reduciendo costes de diseño y plazos de puesta en el mercado.

Impurezas del Acero

Se denomina impurezas a todos los elementos indeseables en la composición de los aceros. Se encuentran en los aceros y también en las fundiciones como consecuencia de que están presentes en los minerales o los combustibles. Se procura eliminarlas o reducir su contenido debido a que son perjudiciales para las propiedades de la aleación. En los casos en los que eliminarlas resulte imposible o sea demasiado costoso, se admite su presencia en cantidades mínimas.

EFECTOS DEL CARBONO SOBRE LA SALUD.

El carbono elemental es de una toxicidad muy baja. Los datos presentados aquí de peligros para la salud están basados en la exposición al negro de carbono, no carbono elemental. La inhalación continuada de negro de carbón puede resultar en daños temporales o permanentes a los pulmones y el corazón.

Se ha encontrado neumoconiosis en trabajadores relacionados con la producción de negro de carbón. También se ha dado parte de afecciones cutáneas tales como inflamación de los folículos pilosos, y lesiones de la mucosa bucal debidos a la exposición cutánea.

Carcinogenicidad: El negro de carbón ha sido incluido en la lista de la Agencia Internacional de Investigación del Cáncer (AIIC) dentro del grupo 3 (agente no clasificable con respecto a su carcinogenicidad en humanos).

El carbono-14 es uno de los radionucleidos involucrados en las pruebas nucleares atmosféricas, que comenzó en 1945, con una prueba americana, y terminó en 1980 con una prueba china. Se encuentra entre los radionucleidos de larga vida que han producido y continuarán produciendo aumento del riesgo de cáncer durante décadas y los siglos venideros.

También puede atravesar la placenta, ligarse orgánicamente con células en desarrollo y de esta forma poner a los fetos en peligro.

MONOXIDO DE CARBONO

HISTORIA.

Debido a que el monóxido de carbono arde con una llama azul lo mismo que el hidrogeno, se le confundió con este durante mucho tiempo. CRUIKSHANK, en 1880, demostró que era un compuesto de carbono y oxigeno, con esto determino su composición.

ESTADO NATURAL.

Existen indicios de monóxido de carbono en el aire atmosférico y en las emanaciones de algunos volcanes, también suele hallarse incluido en el carbón mineral.

OBTENCION.

En el laboratorio este gas se obtiene calentando acido oxálico $H_2 C_2 O_4$, solidó, blanco ycristalino, también interviene el acido sulfúrico concentrado que actúa como

$$H_2 C_2 O_4 \longrightarrow H_2 O \quad + \quad CO_2 \nearrow \quad + \quad CO \nearrow$$

deshidratante.

Para obtener monóxido de carbono puro, la mezcla gaseosa resultante de esta reacción se hace pasar a través de una disolución de hidróxido potasico para absorber el CO_2. Se obtiene pordescomposición del acido formico, HCOOH, o formiato sódico, con acido sulfúrico concentrado se evita la presencia de CO_2.

$$HCOOH \longrightarrow H_2 O \quad + \quad CO$$

PROPIEDADES FISICAS.

Es un gas incoloro, inodoro e insípido, muy poco soluble en agua, también es muy difícil de licuar y su densidad es casi igual a la del aire. Finalmente la formula del monóxido de carbono es CO.

Compuesto	Monóxido de Carbono
Estado Físico	Gas
Masa Molecular	28.01
Punto de Fusión	-207 °C
Punto de Ebullición	-192 °C
Densidad con Relación al aire	9.968

PROPIEDADES QUIMICAS.

El CO es uno de los compuestos en el que el carbono tienen numero de oxidación +2 este estado es inestable por lo cual el CO se transforma en otros compuestos.

CARÁCTER NEUTRO.

El CO pertenece al grupo de los óxidos neutros, porque no reacciona con los ácidos ni las bases. A temperatura ambiente es estable, sin embargo a temperaturas elevadas sufre descomposición y se transforma en carbono y dióxido de carbono.

$$2CO_{(g)} \xrightleftharpoons[Calor]{} C_{(s)} + CO_{2(g)}$$

El CO arde en el aire o en oxigeno para formar CO_2. Se combina con el cloro a la luz solar, paraformar cloruro de carbonilo (fosgeno).

$$CO + Cl_2 \longrightarrow CO\,Cl_2$$

También a temperaturas elevadas, es un magnifico reductor; esta propiedad lo hace muy útil parala reducción de óxidos de metales con capacidad en la reducción del oxido de hierro (III) en metalurgia; las etapas de este proceso son:

$$3Fe_2O_3(s) + CO_{(g)} \longrightarrow 2Fe_3O_{4(s)} + CO_{2(g)}$$
$$2Fe_3O_{4(s)} + CO_{x(g)} \longrightarrow 3Fe_2O_{(s)} + CO_{x(g)}$$
$$Fe\,O_{(s)} + CO_{(g)} \longrightarrow Fe_{(s)} + CO_{2(g)}$$

Es utilizado en la síntesis de sustancias orgánicas, pero el más importante es la obtención del alcohol metílico. Para esta operación se requiere temperaturas elevadas y mezclas de óxidos metálicos como catalizadores; en estas condiciones el monóxido de carbono y el hidrogeno se combinan para formar el alcohol metílico.

$$CO + 2H_2 \longrightarrow CH_2\,OH$$

En el proceso de esta síntesis también se forma el benceno, hidrocarburo cíclico de enorme importancia industrial.

$$12CO + 3H_2 \longrightarrow C_6H_6 + 6CO_2$$

ACCIÓN FISIOLÓGICA.

El monóxido de carbono es un gas muy venenoso, pues basta una pequeña proporción de el (9 partes de CO por 10.000 de aire), para que aparezcan síntomas como ser: nauseas y dolores de cabeza; esta acción biológica consiste, como sabemos la sangre contiene una sustancia llamada hemoglobina que sirve de vehiculo para transportar el oxigeno del aire desde los pulmones hasta los tejidos del organismo, pero si se respira CO, la hemoglobina se combina con el formado oxihemoglobina, de este modo el oxigeno necesario no llega a las células y tejidos, es entonces donde hay falta de oxigeno y el organismo produce lo anterior mencionado, también permanente vértigos y dolor de cabeza, luego parálisis, perdida de conocimiento y finalmente la muerte.

DIOXIDO DE CARBONO

HISTORIA.

El dióxido de carbono o anhídrido carbónico era conocido desde tiempos antiguos, pero los primitivos escritores lo confundían con el "AIRE ".

J. B. Van Helmont (1577-1644) fue el primero que lo distinguió del aire ordinario, lo llamo "Gas Silvestre ", quien demostró que se produce en el curso de la fermentación y durante la combustión de la materia orgánica.

J. Black. 1755, probo que forma parte de los álcalis fijos (Carbonatos alcalinos) y los llamo aire fijo.

Lavoisier demostró que era un oxido de carbono.

ESTADO NATURAL.

En el medio ambiente se produce el dióxido de carbono debido a la función biológica de la respiración en plantas y animales. Sin embargo, también en forma natural se logra el equilibrio en la proporción de CO_2 en la atmósfera, por el aprovechamiento que hacen de el las plantas para realizar la fotosíntesis, con la presencia de la luz solar y el agua.

También proviene de las combustiones, fermentaciones, putrefacciones, etc. Además se desprenden de algunos manantiales gaseosos y grietas del terreno, acumulándose en el suelo en grandes cantidades como la famosa gruta del perro, cerca de Nápoles en el valle de la muerte de Java, en la quebrada de la muerte de Yellowstone (EE.UU.), también se hallo difundido en forma de carbonatos y bicarbonatos.

OBTENCIONES.

Se forma en la combustión completa del carbono o de los compuestos de carbono.

$$C + O_2 \longrightarrow CO_2$$

EN EL LABORATORIO.

Se obtiene por acción de los ácidos fuertes sobre los carbonatos.

$$2H\,Cl + Ca\,CO_3 \longrightarrow Ca\,Cl_2 + CO_2 + H_2O$$

También se obtiene en grandes cantidades de la fermentación de la glucosa.

$$C_6\,H_{12}\,O_6 \longrightarrow 2C_2\,H_5\,OH + 2CO_2$$

EN LA INDUSTRIA.

Se obtiene por combustión completa del carbón de coque, también como subproductos se obtiene de la cal viva, descomponiendo el carbonato de calcio por la acción del calor.

$$Ca\ CO_3 \longrightarrow Ca\ O + CO_2$$

También se obtiene como subproductos de la fermentación de compuestos tales como los carbohidratos, por ejemplo el azúcar de caña (sacarosa).

$$C_{12}\ H_{12}\ O_{11} \longrightarrow 4CH_3\ CH_2\ OH + 4CO_2$$
$$\text{Sacarosa} \qquad\qquad \text{alcohol etílico} \quad \text{dióxido de carbono}$$

PROPIEDADES FISICAS.

El dióxido de carbono es un gas incoloro e inodoro, bastante soluble en agua, no es toxico ni combustible, vez y media mas denso que el aire, pudiendo ser recogido por desplazamiento ascendente del aire.

Compuesto	Dióxido de Carbono
Estado Fisico	Gas
Masa Molecular	44,01
Punto de Fusión	-56,6 °C
Punto de Ebullición	78,5 °C
Densidad con Relación al aire	1,53
Temperatura Crítica	31 °C

PROPIEDADES QUIMICAS.

Las propiedades acidas del carbón se manifiestan en la reacción de su compuesto, el dióxido de carbono con el agua, mediante el cual se forma el acido carbónico.

$$CO_2 + H_2O \longrightarrow H_2\ CO_3$$

El dióxido de carbono no arde ni mantiene la combustión de la material orgánica; por ello forma parte de disoluciones para extinguir incendios. Sin embargo, el magnesio en ignición continúa ardiendo en una atmósfera de este gas.

$$2Mg + CO_2 \longrightarrow 2MgO + C$$

Cuando se hace pasar dióxido de carbono a través de una capa de carbón incandescente, se forma monóxido de carbono:

$$C + CO_2 \longrightarrow 2CO\uparrow$$

APLICACIONES.

- ✓ El CO_2 se emplea para preparar bebidas efervescentes.
- ✓ Se consume en grandes cantidades para fabricar bicarbonato sodico y de plomo, empleado como antiséptico.
- ✓ El dióxido de carbono por ser una gras incomburente, propiedad que lo hace útil para apagar incendios, es por eso que se emplea para fabricar extintores.
- ✓ En medicina se utiliza mucho para preparados, como polvos efervescentes, sal de frutas, limonada carbónica.
- ✓ Se emplea para polvos de hornear.
- ✓ El CO_2 líquido se expande comercialmente en cilindros metálicos y sirve para diferentes usos.

DIFERENCIAS

Monóxido de carbono (CO)	Dióxido de carbono (CO2)
-El CO es un gas incoloro, insipido. - Es combustible. - Es toxico, en proporciones mayores es un veneno letal. - Densidad 0.97. - Poco soluble en el agua. - Inestable (+2) - No es utilisado por los organismos. - El CO es resultado de una combustión incompleta.	- Es un gas incoloro, inodoro, sabor a los ácidos. - Es in comburente. -Poco toxico. -Densidad 1.53. - Estable. - Es utilizado por los organismos, en las gaseosas, bebidas etc. - Soluble en el agua. - El CO2 es resultado de una combustión completa.

Silicio

HISTORIA.

Los compuestos del silicio han sido de gran importancia en la prehistoria. Las herramientas y las armas hechas de pedernal, una de las variedades de dióxido de silicio, fueron los primeros utensilios del hombre.

Davy fue el primero en asegurar que la sílice no era una sustancia elemental, en 1823, Berzelius produjo silicio sobre potasio caliente. Al lavar el producto con agua, obtuvo un polvo pardo, que era silice amorfo.

En 1854, Henri Deville preparo silicio cristalino por electrolisis de un cloruro impuro de sodio y aluminio.

El silicio estaba contenido en el aluminio en forma de escamas brillantes; se elimino el aluminio por disolución y quedo el silicio.

El nombre de sílice deriva de la palabra latina silex-pedernal.

ESTADO NATURAL.

El silicio no existe libre en la naturaleza, sino en compuestos como los silicatos y las variedades de sílice ($Si\ O_2$), la arena es fundamentalmente dióxido de silicio.

El $Si\ O_2$ cristaliza como cuarzo por debajo de 870º C, como tridimita entre 870º C y 1.470º C y como cristobalita por encima de esta ultima temperatura.

El cuarzo cristaliza en el sistema romboédrico, la tridimita en el sistema hexagonal y la cristabolita en el sistema cúbico.

Al cuarzo púrpura se lo llama amatista, rojo claro cuarzo rojo y el tiene amarillo citrina, el color de los cristales es debido a impurezas.

Las formas amorfas del silicio son el ágata, jaspe y onix.

La estructura macromolecular del sílice contiene átomos de silicio unidos en forma tetraédrica con cuatro átomos de oxigeno esta unido con otros átomos de oxigeno que también se unen tetraedricamente con cuatro átomos de oxigeno y así sucesivamente hasta construir una red cristalina.

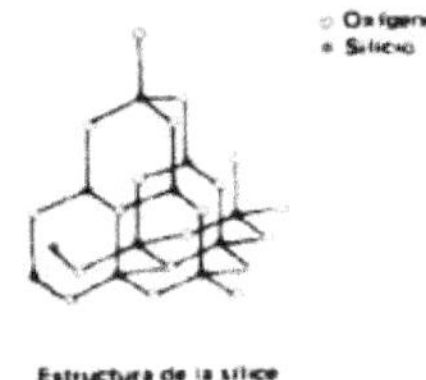

Estructura de la sílice

El cuarzo puro puede fundirse en un horno eléctrico a unos 16.000º C y moldearlos en vasijas como se hace con el vidrio, pero el cuarzo es menor que el vidrio en diferentes aspectos, por ejemplo, tiene dilatación térmica muy pequeña por lo cual le permite sufrir cambios bruscos de temperatura, se le emplea en vasijas y otros utensilios.

VIDRIO.

<u>Fabricación de vidrio</u>.

El vidrio se fabrica a partir de una mezcla compleja de compuestos vitrificantes, como sílice, fundentes, como los álcalis, y estabilizantes, como la cal. Estas materias primas se cargan en el horno de cubeta (de producción continua) por medio de una tolva. El horno se calienta con quemadores de gas o petróleo. La llama debe alcanzar una temperatura suficiente, y para ello el aire de combustión se calienta en unos recuperadores construidos con ladrillos refractarios antes de que llegue a los quemadores. El horno tiene dos recuperadores cuyas funciones cambian cada veinte minutos: uno se calienta por contacto con los gases ardientes mientras el otro proporciona el calor acumulado al aire de combustión. La mezcla se funde (zona de fusión) a unos 1.500°C y avanza hacia la zona de enfriamiento, donde tiene lugar el recocido. En el otro extremo del horno se alcanza una temperatura de 1.200 a 800 °C. Al vidrio así obtenido se le da forma por laminación (como en el esquema superior) o por otro método.

<u>Vidrio (industria)</u>

Sustancia amorfa fabricada sobre todo a partir de sílice (SiO_2) fundida a altas temperaturas con boratos o fosfatos. También se encuentra en la naturaleza, por ejemplo en la obsidiana, un material volcánico, o en los enigmáticos objetos conocidos como tectitas. El vidrio es una sustancia amorfa porque no es ni un sólido ni un líquido, sino que se halla en un estado vítreo en el que las unidades moleculares, aunque están dispuestas de forma desordenada, tienen suficiente cohesión para presentar rigidez mecánica. El vidrio se enfría hasta solidificarse sin que se produzca cristalización; el calentamiento puede devolverle su forma líquida. Suele ser transparente, pero también puede ser traslúcido u opaco. Su color varía según los ingredientes empleados en su fabricación.

El vidrio fundido es maleable y se le puede dar forma mediante diversas técnicas. En frío, puede ser tallado. A bajas temperaturas es quebradizo y se rompe con fractura concoidea (en forma de concha de mar).

Se fabricó por primera vez antes del 2000 a.C., y desde entonces se ha empleado para fabricar recipientes de uso doméstico así como objetos decorativos y ornamentales, entre ellos joyas. (En este artículo trataremos cualquier vidrio con características comercialmente útiles en cuanto a transparencia, índice de refracción, color… En Vidrio (arte) se trata la historia del arte y la técnica del trabajo del vidrio).

El vidrio se fabricaba en Egipto 1.400 años antes de Cristo, durante la edad media, vecina y Bohémica fueron los centros importantes de manufactura de vidrio. En 1608 se instalo un horno de vidrio de Jamestown, Virginia iniciándose la gran industria del vidrio en los EE. UU.

Las materias primas (arena principalmente) son mezcladas y luego calentadas en el horno a una temperatura del orden de 1.500º C. Se funden a continuación para ser convertidas en vidrio en función. Tras el reciclaje, el vidrio recuperado, principalmente en los contenedores, también se utiliza como materia prima para fabricación.

El vidrio en función es trasladado a las maquinas de fabricación. Durante esta etapa, las gotas de vidrio (llamadas bulbos) Pasan a través de dos moldes sucesivos. El primero , llamado molde ESBOZADOR de la botella o al tarro su primera forma el segundo llamado ACABADOR le da su forma definitiva, las botellas y los tarros reciben a continuación tratamientos de "superficie" y pasan por un arco llamado "de recogido", con el fin de mejorar las cualidades del vidrio.

El vidrio es una mezcla de silicatos, que se obtienen fundiendo todos los compuestos en las debidas proporciones. Carbonato de sodio $NaCO_3$ o sulfato sodico (Na_2SO_4), piedra caliza ($CaCO_3$) y arena (SiO_2) se añade vidrio de la misma composición procedente de una fundición anterior para que actué como un fundente, al principio hay una gran formación de espuma pero mediante el calentado se desprende CO_3 y resulta una fundición clara.

Las sustancias que entran en la constitución y preparación de vidrio son de cuatro clases. Los vitrificantes SiO_2

- ✓ Fundentes como el carbono de sodio Na_2CO_3 y sulfato de sodio Na_2SO_4.
- ✓ Materias estabilizantes como, Ca CO3, Mg CO3, Al2 O3, y otros.
- ✓ Sustancias accesorias, Colorantes, Descolorantes, etc.

Los vidrios son silicatos dobles de sodio o potasio y de calcio.

El material claro y viscoso se vierte o se comprime en moldes obteniéndose objetos de vidrio moldeado como botellas, vasos y se forma una cantidad de vidrio fundiendo con un tubo de hierro llamado caña, introduciéndole en un molde soplando hasta que sea rellenado toda la superficie.

El vidrio de ventanas se obtiene soplando un cilindro largo que se corta con una arista cuando todavía estaba caliente y se aplana sobre una superficie plana o lisa, el vidrio plano no se sopla sino que se vierte por una mesa plana y se limita el espesor deseado y se pule con rojo ingles (Fe_2O_3).

El vidrio debe ser enfriado a una temperatura relativa, pues si se le enfría rápidamente es quebradizo y lentamente el vidrio se desvitrifica porque sus componentes o parte de ellos se empiezan a cristalizar y el vidrio se vuelve opaco.

El vidrio no posee estructura cristalina pues no se factura ni forma caras cristalinas y sus átomos se encuentran en desorden tal como se muestra en los esquemas comparativos, en estado cristalino y estado vítreo.

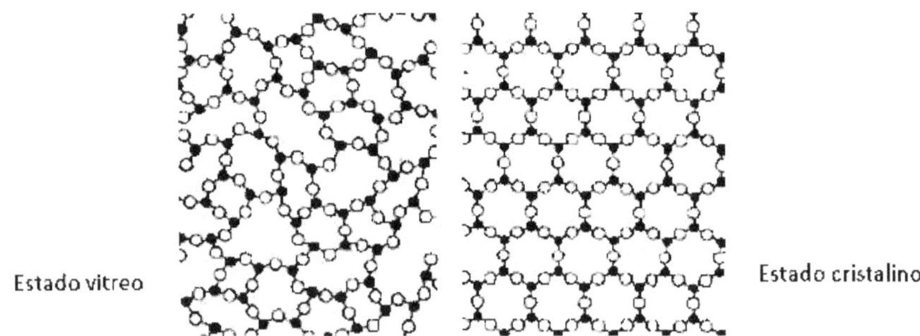

Estado vitreo   Estado cristalino

VARIEDAD DE VIDRIOS Y SUS USOS.

✓ El vidrio de cal y sosa (75% de 8102, 15% de Na_2O, 8% de CaO, 2% de Al_2O_3), común mente llamado vidrio blando, se reblandece a una temperatura relativamente baja, se usa en ventanas, botellas, vidrios, etc.

✓ El Flint Glass (45.5% de SiO_2, 3.5% de Na_2CO_3, 4% de K_2O_2, 3% de CaO, 44% de PbO); se usa en óptica y para fines decorativos a causa de su elevado índice de refrigeración.

✓ El vidrio Pirex (80% de SiO_2, 4% de Na_2CO_3, 4% de CaO, 0,6% de K_2O, 12% de B_2O_3, 3% de Al_2O_3); se emplea para utensilios de química y bandejas para cocer en el horno, resistente a los agentes químicos y tiene un coeficiente de dilatación térmica.

✓ El vidrio de color se obtiene incorporando a la masa óxidos metálicos que forman silicatos coloreados. El hierro y cromo dan vidrios verdes, el cobalto y cobre azules y el magnesio violeta. El vidrio rubí contiene oro, el vidrio lechoso se obtiene añadiendo fluoruro calcico, oxido estánnico o ceniza de huesos (fosfato calcico).

✓ El vidrio laminado de seguridad se obtiene pegando dos hojas de vidrio entre las que intercala una capa de acetona de celulosa transparente. Al producirse un choque, un golpe la capa central flexible mantiene en su sitio a los fragmentos de vidrio roto.

Los vidriados productos cerámicos (porcelana, loza, etc.) y los esmaltes color granito o los artículos de hierro esmaltado son vidrios fácilmente fusibles vueltos opacos por adición de titanio, oxido estánnico y oxido de antimonio Sb_2O_3.

El denominado vidrio soluble se obtiene al hacer una solución con los silicatos solubles. Se llama **gel de sílice** al acido silícico completamente deshidratado que se obtiene calentando la sustancia previamente a 300º C en el vació, contiene 6% de H_2O, se emplea como agente desecante y decolorante, así como absorbente de vapores que tengan valor, como los de gasolina y disolventes orgánicos.

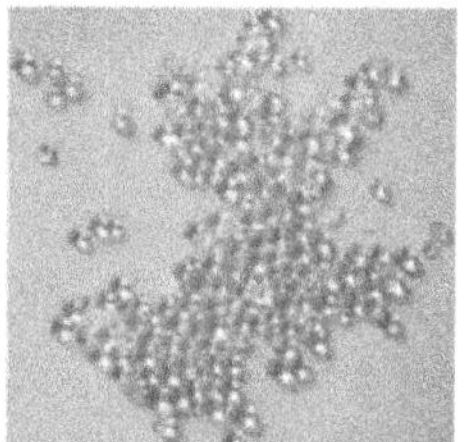

ESTAÑO.

El principal mineral del estaño es la casiterita o piedra de estaño $SnSO_2$.

PROPIEDADES Y APLICACIONES

El extraño es un metal blanco argentino, más blanco que el cinc, pero más duro que el plomo. A 100°C es muy dúctil y maleable y puede ser batido en hojas delgadas (papel de estaño). A 200°C se vuelve muy quebradizo y puede pulverizarse.

El estaño existe en tres codificaciones alotrópicas, forma rómbica y tetragonal cristalina, y estaño gris polvo deleznable.

El estaño se usa como recubrimiento protector de hierro en la hojalata.

Óxidos e hidróxidos del estaño: el óxido estañoso, son, es un polvo negro que se obtienen, calentando oxalato estañoso, C_2O_4Sn, fuera del contacto con el aire.

$$C_2O_4Sn \longrightarrow SnO + CO + CO_2$$

Se obtiene un residuo blanco de dióxido estánico, esto ocurre cuando se quema al aire.

Cloruros de estaño: el cloruro estañoso, se obtiene en la reacción del estaño con ácido clorhídrico.

El cloruro estáñico anhidro es un líquido incoloro que despido abundantes vapores en el aire húmedo. El cloruro estáñico se produce al recuperar el estaño de los recortes de hojalata tratándolos con cloro seco. El $SnCl_4$ forma varios hidratos, de los cuales, el más importante es el pentahidratado, $Cl_4Sn.5H_2O$ que se emplea como mordiente.

Sulfuros de estaño: el sulfuro estañoso, SSn, se obtiene en forma de precipitado, pardo oscuro, por la acción del sulfato de hidrógeno sobre una disolución de cloruro estañoso.

El sulfuro estáñico se disuelve en sulfuro amónico formando tioestamato amónico.

Bioinorgánica del Estaño.

El papel biológico del estaño, metal que pertenece al mismo grupo que el plomo. Sus efectos tóxicos parecen reducidos que los de otros metales y se origina por la utilización de variados funguicidas y catalizadores industriales, base de este elemento así como por presencia en envases y receptáculos de diversos tipos.

La baja toxicidad del estaño inorgánico se debe seguramente a su relativamente pobre absorción y retención.

Contenidos del estaño entre 250 y 700 ppm en alimentos o bebidas causan irritaciones gástricas, vómitos y náuseas y diarreas.

Especialmente tóxicas como los compuestos organoesmias los que aparentemente atacan muy rápidamente el sistema nervioso central causando parálisis y llevando finalmente a la muerte.

El estaño podría ser un elemento esencial ya que diversos compuestos de este metal parecen estimular el crecimiento de animales en laboratorios.

PLOMO.

El plomo se encuentra en la naturaleza en forma de carbonato (cerosita) y de sulfato $PbSO_4$. Casi todo el plomo del comercio se obtiene del sulfuro SPb que constituye el mineral galena.

Metalurgia: la mena se tuesta al aire hasta que una parte del sulfuro pasa a óxido y a sulfuro sin alterarse el resto.

Propiedades y aplicaciones: el plomo es un metal blando y pesado, muy poco resistente a la tracción. Tiene un punto de fusión bajo. Recién cortado, el metal presenta una superficie brillante que se empaña enseguida al aire por oxidación superficial.

Reacciona muy lentamente con el ácido clorhídrico y el ácido sulfúrico concentrado y frio apenas lo ataca. El HNO_3 actúa sobre él dando rápidamente nitrato de plomo y óxidos de nitrógeno. Los compuestos solubles en plomo son venenosos y por lo tanto los tubos de plomo para conducir agua potable solo pueden usarse con seguridad si el agua es dura.

El plomo se usa para fabricar tubos de cañerías y revestir cables eléctricos, se usa en las instalaciones de H_2SO_4 y en acumulaciones de plomo. Una aleación de este metal con un 0,5% de arsénico, sirve para fabricar perdigones y medallas.

Óxidos e hidróxidos de plomo.

Hay cuatro óxidos de plomo. El monóxido de plomo, PbO, llamado litargirio, de color amarillo, se obtiene calentando plomo al aire, se usa para fabricar vidrio de plomo y esmaltes. Es soluble en disolución caliente de hidróxido sódico, formando el plúmbito Pb(OH)4Na$_2$ sal sódica del hidróxido anfótero.

Este hidróxido es poco soluble en agua y se obtiene por precipitación en agua de una solución ligeramente alcalina. Con ácidos forma sales de plomo y con los hidróxidos plumbitos.

El dióxido de plomo (PbO_2) es un polvo pardo que se obtiene al añadir polvos de gas a una disolución de plumbito sódico.

Es un oxidante activo, y se emplea para construir el polvo positivo de los acumuladores de plomo. El hidróxido correspondiente a este óxido es el Pb(OH)4.

El mino (plomo rojo) Pb_3O_4 se produce calentando litargirio a una temperatura no mayor a 550°C pues a partir de ella, el minio se descompone regenerando el monóxido y desprendiendo oxígeno. Se emplea para fabricar cristal y pintura roja para cubrir las piezas de hierro a fin de que no se oxiden al Pb_3O_4 con HNO_3 se forma nitrato de plomo y dióxido de plomo.

El trióxido Pb_2O_3 de color amarillo anaranjado se forma al tratar monóxido de plomo en disolución alcalina (plumbito sódico) con un oxidante tal como el cloro o el hipoclorito.

Bioinorgánica del plomo.

El plomo provoca grandes efectos tóxicos. El aire de las grandes ciudades ha sido contaminado crecientemente por la combustión de naftas, que contienen tetraetil de plomo como antidetonante.

La mayor fuente de incorporación sigue siendo la dieta la que afortunadamente no permite una absorción muy intensa debido a la fácil formación de compuestos insolubles tales como el fosfato Pb3(PO_4)2 o el carbonato básico Pb3(CO3)2 (OH)2. Parte del plomo absorbido puede finalmente ser acumulado en el hueso.

El plomo II tiene también tendencia a unirse a los grupos –SH.

La toxicidad aguda produce vómito y falta de apetito así como mal funcionamiento renal y desórdenes nerviosos. Estos efectos se ven potenciados en el caso de pacientes que presentan deficiencias de calcio o de hierro.

Cuadro comparativo de los elementos carbonoides

ELEMENTO	MINERALES CONOCIDOS	CARACTERISTICAS GENERALES	PRINCIPALES APLICACIONES
Carbono	Caliza Magnesita Dolomita	Es fundamentalmente no metálico, tiene un estado máximo de oxidación de mas 4 también forma compuestos en los cuales están unidos átomos de los elementos por pares de electrones	El principal uso industrial es como componente de hidrocarburos; especialmente los combustibles fósiles petróleo y gas natural el primero se obtiene por destilación en las refinerías gasolinas, querosén y aceites y la materia prima en la obtención de plásticos
Plomo	$Pb\,CO_3$ Cerusita $Pb\,SO_4$ Anglesita $Pb\,S$ Galena	Es un metal blando y pesado (densidad 11,35) muy poco resistente a la tracción	Se usa para fabricar tubos de cañería y revestir cables eléctricos. Una aleación de este metal con 0,5% de arsénico sirve para fabricar perdigones y metralla
Silicio	$KA\,I\,Si_3\,O_2$ Feldespato $Mg_3\,Ca\,(Si\,O_3)_4$ Asbesto	Es un polvo pardo, mas activo químicamente que la variedad cristalina. Se une con el flúor a temperaturas ordinarias y con O, Cl, Br a temperaturas mas altas	Se consume grandes cantidades de silicio en la fabricación de aleaciones resistentes a los ácidos, como el duriron (con 14% de silicio)
Germanio	$Ge\,S_2\,4\,Ag_2\,S$ Argirodita	Es un metal solidó blanco cristalina, grisáceo, quebradizo que conserva su brillo en el aire a temperaturas ordinarias	Se ha hecho muchas investigaciones acerca de las posibles aplicaciones del germanio y sus compuestos. Por su poder rectificador se ha encontrado su aplicación en el radar
Estroncio	$Sn\,O_2$ Casiterita ó piedra de estaño	Es un metal blanco argentino más blando que el zinc, pero más duro que el plomo, es muy dúctil y maleable y puede ser batido en hojas delgadas (papel de estaño).	Se usa como recubrimiento protector de hierro en la hojalata. Las vasijas de cobre se recubren de estaño para evitar que se forme carbonato básico verde. También se usa en aleaciones teles como el bronce (cobre y estaño), metal de soldar (estaño y plomo).

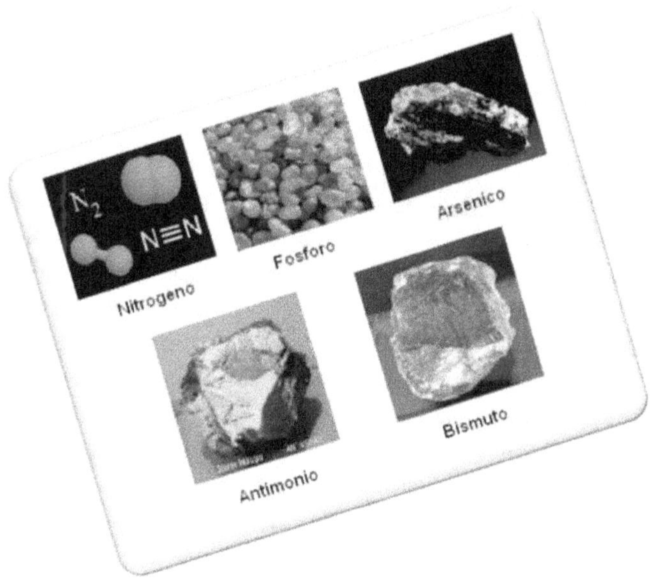

CAPÍTULO 8: ELEMENTOS DEL GRUPO 5: NITROGENOIDEOS

ELEMENTOS NITROGENOIDEOS

CARACTERÍSTICAS GENERALES.

Los elementos que forman el grupo V son: **nitrógeno (N), fosfóro (P), arsénico (As), antimonio (Sb) y ismuto (Bi).** Este grupo de elementos se lo denomina como familia del nitrógeno, solamente los dos últimos elementos (As, Bi.), presentan propiedades metálicas definidas, los otros no son metálicos. Todos presentan una variedad de estados de oxidación.

El aire está compuesto aproximadamente con un 80% de nitrógeno, se encuentra en forma de gas en la atmosfera constituye las 4/5 partes del volumen total del aire existe algunos minerales combinados con el amoniaco, y forma parte de las proteinas.

El fósforo es mas abundante que el nitrogeno y no se encuentra libre en la naturaleza, puesto que se oxida rapidamente en presencia del aire; forma parte de las rocas fosfatas y del apatito $Ca_3(PO_4)_2$ .el arsénico se encuentra libre en la naturaleza, en la forma mentalita de color gris y en la no metalica de color amarillo los principales minirales que lo contienen son la arsenolita (As_4O_6) y los sulfuros: mispiquel (FeAsS), rejalgar (As_2S_2), cobalteño (CoAsS) y pirita arsenical. El antimonio es poco abundante, solo esta en un 0,0001% en la corteza terrestre, y se encuentra en un mineral conocido como la estibina (Sb_2S_2). El bismuto se encuentra libre en la naturaleza o combinado con azufre en forma de bismutina (Bi_2S_3); tambien como tetradimita (Bi_2Te_3) y en la bismita (Bi_2O_3).

Cada uno de los elementos del grupo V A tiene 5 electrones de valencia. Por lo tanto uno es indispensable que ellos pierdan completamente sus 5 electrones o ganen 3. En la mayoría de las reacciones forman enlaces covalentes, dando, lugar a compuestos con un estado de oxidación máximo de +5 y un estado de oxidación mínimo de -3. La estabilidad del estado de oxidación disminuye bajando en el grupo. En estado libre ninguno de los elementos es muy reactivo. En el estado de oxidación +5 todos los elementos excepto el fósforo forman compuestos con características de agentes oxidantes fuertes.

La variación de las propiedades metalicas y no metalicas a lo largo de familia, se debe al aumento del tamaño de los átomos, desde el nitrogeno hasta el bismuto; esto se refleja en la formacion de óxidos ácidos por parte del nitrogeno y fósforo, en tanto el arsénico y el antimonio producen óxidos anfóteros y el bismuto forma óxidos basicos solamente. Por esta razon el sesquioxido de nitrogeno (N_2O_3), por tener un carácter tan acido en contacto con el agua, libera H+ y tiene la propiedad de neutralizar las bases, mientras que el sesquioxido de bismsuto en disolución acuosa origina iones OH- y puede neutralizar los acidos.

Los potenciales de oxidación de los elementos son bastante bajos, es por esto que todos los elementos del grupo son muy pocos reactivos en estado elemental. Con relacion a sus potenciales de ionizacion van decreciendo de arriba hacia abajo; ello indica la mayor dificultad que hay para arrancar electrones del atomo de nitrogeno (mas pequeño), que del atomo de bismuto (mayor tamaño).

NITROGENO

CARACTERÍSTICAS GENERALES

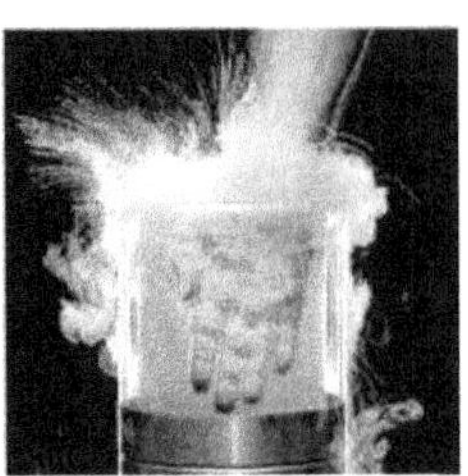

Símbolo:	N
Grupo:	VA
Estado Natural:	Gaseoso (N_2)
Número atómico:	7
Masa Atómica:	14,0067
N° de protones / electrones:	7
N° de oxidación:	-3 −2 −1, +1 +2 +3+4 +5
Electronegatividad:	3,04
Punto de Fusión:	-210,00
Punto de Ebullición (°C):	-195,80
Densidad (g/l):	1,2506 a 0°C
Estructura cristalina:	hexagonal
Color:	incoloro

HISTORIA.

Fue descubierto por Daniel Rutherfor en 1772. Casi al mismo tiempo Schele, Cavendish, Prestley y otros estudiaron "El aire quemando o desflogistado", como se denomina el aire sin oxígeno. Lavoisier lo denomina Azoe.

El nombre del nitrógeno fue puesto por J. Chaftal, fue licuado por primera vez en 1877 por L. Coilletet. Rutherford eliminó el oxígeno del aire por combustibles tales como fósforo, el carbón de leña, etc., y separa los productos de la combustión lavando con álcalis o agua de cal llamando el residuo aire flogistado.

ESTADO NATURAL.

Se encuentra en estado libre en el aire (constituye un 78% del volumen de éste). En estado combinado forma compuestos nitrogenados, en especial el nitrato de sodio.

Es un componente fundamental de todos los organismos vivientes y forma parte fundamentalmente de los compuestos proteicos de los mismos, aunque también se halle en otros compuestos, como los ácidos nucleicos que forman el material hereditario.

El nitrógeno aparece combinado en los minerales, como el salitre (KNO_3) y el nitrato de Chile ($NaNO_3$), dos importantes productos comerciales.

Se combina con otros elementos únicamente a altas temperaturas y presiones. Se hace activo sometiéndolo a una descarga eléctrica a baja presión, combinándose con metales alcalinos para formar ácidas; con vapor de cinc, mercurio, cadmio y arsénico para formar nitruros, y con numerosos hidrocarburos para formar ácido cianhídrico y cianuros, también llamados nitrilos. El nitrógeno activado se vuelve nitrógeno ordinario apenas en un minuto.

En estado combinado, interviene en muchas reacciones. Son tantos los compuestos que forma, que el químico estadounidense Edward Franklin elaboró un esquema de compuestos que contienen nitrógeno en lugar de oxígeno.

ISÓTOPOS.

El nitrógeno aparece en dos formas isotópicas naturales; artificialmente se han obtenido cuatro isótopos radiactivos. Tiene un punto de fusión de -210,01 °C, un punto de ebullición.

PROPIEDADES FISICAS.

Estas propiedades estan relacionadas con su estado natural y cuando sufre alteración o reacciones.

Propiedades fisicas. El nitrogeno aparece en dos formas asotopicas naturales 14N Y 15N; puede condensarse en forma de un líquido incolor que a su vez puede comprimirse como un sólido que a su vez, puede comprimirse como un sólido cristalino e incoloro:

Entre otras de sus propiedades son:

- ✓ Estado natural Gas (N_2) incoloro, inodoro, insípido y no toxico
- ✓ Densidad   1,25g/l a O °C y 1 atm de presión
- ✓ Punto de fusión: -210,01ºC
- ✓ Estructura cristalina: hexagonal

PROPIEDADES QUIMICAS.

Propiedade quimica.- El N es combustible y por su afinidad para forma la molécula es muy estable e inactivo, pero no combinación presenta gran activiada. Se combina con los no métales formando acidos, sales, nitratos y nitritos con los metales formando nitruros. Entre otras propiedade tenemos:

- ✓   Electronegatividad: 3
- ✓   Conf. Electrónica: $1s^2\,2s^2p^3$
- ✓   Radio atómico: 0,75 A
- ✓   Solubilidad: poco en agua.

OBTENCIÓN.

<u>Obtención en la industria.</u>

El nitrógeno se obtiene industrialmente para la destilación fraccionada del aire líquido. Puesto que el punto de ebullición del nitrógeno es inferior al del oxigeno, al calentar el aire líquido se destila primero el nitrógeno, mientras que el oxígeno permanece en estado líquido en el destilador se obtiene un nitrógeno de elevada pureza descomponiendo térmicamente algunos compuestos nitrogenados como el nitrito de amonio:

$$NH_4NO_2 \xrightarrow{\;\Delta\;} 2H_2O + N_2$$

También calentando una mezcla de nitrito de sodio y cloruro de amonio:

$$NaNO_2 + NH_4Cl \xrightarrow{\;\Delta\;} NaCl + 2H_2O + N_2$$

El nitrógeno se obtiene fácilmente del aire eliminado el CO_2 y el O_2. El CO_2 es eliminado haciendo pasar aire por una solución del NaOH, el oxígeno es absorbido entonces por medio de un elemento con el cual forma un óxido no volátil. Las virutas de cobre son considerados generalmente como las más convenientes para este fin.

También se extrae N_2 por descomposición química libre de argón calentando una solución diluida de nitrito de amonio en un balón de vidrio o una retorta.

$$NH_4NO_2 \rightarrow 2H_2O + N_2$$

<u>Obtención en laboratorio.</u>

El nitrógeno molecular se obtiene por destilación fraccionada del aire (los puntos de ebullición del nitrógeno líquido y del oxígeno líquido son −196°C y −183°C, respectivamente). En el laboratorio se puede preparar nitrógeno gaseoso muy puro por la descomposición térmica del nitrito de amonio:

$$NH_4NO_2(s) \xrightarrow{\;\Delta\;} 2H_2O(g) + N_2(g)$$

La molécula de N_2 contiene un enlace covalente y es muy estable respecto de la disociación en las especies atómicas. Sin embargo, el nitrógeno forma un gran número de compuestos con el hidrógeno y el oxigeno, en los cuales su número de oxidación varía de −3 a +5. La mayoría de los compuestos de nitrógeno son covalentes; sin embargo, cuando el nitrógeno se calienta con ciertos metales, forma nitruros iónicos que contienen el ión N_3^-:

$$6Li(s) + N_2(g) \xrightarrow{\;\Delta\;} 2Li_3N(s)$$

El ión nitrato es una base de Bronsted fuerte y reacciona con el agua para producir amoniaco y iones hidróxido:

$$N^{3-}(ac) + 3H_2O(l) \longrightarrow NH_3(g) + 3OH^-(ac).$$

Para obtener N_2 en laboratorio se utiliza compuestos del nitrógeno Ej. :

$$4NH_3 + 6NO \rightarrow 5N_2 + 6H_2O \qquad\qquad NH_3 + NO_2 \rightarrow 2H_2O + N_2$$

$$(NH_4)_2CrO_4 \rightarrow Cr_2O_3 - 4H_2O + N_2$$

También se puede obtener utilizando una vela, cubita, agua vaso, armado de la siguiendo manera:

El oxígeno se terminará lo único que queda es N_2, si se calcula será más de un 75%.

CICLO DEL NITRÓGENO.

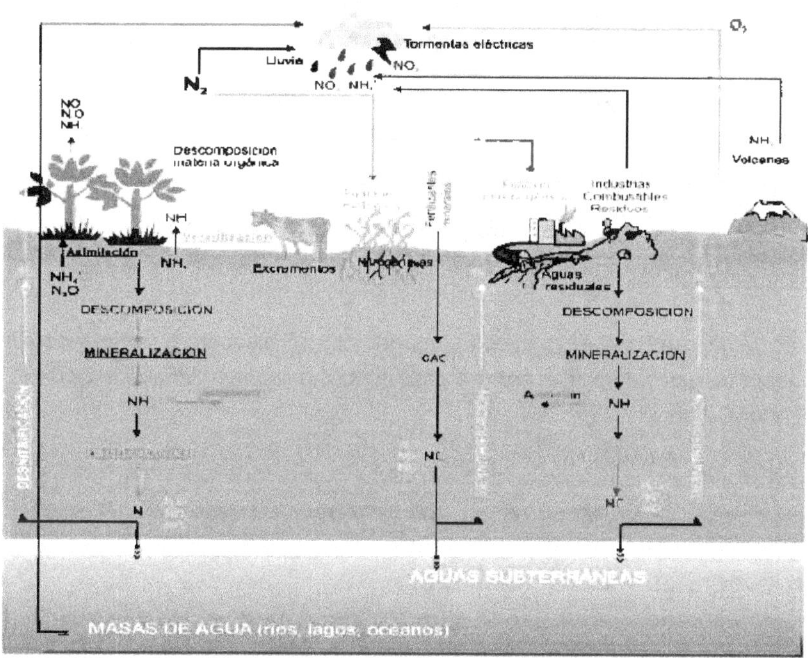

Las bacterias que se hallan en las raíces de las plantas leguminosas oxidan el nitrógeno convirtiéndolo en proteínas vegetales y nitratos. Los animales al comerse las plantas, transforman las proteínas vegetales en proteínas animales. Las proteínas vegetales y animales se descomponen en procesos tales como la digestión, expulsándose compuestos nitrogenados en los excrementos y la putrefacción. La degradación de estos compuestos nitrogenados libera N_2 y amoniaco que pasan a la atmósfera y al suelo.

COMPUESTOS

<u>El amoniaco y sales minerales.</u>

Uno de los compuestos más importantes del nitrógeno es el amoniaco (NH_3). Es un gas incoloro, de olor penetrante y que irrita los ojos. Se encuentra en pequeñas cantidades en la naturaleza ya sea en el aire atmosferico, o por putrefacción de la materia organica, por causa de las bacterias.

También se encuentra en sustancias nitrogenadas animales. El amoniaco se puede obtener a partir del cloruro de amonio por calentamiento con el hidróxido de calcio, mediante la siguiente reacción.

$$2NH_4Cl + Ca(OH)_2 \longrightarrow CaCl_2 + 2NH_3 + 2H_2O$$

Otra manera de obtener amoniaco es por el método de Haber

$$N_2 + 3H_2 \longrightarrow 2NH_3$$

<u>Combinaciones oxigenadas del nitrógeno.</u>

El monóxido de dinitrógeno (N_2O) es incoloro, se licua fácilmente, y es soluble en agua, se obtiene al calentar nitrato de amonio.

$$NO_3NH_4 \xrightarrow{\Delta} 2H_2O + N_2O$$

<u>Ácido y nitratos.</u>

El ácido nitroso (HNO_2): Se puede comportar como oxidante y como reductor. Es un ácido débil. Las sales derivadas poseen propiedades oxidantes; se puede obtener por medio del ácido sulfúrico.

$$NaNO_3 + H_2SO_4 \longrightarrow NaHSO_4 + HNO_3$$

APLICACIONES.

El nitrógeno en estado puro no tiene muchas aplicaciones. Se emplea fundamentalmente para crear atmósfera inerte en las reacciones en las que el oxígeno podría provocar oxidaciones no deseadas.

Se introduce en las lámparas eléctricas de incandescencia, generalmente con argón, para alargar la vida del filamento, que si no se oxidaría, y para que a altas temperaturas

El nitrógeno líquido tiene una aplicación muy extendida en el campo de la criogenia como agente enfriante. Su uso se ha visto incrementado con la llegada de los materiales cerámicos que se vuelven superconductores en el punto de ebullición del nitrógeno.

ACIDO NITRICO

HISTORIA.

Probablemente el ácido nítrico no era conocido por los antiguos egipcios GEBER dice que lo presentó destilando caparrosa con salitre y alumbre. Lavoissieur (1776) probó que el ácido nítrico es un compuesto del oxigeno y H. Carvendish (1784-84) demostró que se forma chispando nitrógeno con oxígeno húmedo.

ESTADO NATURAL.

Se encuentra en la atmósfera donde se forma un poco de ácido nítrico por efecto de los rayos que provocan la combinación del oxígeno y el nitrógeno del aire.

PROPIEDADES FÍSICAS.

El HNO3 puro tiene las siguiente propiedades
- ✓ Estado natural liquido incoloro y corrosivo
- ✓ Densidad   1,56 g/ml.
- ✓ Punto de fusion -43 ºC
- ✓ Punto de ebullición 86 ºC
- ✓ Peso molecular   63g/mol
- ✓ Hierve   86%
- ✓ Peso especifico   1,414 a 15 ºC

Es más pesado que el agua se descompone fácilmente por el calor al ser destinado.

$$4HNO_3 \rightarrow 2H_2O + O_2 + 4NO_2$$

Su peso molecular es 63 y su densidad es 1,56 gr/cc.

PROPIEDADES QUÍMICAS

Tiene 3 propiedades químicas muy importantes:

✓ **Como Ácido:** Es un ácido muy fuerte reacciona en forma normal con los óxidos básicos, hidróxidos y carbonatos formando sus sales correspondientes:

$$ZnO + 2HNO_3 \rightarrow Zn(NO_3)_2 + H_2O$$

Con el óxido ferroso ocurre una oxidación:

$$3FeO + 10HNO_3 \rightarrow 3Fe(NO_3)_3 + NO + 3H_2O$$

✓ **Como agente oxidantes:** Es un oxidante enérgico.

$$S + 2HNO_3 \longrightarrow H_2SO_4 + 2NO$$

$$3P + SHNO_3 + H_2O \longrightarrow 3H_2PO_4 + SNO$$

$$6FeSO_4 + 2HNO_3 + 3H_2SO_4 \longrightarrow 3Fe_2(SO_4)_3 + 2NO + 4H_2O$$

$$C_{12}H_{22}O_{11} + 9O_3 \longrightarrow 6C_2H_2O_4 + SH_2O$$

✓ **Como acción nitrante:** El ácido nítrico reacciona con gran cantidad de compuestos orgánicos oxidándolos a menudo a CO_2 y agua.

✓ **Acción del HNO_3 sobre metales:** Ataca a todos los metales a excepción del oro que puede ser tratado con "agua negra" (3 volúmenes de HCl cono), y un volumen de HNO_3 cono). También no ataca al platino, el iridio, el titanio, el tantalio y el sodio.+

✓ **Obtención en la industria:** Se prepara el ácido nítrico de tres modos:

<u>De ácido sulfúrico y nitrato de sodio (Salitre de Chile).</u>

El nitrato de sodio y el ácido sulfúrico se calientan en retostes de fundición donde el vapor se conduce en cañones de barro cocido enfriados con agua y se recoge en jarras barro cocido.

<u>Proceso Haber</u> (Fabricación del ácido nítrico). Se forma un gran arco corriente alternado.

Entre polos de cobre enfriados con agua y despliegue por medio de un campo magnético intenso en un disco de "llama" de dos metros de diámetro practicado dentro de un horno plano circular de acero formado con ladrillo refractario y se soplo una corriente de aire a través de la llama.

Cuando los gases se enfrían se forma:

$$2NO + O_2 \longrightarrow 2NO_2$$

En la torre de absorción se verifica:

$$2NO_2 + H_2O \longrightarrow HNO_2 + HNO_3$$

$$3HNO_2 \longrightarrow 2NO + HNO_3 + H_2O$$

<u>Partiendo del amoniaco.</u>

Se pasa rápidamente una mezcla de amoniaco y aire (1/10%) a través de un cilindro de tela de platino, colocado dentro de un aparato dispuesto como en el esquema. La tela de platino se caliente eléctricamente y comienza la reacción.

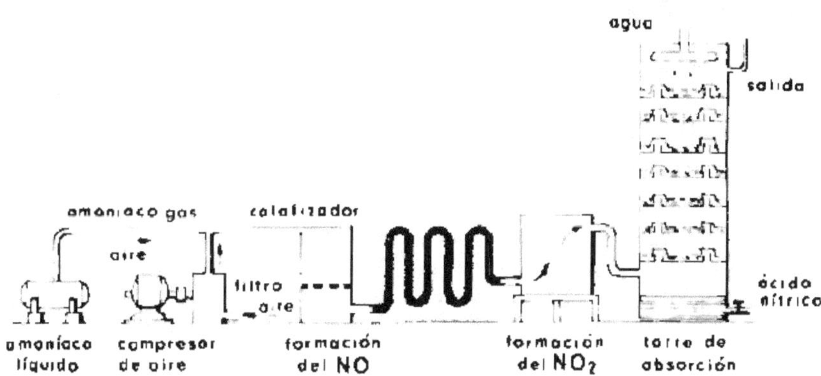

Esquema de la fabricacion de HNO₃ por axidacian del NH₃

APLICACIONES.

Tanto el ácido nítrico común como el fumante tienen numerosas aplicaciones. Se emplean en síntesis químicas, en la nitración de materiales orgánicos para formar compuestos nitrogenados (compuestos que tienen un grupo NO_2) y en la fabricación de tintes y explosivos.

Otra aplicación importante es en la formación del agua regia que consiste en tres volúmenes de HCl y una parte de HNO_3.

Las sales del ácido nítrico se denominan nitratos. El nitrato de potasio, o salitre, y el nitrato de sodio son los nitratos más importantes comercialmente. Casi todos los nitratos son solubles en agua. Una de las excepciones es el subnitrato de bismuto, $BiONO_3$ • H_2O, utilizado en medicina para el tratamiento de trastornos intestinales. El amitol, un potente explosivo, es una mezcla de nitrato de amonio y trinitrotolueno (TNT). La reacción del ácido nítrico con compuestos orgánicos produce importantes nitratos, como la nitroglicerina y la nitrocelulosa.

Los nitratos de calcio, sodio, potasio y amonio se emplean como fertilizantes que proporcionan nitrógeno para el crecimiento de las plantas.

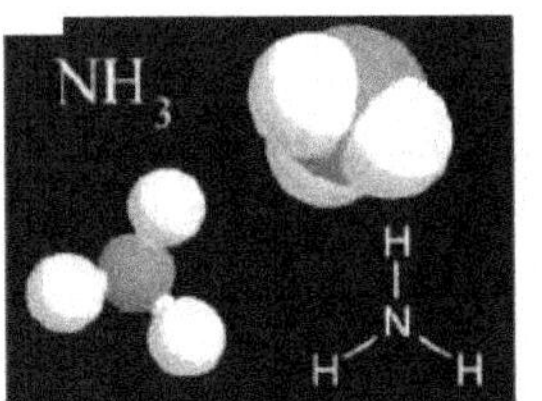

Amoniaco (NH₃)

HISTORIA.

El amoniaco era conocido por los químicos antiguos y GEBER describe la precisión del Cloro de amonio por calentamiento de orina con sal común. De aquí deriva el nombre que le dieron los alquimistas. El cloruro de amonio fue llevado por primera vez en Europa Egipto donde se preparaba del "hollín" obtenido al quemar estiércol de camello.

En 1716 J. KUNCKEL mencionó la formación de amoniaco durante la fermentación. E. HALES (1727) Observó cuando la cal se calentaba con sal de amoniaco en una retorta dispuesto para recoger el gas sobre agua. En 1774 PRESTLEY lo obtuvo llamándolo "aire alcalino" y BERTHOLLET (A85) H: DHABI y otro establecieron la composición del gas.

ESTADO NATURAL.

Se encuentra en el aire atmosférico y en las aguas naturales. Se produce por la acción de bacterias de la putrefacción sobre materia orgánica del suelo. Se siente amoniaco en Iso establos, en los volcanes.

PROPIEDADES FÍSICAS.

Es un gas incoloro de olor fuerte, es más liviano que el aire. Es extremadamente higroscópico, esfácilmente liquidable. En líquido hierve −33,5°C y se solidifica en cristales blancos ytransparentes a −78°C. Es un mal conductor del calor y la electricidad.

PROPIEDADES QUÍMICAS.

El amoniaco no mantiene la combustión ordinaria. Las mezclas de NH_3 y O_2 son explosivas.

$$4NH_3 + 3O_2 \longrightarrow 2N_2 + 6H_2O$$

Reacciona con el cloro y el bromo formando nitrógeno y

$$8NH_3 + 3Cl_2 \longrightarrow N_2 + 6NH_4Cl$$

Reacciona con algunos metales

$$2Na + NH_3 \longrightarrow 2Na(NH_2) + H_2$$

$$6Mg + 4NH_3 \longrightarrow 2Mg_3N_2 + 6H_3$$

Reacciona con el agua

$$NH_3 + H_2O \longrightarrow NH_4OH$$

Se oxida fácilmente

$$3CuO + 2NH_3 \longrightarrow 3Cu + N_2 + 3H_2O$$

OBTENCIÓN EN LA INDUSTRIA.

<u>Por recuperación:</u>
Como subproducto de la distribución del carbón
<u>Producción sintética:</u>

    a) **Por recuperación**.- Es recuperado de la fabricación del gas hulla o para producir coke que queda absorbido por el agua.

    b) **Producción sintética**.- Por reacción del H_2 y el N_2 en condiciones especiales (chispas eléctricas)

$$N_2 + 3H_2 \longrightarrow 2NH_3$$

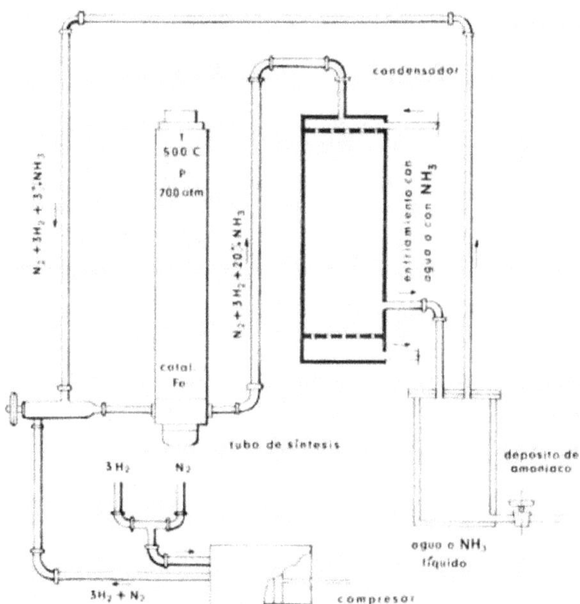

Sintesis del Amoniaco

APLICACIONES.

Se empleo en refrigeración:
- ✓ En forma de $(NH_4)SO_4$ se utilizó como fertilizantes
- ✓ Se uso en la fabricación de resinas sintéticas (parecido al vidrio).
- ✓ Se empleo en detergente
- ✓ En la fabricación de soda cáustica (ZOIVAY)
- ✓ En la fabricación de seda artificial
- ✓ Se empleo en el proceso de nutrición.

NITRATO DE AMONIO, EL FERTILIZANTE EXPLOSIVO

El nitrato de amonio es el fertilizante más importante en el mundo. En 1998 ocupaba el decimo quinto lugar de los productos químicos industriales producidos en Estados unidos (8 millones de toneladas). Por desgracia, también es un poderoso explosivo. En 1947 ocurrió una explosión a bordo de un barco cargado con este fertilizante, en Texas. El fertilizante estaba en bolsas de papel y, al parecer, se produjeron gases en su interior después de que los marineros trataron de sofocar un incendio en la bodega del barco cerrando una compuerta, con lo cual se creó una fuerte compresión y el calor necesario para una explosión. En el accidente murieron más de 600 personas. En fechas recientes ocurrieron más desastres por el nitrato de amonio, en el World Tradae Center en la ciudad de nueva York en 1993 y en el Alfred P. Murrah Federal Building, en la ciudad de Oklahoma, en 1995.

El nitrato de amonio es un oxidante fuerte que es estable a temperatura ambiente. A 250°C se empieza a descomponer de la siguiente forma:

$$NH_4NO_3(g) \longrightarrow N_2O(g) + 2H_2O(g)$$

A 300°C, se forman diferentes productos gaseosos y más calor:

$$2NH_4Cl + Ca(OH)_2 \longrightarrow 2N_2(g) + 4H_2O(g) + O_2(g)$$

Por cada gramo del compuesto que se descompone, se generan alrededor de 1.46 kilo joules de calor. Cuando se combina con un material combustible, como la gasolina, la energía liberada aumenta casi al triple. El nitrato de amonio también se puede mezclar con carbón, harina, azúcar, azufre, resinas y parafinas para formar un explosivo. El intenso calor que se genera por la explosión provoca la rápida expansión de los gases, lo que genera ondas que destruyen casi todo lo que encuentran a su paso.

Las leyes federales en Estados Unidos regulan la venta del nitrato de amonio con grado explosivo, que se encuentra en un 95% de todos los explosivos comerciales utilizados en la construcción de carreteras y en la minería. Sin embargo, la disponibilidad de grandes cantidades de nitrato de amonio y de otras sustancias que aumentan su poder explosivo hace posible que cualquier persona con inclinaciones incendiarias pueda construir una bomba. Se calcula que la bomba que destruyó el edificio federal en la ciudad de Oklahoma contenía 4.000 libras de nitrato de amonio y gasolina y que fue activada mediante un pequeño dispositivo explosivo.

¿Cómo se puede evitar el uso del nitrato de amonio por los terroristas? Lo más lógico sería disminuir o neutralizar la capacidad del compuesto para actuar como explosivo, pero hasta la fecha no se ha encontrado la forma que no disminuya también su valor como fertilizante un agente conocido como marcador que permitiría reforzar las leyes para determinar el origen de un nitrato de amonio explosivo. Numerosos países europeos prohíben la venta de nitrato de amonio sin marcadores, aunque el Congreso de Estados Unidos todavía no ha aceptado dicha ley.

ARSENICO:

Se encuentra libre y combinado con muchos minerales.

Obtención: tostación (f. METAL. Y QUÍM. Operación consistente en calentar los minerales en una corriente de aire para eliminar las partes volátiles y oxidar la parte sólida), del ion azufre y reducción de carbono.

$$As_2O_3 + 3\,C \longrightarrow 2As + 3CO$$

Propiedades físicas: sólido quebradizo, cristalino, color gris acero, sublima fácilmente formando vapores amarillos muy tóxicos. **Alótropos:** gris cristalino, amarillo cristalino, negro, amorfo.

Propiedades químicas: Es inerte a temperaturas ordinarias, pero arde a la llama con un color azul formando una nube blanca. Con un oxidante como el HNO_3 forma sus ácidos: H_3SO_4. Se una con azufre y otros metales.

Aplicaciones: Algunos compuestos aunque son tóxicos se aplican en medicina como tónicos, forma aleaciones con muchos metales, en agricultura para el baño del ganado para destruir los parásitos.

- ✓ Arsenamina AsH_3. Gas incoloro, muy tóxico, arde con una llama blanco azulada formando agua y AsO_3

Ensayo de marsh: se dispone de un generador A de hidrógeno empleando Zn y HCl. El gas se deseca haciendo pasar por un tubo B que contiene $CaCl_2$ y se hace arder el hidrógeno en el extremo C, se calienta el tubo de desprendimiento D y si no hay arsénico no se forma una mancha gris brillosa en el tubo. Una mancha en el tubo en el punto E indica la presencia de arsénico. Si la mancha se disuelve en hipoclorito de sodio, es arsénico, de lo contrario será antimonio (Sb).

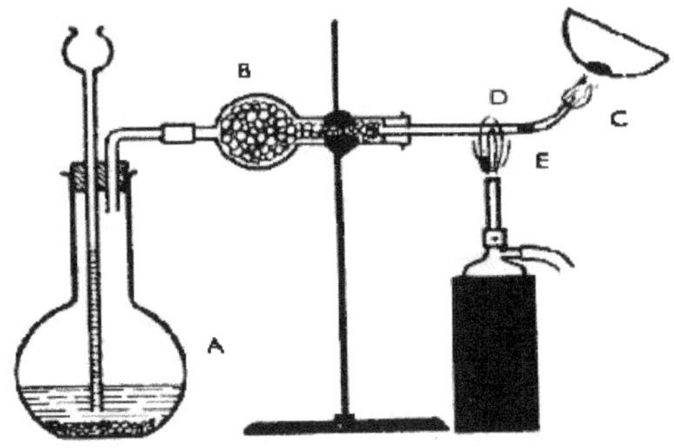

Óxidos y oxácidos del arsénico.

Trióxido de arsénico y ácido arsenioso. Al quemar en el aire arsénico se produce el trióxido de arsénico As_2O_3, polvo blanco que se purifica por sublimación. Hay 2 variedades la forma octaédrica y la forma monocíclica la cual se obtiene cuando los vapores se enfrían dando un sólido vítreo amorfo. El trióxido es muy poco soluble en agua.

El ácido arsenioso H_3AsO_4 es similar al sulfuroso y al carbónico.

Si se trata trióxido de arsénico con acido nitrico (concentrado) se obtiene el ácido ortoarsénico H_3AsO_4.

$$As_2O_3 + 4HNO_3 + H_2O \longrightarrow 2\,H_3AsO_4 + 4NO_2$$

Es oxidante, pero en medio alcalino actúa como reductor.

FÓSFORO.

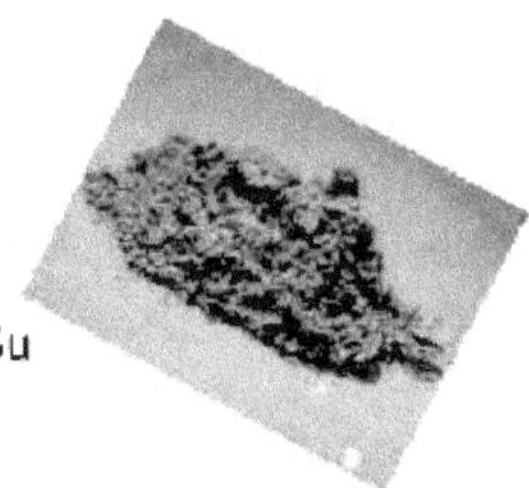

No se encuentra libre en la naturaleza, se encuentra distribuido en forma de fosfatos. Su principal mineral es la fosforita $Ca_3(PO_4)_2$

Obtención.

Se obtiene a partir del fosfato de calcio, arena y dióxido de carbono. Alótropos del fósforo: blanco, rojo, negro.

Fósforo blanco.

Sólido amarillo ceroso. Punto de fusión bajo, punto de ebullición 280°C. tóxico soluble en disulfuro de carbono. Arde al aire a temperaturas bajas, arde en cloro, reacciona en caliente con NaOH para dar fosfina. PH_3

Fósforo rojo.

Polvo rojo ladrillo, de más densidad que el blanco, punto de fusión mayor, inocuo. Arde al aire a más temperatura que el fósforo blanco. Insoluble en disulfuro de carbono, sublima a 400°C. no arde con cloro a menos que se caliente, no reacciona en caliente con Na(OH).

Propiedades químicas.

El fósforo blanco es muy activo, se combina con la mayoría de los elementos. Cuando el fósforo húmedo se deja oxidar produce ozono, ácido fosforoso y ácido fosfórico, durante la oxidación emite luz tenue.

Aplicaciones.

- ✓ Se emplea para formar aleaciones como el bronce fosforoso, raticidas, fuegos artificiales, en medicina, abonos, etc.
- ✓ En los huesos esta como hidroxiapatita. Tiene PO43- y restos de sodio.
- ✓ En dientes: fluoropatita.
- ✓ Propiedad de quimioluminiscencia, del fósforo en la oscuridad.

Compuestos binarios.

Hidrogenados.

$$PH_3 \ (g) \longrightarrow P_2H_4 \ (l) \longrightarrow P_{12}H_6 \ (s)$$

Fosfamina: a diferencia del NH_3, ésta no puede ser preparada por unión directa de los elementos. Se obtiene hirviendo fósforo blanco con disolución de $K(OH)$. Gas incoloro, de olor a pescado podrido, muy tóxico cuando está presente en el agua.

Los halógenos (Cl, Br, I) se combinan fácilmente con el fósforo formando trihaluros y pentahaluros, estos se hidrolizan por el agua y pueden dar H_3PO_4.

ACIDO FOSFORICO H₃PO₄.

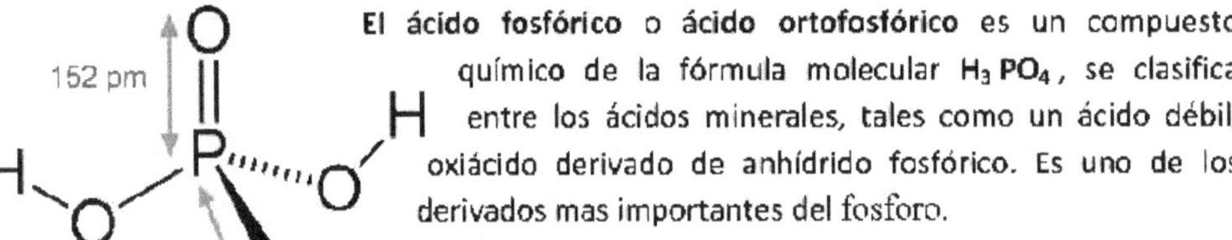

El **ácido fosfórico** o **ácido ortofosfórico** es un compuesto químico de la fórmula molecular H_3PO_4, se clasifica entre los ácidos minerales, tales como un ácido débil, oxiácido derivado de anhídrido fosfórico. Es uno de los derivados mas importantes del fosforo.

El ácido fosfórico también se conoce, además del nombre habitual ácido ortofosfórico tales como ácido fosfórico (V) (debido al estado de oxidación de fósforo en su molécula) y fosfato de hidrógeno.

Las moléculas de ácido ortofosfórico pueden combinarse entre sí para formar una variedad de compuestos a los que nos referimos como ácido fosfórico, pero en general. El término ácido fosfórico también se puede referir a un reactivo químico o compuesto de ácidos fosfóricos, tipicamente ácido fosfórico.

La mayoría de la gente se refiere a ácido ortofosfórico química y simplemente como ácido fosfórico, que es el nombre IUPAC para este compuesto. El prefijo orto se utiliza para distinguir el otro de los ácidos del ácido fosfórico, polifosfórico llamada.

Se forma en la hidrólisis de los otros ácidos fosfóricos y en acción del HNO_3 sobre fósforo rojo. Se obtiene tratando $Ca(PO_4)_2$ pulverizado con H_2SO_4.

Propriedades físicas

- ✓ Densidad: 1,684 típica.
- ✓ Peso molecular: 97,97 g / mol
- ✓ pH <1 (85% de solución)
- ✓ Punto de congelación: 21 °C. El ácido fosfórico puro anhidro, la temperatura y presión, es un sólido blanco que funde a 42,35 ° C para formar un líquido incoloro viscoso.
- ✓ Punto de ebullición: 158 °C.
- ✓ Presión de Vapor (mm Hg, 25 °C) 2,24 (agua).
- ✓ Solubilidad en agua: Completo%, 100.
- ✓ Concentración: 85% en agua (por lo general en la comercialización)
- ✓ Es una molécula altamente polar, por lo que es muy soluble en agua y soluble en etanol.
- ✓ El ácido fosfórico es muy delicuescente y se proporciona generalmente como una solución acuosa concentrada al 85%.

ANTIMONIO

Se puede encontrar de manera libre en la naturaleza, pero principalmente se encuentra en el sulfuro Sb_2S_3 que es un mineral negro llamado estubina.

OBTENCION

Calentando el sulfuro de hierro.

$$Sb2S3 + 3Fe \longrightarrow 2Sb + 3FeS$$

PROPIEDADES

Tiene 3 alótropos: la variedad de brillo argentino, mal conductor, quebradizo, cristaliza al fundirse. A temperatura elevadas se pueden disociar en átomos, arde al calentarlo, formando los óxidos Sb_2O_3 y Sb_2O_4. Reacciona con el HNO_3 para formar H_3SbO_4, sólido. Al aumentar su estado de oxidación, aumenta su carácter no metálico.

APLICACIONES

Fabricación de aleaciones, el Sb_2S_3 es usado para dar tonalidad amarillenta en vidrios y esmaltas, fabricación de fósforo.

El tricloruro de antimonio, llamado "manteca de antimonio" ($SbCl_3$) se emplea en cañones de fusil ya que produce un polímero inoxidable, en productos medicinales.

Estibina H_3Sb (hidruro de antimonio).

Gas incoloro, tóxico, es más inestable que la arsenamina. En el ensayo de Marsh los compuestos de Sb forman estibina.

Óxidos y oxácidos.

Sb_2O_3 (anhídirdo antimonioso): polvo blanco se obtiene mediante el HNO3 sobre un metal, o quemando al elemento en el aire. Se disuelve en álcaliz formando antimonitos.

Sb_2O_5 (pentóxido de diantimonio): polvo amarillo, se obtiene calentando al H_3SbO_4.

BISMUTO.

Se encuentra libre en la naturaleza y combinado en forma de sulfuro, la bismutita Bi_2S_3. Es el menos abundante de la familia de l fósforo.

OBTENCION

Depende de su origen. Se se trata del metal libre, la mena se calienta en un horno inclinado en donde al fundir el Bi fluye hacia la base.

PROPIEDADES Y APLICACIONES

Tiene brillo de plata con un tinte rojizo, mal conductor, muy quebradizo. No se empeña al aire, al calentarlo arde. Insoluble en HNO_3, se combina con halogenuros, se usa para preparar aleaciones de bajo punto de fusión, para fusibles eléctricos.

COMPUESTOS

- ✓ Hidruro de bismuto: H_3BI, inestable.
- ✓ Bi_2O_3 se obtiene por unión directa del bismuto con el O_2, polvo amarillento, insoluble en ácidos.
- ✓ Sulfuro de bismuto Bi_2S_3: se obtiene como precipitado negro parduzco haciendo actuar H_2S sobre disoluciones del bismuto.

BIOINORGANICA

Es un elemento bioregulado. Se encuentra en sistemas biológicos.

Los derivados del arsénico III son mástóxicos que los del arsénico V ante la ausencia de este elemento, se producden variaciones en las concentraciones de arginina, colina, etc. También tiene influencia en la formación de metabolitos. Puede ser consumido mediante la ingesta de especies. Se excreta por via feacl o urinaria.

Cuadro comparativo de los elemntos del grupo 5 A

Elemento	Historia	Estado natural	Propiedades	Obtención	Aplicaciones
Arsénico As	Descubridor : Alberto Magno (1200-1280)(inglés) Año : 1250 Etimología : del griego *arsenicon* (masculino	Se encuentra distribuido ampliamente en la naturaleza (cerca de 5 x 10^{-4}% de la corteza terrestre). Es uno de los 22 elementos conocidos que se componen de un solo nucleido.	Se presenta en varias formas alotrópicas de las cuales las más importantes son el As gris, de aspecto metálico, blando, frágil y buen conductor del calor, y el As amarillo, no metálico, de peso específico 2,0. El vapor de As constituido por moléculas tetratómicas (As_4) que se disocian en moléculas diatómicas (As_2) a temperaturas superiores a los 800°C.	Tostando los minerales se forma As_2O_3 que sublima y se recoge como polvo blanco en la corriente de la chimenea, se calienta una mezcla del oxido con carbón vegetal en polvo y se condensa y retira el As sublimado: $$As_2O_3 + 3C = 2As + 3CO$$ También partiendo de la pirita arsenical $$SAsFe = SFe + As$$	En la fabricación de perdigones y se usa en la industria del vidrio para eliminar el color verde que producen las impurezas de los compuestos de hierro El arseniuro de galio (GaAs), se usa en semiconductores y para la preparación de láseres. En la fabricación de fuegos de artificio y pinturas Es venenoso y su frecuente uso lo convierte en un contaminante.
Antimonio Sb	El antimonio era conocido por los chinos y babilonios hacia el 3000 a. de C. El sulfuro de antimonio fue empleado como cosmético y con fines medicinales. El antimonio ampliamente tratado por la alquimia. Hay escritos sobre este elemento de Georg Bauer (Georgios Agrícola), y Basilio Valentín es el autor de *El carro triunfal del antimonio*, un tratado sobre el elemento.	El antimonio se encuentra en la naturaleza en numerosos minerales, aunque es un elemento poco abundante. Aunque es posible encontrarlo libre, normalmente está en forma de sulfuros; la principal mena de antimonio es la antimonita (también llamada estibina). Sb_2S_3.	El antimonio en su forma elemental es un sólido cristalino, fundible, quebradizo, blanco plateado que presenta una conductividad eléctrica y térmica baja y se evapora a bajas temperaturas.Es antimonio puro. pero contiene algo de arsénico, plata y hierro. Soluble en agua regia.	Mediante la tostación del Sb_2S_3 se obtiene Sb_2O_3. que se puede reducir con coque para la obtención de Sb $$2Sb_2O_3+3C \longrightarrow 4Sb+ 3CO_2$$ También se puede obtener por reducción directa del sulfuro, por ejemplo con chatarra de hierro: $$Sb_2S_3 + 3Fe \longrightarrow 2Sb + 3FeS$$	En las baterías . acumuladores En los tipos de imprenta En recubrimiento de cables, cojinetes y rodamientos. En la industria de semiconductores en la producción de diodos, detectores infrarrojos y dispositivos de efecto Hall. También se emplea en distintas aleaciones como peltre, metal antifricción (aleado con estaño), metal inglés (formado por zinc y antimonio). etc.

Bismuto **Bi**	Ya era conocido en la antigüedad, pero hasta mediados del siglo XVIII se confundía con el plomo, estaño y cinc. Ocupa el lugar 73 en abundancia entre los elementos de la corteza terrestre y es tan escaso como la plata. La mayoría del bismuto industrial se obtiene como subproducto de la afinación del plomo.	Se estima que la corteza terrestre contiene cerca de 0.00002% de bismuto. Existe en la naturaleza como metal libre y en minerales. Los principales depósitos están en Sudamérica, pero en Estados Unidos se obtiene principalmente como subproducto del refinado de los minerales de cobre y plomo.	El bismuto es un metal cristalino, blanco grisáceo, lustroso, duro y quebradizo. Es uno de los pocos metales que se expanden al solidificarse. Su conductividad térmica es menor que la de cualquier otro metal, con excepción del mercurio.	El Bismuto se obtiene: Como subproducto del refinado de Pb, Cu y estaño	Se emplea en algunas aleaciones y algunos de sus compuestos se emplean como cosméticos y en aplicaciones farmacéuticas.

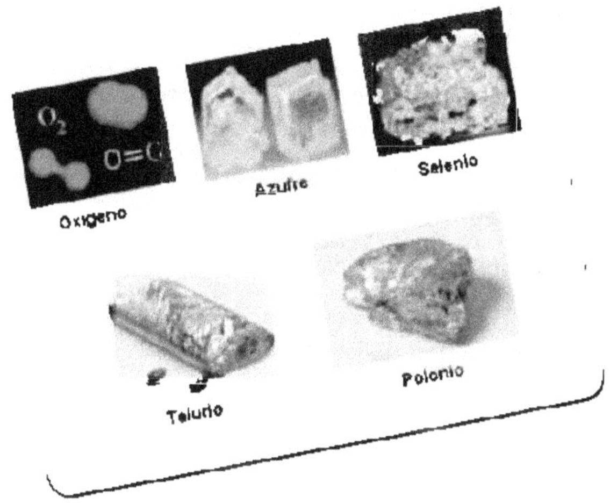

CAPÍTULO 9: ELEMENTOS DEL GRUPO 6: CALCÓGENOS

ELEMENTOS CALCÓGENOS

INTRODUCCIÓN.

Los elementos de este grupo son: Oxigeno (O), Azufre (S), Selenio (Se), Teluro (Te), Polonio (Po).

El Oxigeno ya se estudio en la unidad 2, el Polonio, por sus características radiactivas, se estudiara juntamente con los elementos radiactivos.

En esta unidad solamente se estudiara el Azufre dada su importancia industrial.

- Configuración electrónica: ns_2p_4.
- Los estados de oxidación más usuales son −2, +2, +4 y +6.
- El oxígeno y azufre son no-metales, mientras que el carácter metálico aumenta del selenio al polonio. El oxígeno es un gas diatómico, el azufre es un sólido amarillo formado por moléculas cíclicas de ocho átomos y el polonio un metal pesado.
- El carácter ácido de los oxoácidos disminuye según se desciende en el grupo, mientras que el de los calcogenuros de hidrógeno aumenta, siendo todos ellos débiles en disolución acuosa.
- Las combinaciones hidrogenadas de los elementos de este grupo, con excepción del agua, son gases tóxicos de olor desagradable.

PROPIEDADES FÍSICAS DE LOS ELEMENTOS DEL GRUPO VI A.

NOMBRE	OXIGENO	AZUFRE	SELENIO	TELURO
Símbolo	O	S	Se	Te.
Masa Atómica	16	32	78.96	127.61
Número Atómico	8	16	34	52
Punto de fusión	-218.4	118.9	217.4	449.8
Punto de Ebullición	-183	444.6	688	1390
Densidad	1.429	2.06	4.80	6.24
Calor Específico	0.336	0.137	0.068	0.407
Radio Iónico	1.40	1.84	1.98	2.21
Electronegatividad	3.5	2.5	2.4	2.1

CARACTERÍSTICAS GENERALES DEL GRUPO DEL AZUFRE.

Los elementos de esta familia son electronegativos. Las estructuras atómicas de estos elementos tienen dos electrones menos que las de los gases inertes que los siguen en la tabla periódica.

Por consiguiente les faltan dos electrones para formar configuraciones estables y tienden por ello a ganarlos para constituirlos iones negativos O=, S=, Se=, Te= .Esta tendencia a captar electrones necesarios decrece a medida que aumenta el número atómico. Las configuraciones atómicas vienen indicadas en la siguiente tabla.

Son los siguientes elementos: oxígeno, azufre, selenio, teluro y polonio y constituyen el grupo 16 de la Tabla Periódica.

Teniendo en cuenta que una gran parte de los constituyentes de la corteza son óxidos, sulfuros y sales oxigenadas, los elementos de este grupo son los más abundantes de todos, destacando el oxígeno con más del 50 % en masa de toda la corteza terrestre; le sigue en abundancia el azufre; sin embargo, los demás son menos frecuentes, siendo el polonio muy raro, ya que se obtiene como producto intermedio de las series de desintegración, siendo su vida media corta.

Anfígeno significa formador de ácidos y bases. El oxígeno y el azufre se encuentran en la naturaleza en estado elemental, aunque también formando son óxidos, sulfuros y sulfatos.

ESTRUCTURA DE LOS ELEMENTOS DEL GRUPO VI A.

ELEMENTO	Nº ATÓMICO	CONFIGURACIÓN ELECTRÓNICA
Oxigeno	8	$1s^2\ 2s^2\ 2p^4$
Azufre	16	$1s^2\ 2s^2\ 2p^6\ 3s^2\ 3p^4$
Selenio	34	$1s^2\ 2s^2\ 2p^6\ 3s^2\ 3p^6\ 3d^{10}\ 4s^2\ 4p^4$
Teluro	52	$1s^2\ 2s^2\ 2p^6\ 3s^2\ 3p^6\ 3d^{10}\ 4s^2 4p^6 4d^{10}\ 5s^2\ 5p^4$

Los elementos de la familia del Azufre son no metales típicos, aunque el Selenio y el Teluro manifiestan un ligero grado de algunas características de los metales, pues son buenos conductores de la electricidad y del calor, el Selenio gris y el Teluro cristalino tiene brillo metálico.

Los cuatro elementos existen en diversas formas alotrópicas, todos ellos originan con Hidrógeno compuestos binarios: Los de Azufre. Selenio y Teluro son gases de olor desagradable y venenoso.

La semejanza del Oxigeno y el Azufre se advierte en los siguientes compuestos análogos.

H_2O	ZnO	CuO	Na_2O	$Na\,OH$	As_2O_3
H_2O	ZnS	CuS	Na_2S	$Na\,SO$	As_2O_3

Las relaciones análogas entre el Azufre, Selenio, y Teluro pueden observarse en la tabla periódica

H_2S	SCl_4	SO_2	H_2SO_3	H_2SO_4	CuS
H_2Se	$SeCl_4$	SeO_2	H_2SeO_3	H_2SeO_4	$CuSe$
H_2Te	$TeCl_4$	TeO_2	H_2TeO_3	H_2TeO_4	$CuTe$

Los números atómicos de estos elementos son respectivamente inferiores en una unidad a los de los Halógenos, y superiores en una unidad a los elementos del grupo V del periodo respectivo de la tabla periódica. Químicamente, los elementos del grupo VI son menos electronegativos que los primeros y más electronegativos que los segundos.

AZUFRE.

- ✓ **Símbolo:** S
- ✓ **Número atómico**: 16
- ✓ **Peso atómico:** 32.064
- ✓ **Valencias más estables**: ±2, 4, 6
- ✓ **Punto de ebullición en°C:** 444.6
- ✓ **Punto de fusión en °C:** 119.0
- ✓ **Densidad, g/ml**: 2.07
- ✓ **Radio covalente, Å**: 1.02
- ✓ **Radio atómico, Å**: 1.27
- ✓ **Electronegatividad (escala de Pauling):** 2.5
- ✓ **Calor de fusión (Kcal/átomo-gramo):** 0.34
- ✓ **Calor de vaporización (Kcal/átomo-gramo):** 3.01
- ✓ **Conductancia eléctrica (microohmios):** 10-23
- ✓ **Calor específico (cal/g/°C):** 0.175
- ✓ **Estado físico:** Sólido
- ✓ **Configuración electrónica:** 1s2 2s2 2p6 3s2 3p4 ó [Ne] 3s2 3p4

HISTORIA

El Azufre se conoce desde los comienzos de la historia, se menciona en la Biblia y en los documentos más remotos con el nombre de Piedra Ustoria (piedra inflamable), lo consideraron el principio del fuego. Los alquimistas presumían que los metales estaban formados Azufre, Mercurio y sal.

En la antigüedad se utilizó en la preparación de fungicidas y en el blanqueo de los tejidos. Los chinos fueron quizá los primeros en utilizarlo en la fabricación de la pólvora.

En la edad media se uso con fines medicinales.

El azufre (del latín sulphur, -ŭris) es conocido desde la antigüedad y ya Homero recomendaba, en el siglo IX adC, evitar la pestilencia del azufre. Aproximadamente en el siglo XII, los chinos inventaron la pólvora, mezcla explosiva de nitrato de potasio (KNO_3), carbón y azufre. Los alquimistas de la Edad Media conocían la posibilidad de combinar el azufre con el mercurio, pero no fue hasta finales de la década de 1770 cuando Antoine Lavoisier convenció a la comunidad científica de que el azufre no era un compuesto si no un elemento químico.

ESTRUCTURA DEL ÁTOMO DE AZUFRE.

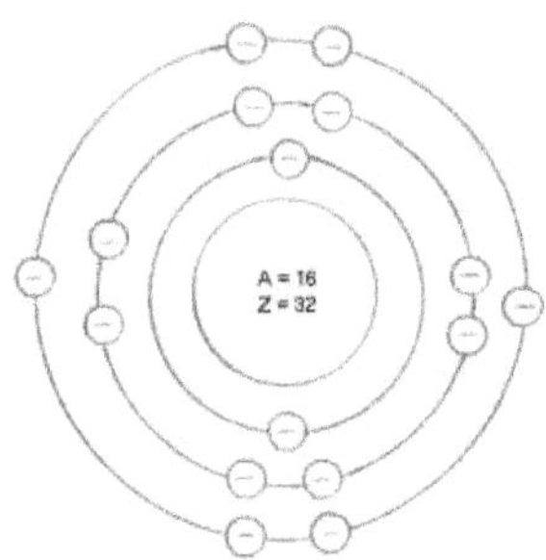

ESTADO NATURAL.

El Azufre se halla muy difundido en la naturaleza formando grandes depósitos en las regiones volcánicas; Islandia, Sicilia, México y Japón.

En Colombia hay Azufre en las cercanías de los volcanes Galeras y Puracé. Los yacimientos subterráneos son notables en los estados de Luisiana y Texas, los cuales representan en la actualidad las mayores fuentes de producción mundial.

Pero abunda aún más en combinación.

ABUNDANCIA Y OBTENCIÓN.

El azufre, elemento muy abundante en la corteza terrestre, se encuentra en grandes cantidades combinado en forma de sulfuros (pirita, galena) y de sulfatos (yeso). En foma nativa se encuentra en las cercanías de aguas termales, zonas volcánicas y en minas de cinabrio, galena, esfalerita y estibina, y se extrae mediante el proceso Frasch consistente en inyectar vapor de agua sobrecalentado para fundir el azufre que posteriormente es bombeado al exterior utilizando aire comprimido.

También está presente, en pequeñas cantidades, en combustibles fósiles (carbón y petróleo) cuya combustión produce dióxido de azufre que combinado con agua produce la lluvia ácida; para evitarlo las legislaciones de los países industrializados exigen la reducción del contenido de azufre de los combustibles, constituyendo éste azufre, posteriormente refinado, un porcentaje importante del total producido en el mundo. También se extrae del gas natural que contiene sulfuro de hidrógeno que una vez separado se quema para obtener azufre:

$$2\ H_2S + O_2 \rightarrow 2\ S + 2\ H_2O$$

El color distintivo de Io, la luna volcánica de Júpiter se debe a la presencia de diferentes formas de azufre en estado líquido, sólido y gaseoso; el azufre se encuentra, además, en varios tipos de meteoritos y se cree que la mancha oscura que puede observarse cerca del cráter lunar Aristarco puede ser un depósito de azufre.

OXIDADO EN FORMA DE SULFATOS.

Entre los cuales se citan como los más abundantes: El Yeso ($CaSO_4$ .2 H_2O) la Baritina ($BaSO_4$) ,la sal de Epsón o sal amarga ($MgSO_4.7H_2O$), la sal de Glauber (Na_2SO_4 .$10H_2O$)

REDUCIDO EN FORMA DE UNIÓN.

S-2 en los Sulfuros. Galena (PbS), Blenda (ZnS) Pirita de Hierro (Fe S_2) ,Calcopirita (FeCuS$_2$), y Cinabrio (HgS).

El Azufre forma parte de muchas sustancias orgánicas de origen animal y vegetal, las albúminas lo contienen, las formaciones epidérmicas como el pelo, la lana, las plumas, y las escamas, los huevos son ricos en Azufre, los ajos, la cebolla, y la mostaza. Entre los vegetales, contienen en sus tejidos mucho más Azufre. Los manantiales Sulfurosos son ricos en H_2S.

El Azufre forma parte de las rocas ígneas en una proporción del 0.05 % aproximadamente.

EXTRACCIÓN DEL AZUFRE.

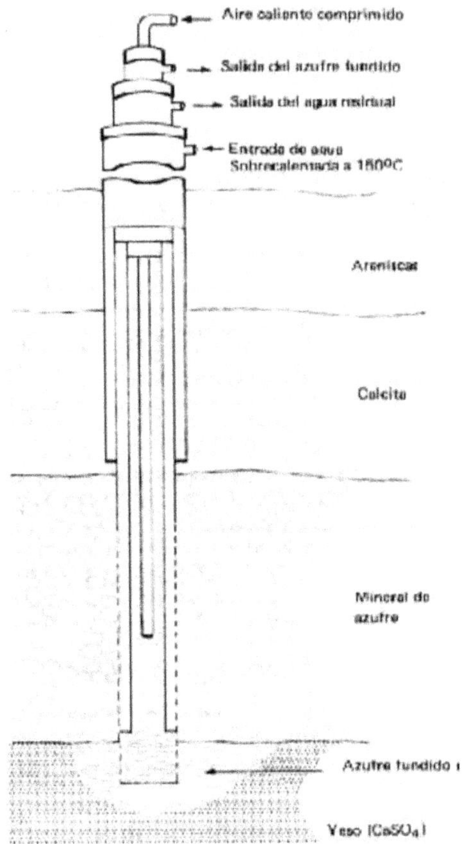

Sistema de tubos concéntricos para obtener el azufre por el método de Frasch

El Azufre se obtiene industrialmente de varias maneras.

- ✓ Por fusión o volatilización del Azufre nativo de las regiones volcánicas.
- ✓ Por el método americano de Frash. El Azufre se encuentra a más de 100 metros de profundidad, por debajo de estratos de Sílice y Silicatos. Para extraerlo se perforan los yacimientos y se introduce por las perforaciones un dispositivo que consta básicamente de tres tubos concéntricos los cuales deben llegar hasta el depósito del Azufre. Este Azufre sale con una pureza de más o menos 99%. Si se desea más puro, se refina por destilación.
- ✓ Por tostación de las piritas, el proceso se lleva a cabo en hornos refractarios a altas temperaturas.

REFINACIÓN DEL AZUFRE.

En el caso de obtener Azufre de pureza baja es necesario refinarlo, para lo cual se usa el aparato de Laming, que consta de una cámara de condensación en donde después de volatilizar el Azufre, se condensa sobre las paredes frías del aparato, formando la flor de Azufre.

PROPIEDADES FÍSICAS.

El Azufre común es un sólido amarillo, inodoro, insoluble en agua y más o menos dos veces más denso que ella, se disuelve bien en CS_2 Bisulfuro de Carbono, y en el tetracloruro de Carbono CCl_4.

Funde a 114.5°C convirtiéndose en un líquido móvil amarillo claro, si se sigue calentando en lugar de volverse más móvil al igual que los demás líquidos se vuelve más espeso, más viscoso, a los 250°C más o menos se vuelve tan espeso que aún cuando se invierte el recipiente no se derrama, simultáneamente el color va cambiando de amarillo pálido a pardo oscuro, a los 300°C disminuye nuevamente la viscosidad, hierve a 444,6°C desprendiendo vapores de Azufre de color amarillo – rojizo, los que al enfriarse bruscamente forman la flor de Azufre .Este comportamiento desusual del Azufre se debe a que en estado líquido puede, existir diferentes formas alotrópicas.

ALOTROPIA DEL AZUFRE.

El Azufre como los demás elementos del grupo VI A, presenta diversas formas alotrópicas, según como se arreglen los átomos en la molécula cuando se somete a cambios de temperatura.

El Azufre puede presentarse en dos formas sólidas, rómbicas y monoclínicas en dos variedades líquidas, (lambda) y Su (mu), y en estado de vapor.

AZUFRE RÓMBICO.

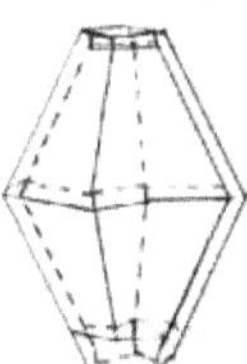

La única forma estable del Azufre a temperaturas por debajo de 96°C es la rómbica.

El Azufre rómbico es un sólido cristalino amarillo, de densidad 2,06 y punto de fusión 112,8°C, es insoluble en agua, difícilmente soluble en alcohol y en éter, más soluble en ciertos aceites y muy soluble en Sulfuro de Carbono. Pueden obtenerse cristales perfectos de Azufre rómbico por evaporación lenta de una disolución de Azufre en Sulfuro de Carbono a al temperatura ordinaria.

AZUFRE MONOCLÍNICO.

Esta forma de Azufre se obtiene cuando se deja enfriar poco a poco el Azufre fundido. Antes de que toda la masa se solidifique se vierte la porción líquida.

La densidad del Azufre monoclínico es 1,96 funde a 119,3 ^{o}C y es soluble en sulfuro de Carbono.

VAPOR DE AZUFRE.

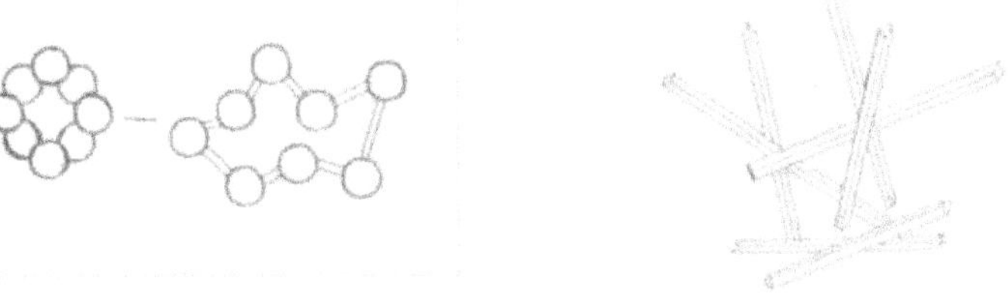

La densidad del vapor de Azufre a temperaturas próximas al punto de ebullición corresponde a la fórmula S. Al aumentar la temperatura, disminuye la densidad, hasta que a 1.000^{o}C. La molécula tiene por fórmula S_2.

PROPIEDADES QUÍMICAS.

A temperatura ordinaria, el Azufre es prácticamente inactivo químicamente pero cuando se calienta, se une, con el oxigeno del aire para dar SO_2 y a veces trazas de SO_3 arde en llama azulada y olor desagradable.

$$S + O_2 \longrightarrow SO_2$$

Se combina con los no metales como H, C y Cl con alguna dificultad, por lo cual los compuestos resultantes no son estables. El Azufre se asemeja al Oxigeno en la manera de combinarse con otros elementos, como se aprecia a continuación.

<table>
<tr><td colspan="2">OXIGENO</td><td colspan="2">AZUFRE</td></tr>
<tr><td>Agua</td><td>(H_2O)</td><td>Ácido sulfhídrico</td><td>(H_2S)</td></tr>
<tr><td>Gas carbónico</td><td>(CO_2)</td><td>Bisulfuro de carbono</td><td>(CS_2)</td></tr>
<tr><td>Oxido cuproso</td><td>(Cu_2O)</td><td>Sulfuro cuproso I</td><td>(Cu_2S)</td></tr>
<tr><td>Oxido cúprico</td><td>(CuO)</td><td>Sulfuro cúprico II</td><td>(CuS)</td></tr>
<tr><td>Oxido de sodios</td><td>(Na_2O)</td><td>Sulfuro de sodio</td><td>(Na_2S)</td></tr>
</table>

El azufre es menos activo que el oxigeno, se une con los metales para formar compuestos iónicos, y con los no metales como agente oxidante cuando gana electrones:

$$2\,Na_{(s)} \;+\; S_{(g)} \longrightarrow 2Na^+ \;+\; S^{-2}$$

Cuando se combina con el oxigeno, se comporta como agente reductor, con grado de oxidación +4, +6 según el caso.

$$S \;+\; O_2 \longrightarrow S^{+4} \;+\; O_2^{-2} \longrightarrow SO_2$$

El Zn pulverizado y el Azufre se combinan vigorosamente

$$Zn \;+\; S \longrightarrow Zn\,S$$

Las limaduras de Fe y el S se combinan con desprendimiento de calor suficiente para que toda la masa se ponga incandescente.

$$Fe \;+\; S \longrightarrow Fe\,S$$

Cuando el oxido de un metal es insoluble, es frecuente que el respectivo sulfuro también lo sea; por ejemplo el oxido de plata y el sulfuro de plata.

APLICACIONES.

El Azufre tiene diversas aplicaciones en la obtención de SO_2, CS_2, H_2SO_4 y otros compuestos como los fuegos artificiales, las cerillas y la pólvora negra, caucho vulcanizado, para exterminar ciertos hongos de árboles frutales y de la vid.

También se mezcla con cemento y asbesto para hacer losetas de piedra artificial, y mezclados con 60% de arena constituye un mortero excelente para empalmes de tuberías hidráulicas de hierro fundido. El Azufre encuentra muchos usos en medicina, por eso entra en la preparación de ciertas drogas. Los antiguos fósforos de fricción contenían Azufres en lugar del elemento libre se usa ahora con este objeto sulfuros de fósforo y de antimonio.

El azufre se usa en multitud de procesos industriales como la producción de ácido sulfúrico para baterías, la fabricación de pólvora y el vulcanizado del caucho. El azufre tiene usos como fungicida y en la manufactura de fosfatos fertilizantes. Los sulfitos se usan para blanquear el papel y en cerillas. El tiosulfato de sodio o amonio se emplea en la industria fotográfica como «fijador» ya que disuelve el bromuro de plata; y el sulfato de magnesio (sal Epsom) tiene usos diversos como laxante, exfoliante o suplemento nutritivo para plantas.

DEFICIENCIAS DEL AZUFRE:

<u>DEFICIENCIAS DEL AZUFRE EN EL SUELO:</u>

La deficiencia de azufre se observa en suelos pobres en materia orgánica, suelos arenosos franco arenosos.

Una deficiencia de azufre en el suelo puede traer una disminución de la fijación de nitrógeno atmosférico que realizan las bacterias, trayendo consecuentemente una disminución de los nitratos en el contenido de aquél.

<u>DEFICIENCIAS DEL AZUFRE EN LA PLANTA:</u>

Cuando el azufre se encuentra en escasa concentración para las plantas se altera los procesos metabólicos y la síntesis de proteínas. La insuficiencia del azufre influye en le desarrollo de las plantas.

<u>SÍNTOMAS DE DEFICIENCIA DE AZUFRE:</u>

- ✓ Los síntomas de deficiencia de azufre son debidos a los trastornos fisiológicos, manifestándose en los siguientes puntos:
- ✓ Crecimiento lento.
- ✓ Debilidad estructural de la planta, tallos cortos y pobres.
- ✓ Clorosis en hojas jóvenes, un amarillamiento principalmente en los "nervios" foliares e inclusive aparición de manchas oscuras (por ejemplo, en la papa).
- ✓ Desarrollo prematuro de las yemas laterales.
- ✓ Formación de los frutos incompleta.

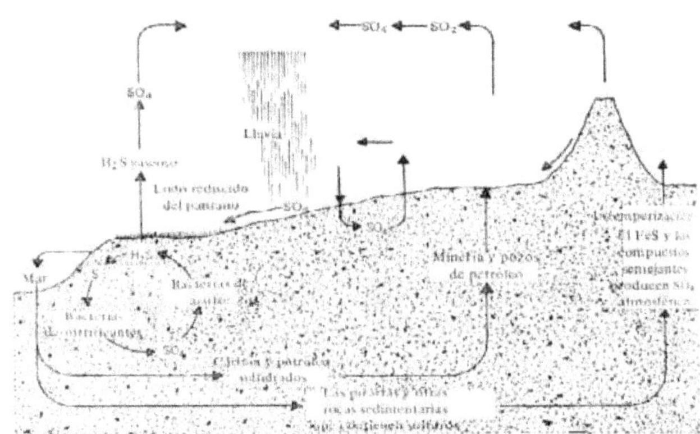

Entre el azufre orgánico y el mineral, no existe una concreta relación en la planta; la concentración de S-mineral, depende en forma predominante de la concentración del azufre in situ, por la cual pueden darse notables variaciones. En cambio el azufre de las proteínas depende del nitrógeno, su concentración es aproximadamente 15 veces menos que el nitrógeno.

El azufre es absorbido por las plantas en su forma sulfatado, SO_4, es decir en forma aniónica perteneciente a las distintas sales: sulfatos de calcio, sodio, potasio, etc. (SO_4 Ca, SO_4 Na$_2$)

El azufre no solo ingresa a la planta a través del sistema radicular sino también por las hojas en forma de gas de SO_2, que se encuentra en la atmósfera, a donde se concentra debido a los procesos naturales de descomposición de la materia orgánica, combustión de carburantes y fundición de metales.

Las bacterias desempeñan un papel crucial en el reciclaje del azufre. Cuando está presente en el aire, la descomposición de los compuestos del azufre (incluyendo la descomposición de las proteínas) produce sulfato ($SO_4^=$). Bajo condiciones anaeróbicas, el ácido sulfúrico (gas de olor a huevos en putrefacción) y el sulfuro de dimetilo (CH_3SCH_3) son los productos principales.

Cuando estos últimos goases llegan a la atmósfera, son oxidados y se convierten en bióxido de azufre. La oxidación posterior del bióxido de azufre y su disolución en el agua de lluvia produce ácido sulfhídrico y sulfatos, formas principalmente bajo las cuales regresa el azufre a los ecosistemas terrestres. El carbón mineral y el petróleo contienen también azufre y su combustión libera bióxido de azufre a la atmósfera.

Como resumen podemos decir que durante el ciclo del azufre los principales eventos son los siguientes:

- ✓ El azufre, como sulfato, es aprovechado e incorporado por los vegetales para realizar sus funciones vitales.
- ✓ Los consumidores primarios adquieren el azufre cuando se alimentan de estas plantas.
- ✓ El azufre puede llegar a la atmósfera como sulfuro de hidrógeno (H_2S) o dióxido de
- ✓ azufre (SO_2), ambos gases provenientes de volcanes activos y por la descomposición de la materia orgánica. .
- ✓ Cuando en la atmósfera se combinan compuestos del azufre con el agua, se forma ácido sulfúrico (H_2SO_4) y al precipitarse lo hace como lluvia ácida.

PRINCIPALES COMPUESTOS DEL AZUFRE.

<u>SULFURO DE HIDROGENO.</u>

Llamado también ácido sulfhídrico, el sulfuro de hidrogeno tiene la siguiente formula estructural según Puling.

```
        H
        |
    : S - H
        ..
```

Se encuentra en la naturaleza en ciertas proteínas en descomposición, en los huevos podridos se identifican fácilmente por su olor característico, en el carbón mineral, cuando arde desprende SO_2, en algunas aguas minerales, especialmente en las sulfuradas, la cual se puede afirmar por el olor desagradable.

PREPARACIÓN.

Se obtiene en laboratorio por la acción de un ácido, clorhídrico o sulfúrico, sobre un sulfuro, comúnmente el FeS. El gas se reconoce por desplazamiento ascendente del aire, ya que el H_2S es más denso que el aire y débilmente soluble en agua.

$$H^+_{(aq)} + S^{-2}_{(aq)} \longrightarrow H_2S_{(g)}$$

$$2HCL_{(aq)} + FeS_{(s)} \longrightarrow H_2S_{(s)} + FeCl_2_{(aq)}$$

$$H_2SO_4 + FeS_{(s)} \longrightarrow H_2S_{(s)} + FeSO_4_{(aq)}$$

PROPIEDADES FÍSICAS.

El H_2S es un gas incoloro, tiene olor desagradable a huevos podridos, es venenoso, es mas toxico que el CO, por eso requiere de mucho cuidado en el manejo en laboratorio.

PROPIEDADES QUÍMICAS.

La solución de este gas con el agua forma un ácido débil llamado ácidos sulfhídricos. Es un ácido diprotico que ioniza en dos estados

$$H_2S_{(g)} + H_2O^+ \longrightarrow H_3O^- + HS^-_{(aq)}$$

$$HS^-_{(aq)} + H_2O^+ \longrightarrow H_3O^- + S^{-2}_{(aq)}$$

El HS⁻ es anfiprótico, puede actuar como ácido o como base.

COMO ÁCIDO.

$$HS^-_{(aq)} + OH^-_{(aq)} \longrightarrow S^{-2}_{(aq)} + H_2O$$

$$Na\,HS + NaOH \longrightarrow Na_2S + H_2O$$

COMO BASE.

$$HS^-_{(aq)} + H^+_{(aq)} \longrightarrow H_2S_{(g)} \uparrow$$

$$NaHS + HCl \longrightarrow NaCl + H_2S \uparrow$$

Arde y según la cantidad de oxigeno, presente puede dar diferentes productos

$$2H_2S + 3O_2 \longrightarrow 2SO_2\uparrow + 2H_2O$$

$$2H_2S + 2O_2 \longrightarrow SO_2\uparrow + 2H_2O + S\downarrow$$

$$2H_2S + O_2 \longrightarrow 2H_2O + 2S\downarrow$$

Empaña los metales debido a que forma con ellos una cubierta del sulfuro, es la causa para que alimentos como el huevo y la mostaza, deslustren los cubiertos y los utensilios de plata, cuando están en contacto con ellos por unas horas.

Como el Ion S^{-2} cede fácilmente sus electrones a los agentes oxidantes, se comporta como un agente fuerte reductor. Por eso cuando se burbujea H2S en una solución de H_2O_2, el Ion S^{-2} reduce al O_2 del peroxido y se convierte por oxidación en un polvo blanco de azufre que flota en el agua

$$H_2O_2 + H_2S \longrightarrow 2H_2O + S\downarrow$$

PROPIEDADES FISIOLÓGICAS.

Es mucho más toxico que el CO, diluido en el aire produce nauseas, dolor de cabeza y vértigo, si esta concentrado, al inhalado puede ocasionar la muerte. En contacto con el nervio óptico lo insensibiliza.

APLICACIONES.

Se usa en análisis químicos para reconocer la presencia ciertos minerales o de metales, pues cuando se burbujea una solución que contenga H_2S, forma con ellos sulfuros insolubles que precipitan y se les identifica por su color. Los sulfuros de Cu, y Ag son negros, el As_2S_3 es amarillo, el Sb_2S_3 es anaranjado y el ZnS es blanco.

<u>SULFUROS.</u>

Los sulfuros metálicos son sales de H_2S. Muchos de ellos abundan en la naturaleza, formando parte de los minerales: el ZnS es fuente importante para obtener Zn libre; La mayor parte del plomo se obtiene del mineral del sulfuro de plomo.

PROPIEDADES DE LOS SULFUROS.

Los sulfuros alcalinos y alcalinotérreos son incoloros y solubles en el agua, los demás son insolubles o débilmente solubles y de colores característicos, de ahí su importancia en el análisis químico de iones metálicos.

Algunos sulfuros en solución alcanzan el estado de equilibrio.

$$CoS_{(s)} \; \rightleftharpoons \; Co^{+2}_{(aq)} + S^{-2}_{(aq)} \qquad Kps = 5 \times 10^{-22}$$

$$HgS_{(s)} \; \rightleftharpoons \; Hg^{+2}_{(aq)} + S^{-2}_{(aq)} \qquad Kps = 1.6 \times 10^{-54}$$

BISULFURO DE CARBONO (CS$_2$).

$$: \overset{..}{S} :: C :: \overset{..}{S} :$$

PREPARACIÓN.

El CS_2 se obtiene en el horno eléctrico, haciendo pasar una corriente de vapor de azufre sobre carbón vegetal caliente; se forman vapores de CS_2 que se condensan en un líquido casi incoloro.

Este líquido no es miscible en agua; presenta baja temperatura de inflamación, por eso arde fácilmente y es peligroso manipularlo cerca del fuego o del mechero, los vapores de CS_2 mezclados con aire forman mezcla explosiva.

$$CS_2 + 3O_2 \longrightarrow CO_2 \uparrow + 2SO_2 \uparrow$$

El CS_2 se utiliza como disolvente de cauchos y resinas; en la manufactura de barnices, del rayón, de cerillas. Es materia prima para la preparación del CCl_4

ANHÍDRIDO SULFUROSO (SO$_2$).

$$: \overset{..}{S} :: O :: \overset{..}{S} :$$

Es un óxido no metálico que se encuentra en pequeñas proporciones en el aire, debido a varias razones como la descomposición de la materia orgánica, o el desprendimiento de los gases volcánicos, o como subproducto de diversas industrias, especialmente metalúrgicas.

PREPARACIÓN.

El dióxido de azufre puede prepararse por combustión del Azufre.

$$S + O_2 \longrightarrow SO_2 \uparrow$$

Por tostación de los sulfuros; industrialmente el más empleado es el zinc o blenda (ZnS).

$$2ZnS + 3O_2 \longrightarrow 2ZnO + SO_2 \uparrow$$

PROPIEDADES FÍSICAS.

A temperatura ambiente es un gas de olor sofocante, aproximadamente dos veces más denso que el aire; muy soluble en el agua, se puede licuar a la temperatura del laboratorio si se le somete a dos atmósferas de presión; el SO_2 es un gran disolvente cuando esta líquido y además conduce débilmente la electricidad.

La solución del SO_2 en agua, forma una mezcla en la cual el SO_2 que no alcanza a disolverse, entre equilibrio con el H_2SO_3 resultante de la reacción entre el SO_2 y el H_2O.

$$SO_2 + H_2O \rightleftarrows H_2SO_3$$

PROPIEDADES QUÍMICAS.

El SO_2 que pasa al aire como producto de industriales, reacciona con la humedad del aire y procura su neutralización inmediata, este ácido convierte en H_2SO_4, cayendo como niebla sobre causa muchos estragos. En resumen las operaciones químicas se convierte en H_2SO_3. Si no se se oxida con el oxigeno del aire y se las sementeras o sobre los animales y reacciones son:

$$SO_2 + H_2O \rightarrow H_2SO_3$$

$$H_2SO_3 + O_2 \rightarrow H_2SO_4$$

<u>ANHÍDRIDO SULFÚRICO (SO_3)</u>

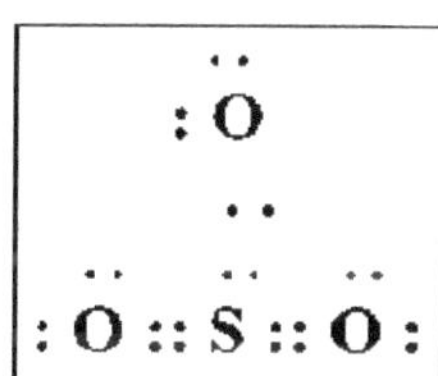

Es un sólido cristalino de color Es el anhídrido del ácido sulfúrico. Hierve a

En estado sólido, presenta tres formas gamma, todos polímeros del SO_3.

El SO_3 se disuelve fácilmente en agua, color; se forma H_2SO_4 por reacción

blanco a la temperatura ordinaria. 44,5°C.

moleculares isoméricas: alfa, beta y

con desarrollo de gran cantidad de del SO_3 con el agua.

$$SO_3 + H_2O \rightarrow H_2SO_4$$

Ciclo del azufre:

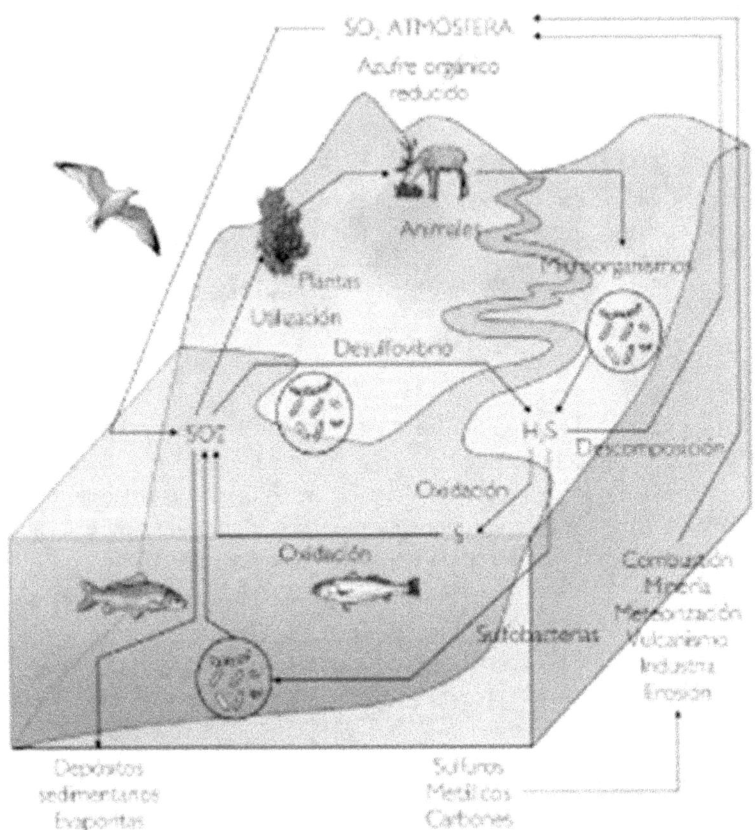

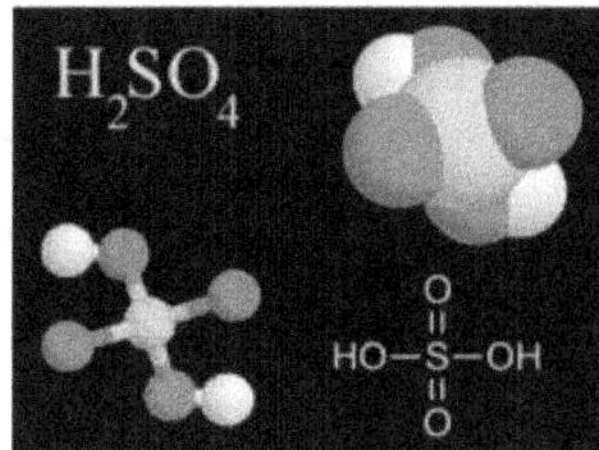

ACIDO SULFURICO
(H_2SO_4)

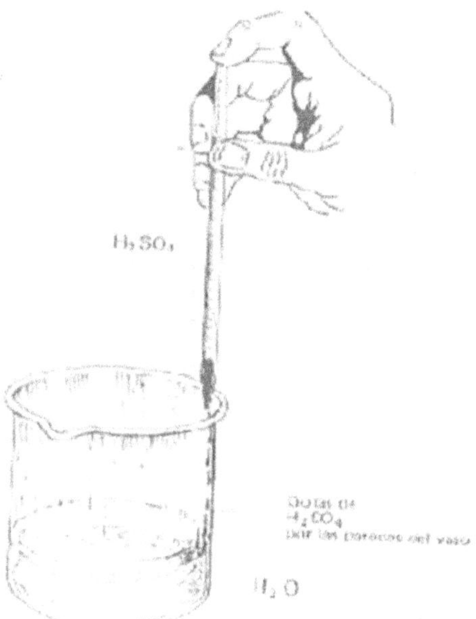

Manera de diluir el ácido sulfúrico en agua: se vierte el ácido gota a gota sobre las paredes del vaso que contiene el agua.

El H_2SO_4 es quizá el compuesto oxigenada del azufre con mayor aplicación industrial, de ahí su importancia. Igual que en el SO_3; en el H_2SO_4, el S presenta un máximo grado de oxidación: $^{+6}$.

PREPARACIÓN DEL (H_2SO_4):

Industrialmente se siguen dos procesos para la obtención del H_2SO_4, basados ambos en la oxidación del S hasta el estado de S+6. Es métodos son: el de contacto y el de las cámaras de plomo.

MÉTODO DEL CONTACTO.

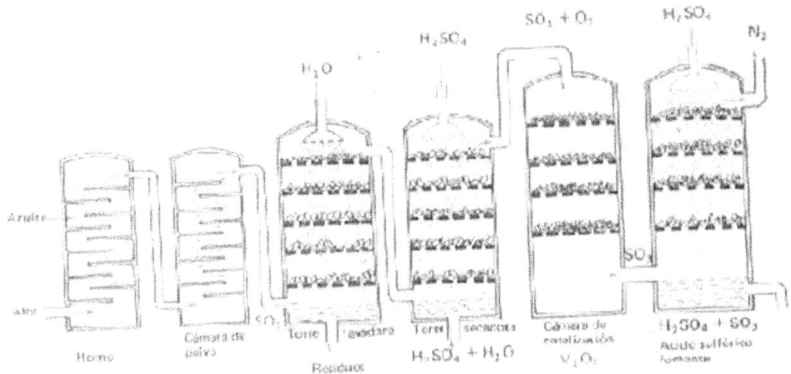

Preparación del ácido sulfúrico por el método de contacto

En este proceso se ha de pasar una mezcla de SO_2 y O_2 sobre un metal que actúa como catalizador por ejemplo el Pt o el Ni o sobre un óxido de cualquiera de estos metales: V, W, Cr y Mo. También de acción catalítica.

El SO_2 se obtiene por combustión del S por tostación de piritas, y una vez purificado, se mezcla con el aire y se hace circular por tubos de Fe 400° de temperatura, en los cuales esta el catalizador, ordinariamente V_2O_5. El SO_2 se oxida catalíticamente a SO_3 por contacto de los gases. Esto le da el nombre al proceso.

$$2SO_{2(g)} + O_{2(g)} \;\underset{\longrightarrow}{\overset{V_2O_5}{\longleftarrow}}\; 2SO_{3(g)} + 46 \text{ Kcal}$$

$$H_2SO_4 + SO_3 \longrightarrow H_2S_2O_7$$

$$H_2S_2O_7 + H_2O \longrightarrow 2H_2SO_4$$

MÉTODO DE LAS CÁMARAS DE PLOMO:

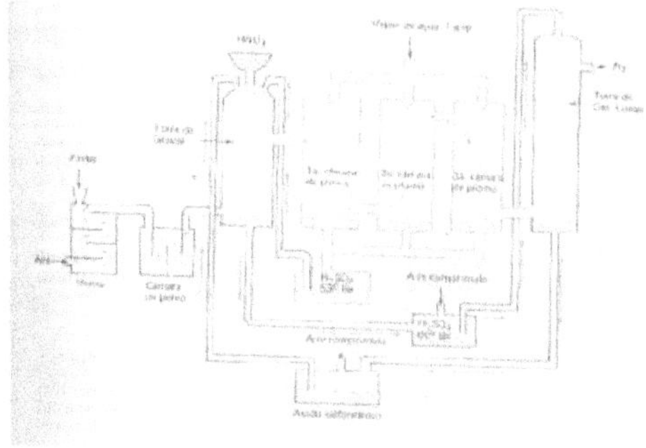

Preparación del ácido sulfúrico por el método de las cámaras de plomo

Este proceso se usa para fabricar H_2SO_4 comercial que no requiere mucha pureza, ni alta concentración, ya que se va a emplear en la producción de fertilizantes especialmente.

Es necesario utilizar cámaras revestidas de plomo, debido al carácter corrosivo de los compuestos que se forman durante el proceso.

En las cámaras de plomo suceden reacciones complicadas: allí llega una mezcla de óxidos de nitrógeno y SO_2 que pasa por la torre de glover; esta mezcla reacciona con el vapor de agua que entra en la parte superior de la cámara y forma un compuesto intermedio llamado sulfato ácido de nitrosilo.

$$SO_2 + NO_2 + NO + O_2 + H_2O \longrightarrow 2NOHSO_4$$

El sulfato ácido de nitrosilo reacciona con exceso de vapor de agua para regenerar los óxidos de nitrógeno y producir H_2SO_4.

$$2NO.HSO_4 + H_2O \longrightarrow NO\nearrow + NO_2\nearrow + 2H_2SO_4$$

PROPIEDADES FÍSICAS.

El ácido sulfúrico es un líquido incoloro de apariencia oleosa, por su aspecto se conoce con el nombre de aceite de vitriolo. Su densidad es más es más o menos 1,84 g/cm; hierve a 338º C y se descompone por encima de esta temperatura, en SO_3 y H_2O

Se disuelve fácilmente en el agua, con elevación de temperatura y contracción de volumen, a causa de la formación de hidratos del ácido sulfúrico.

H2SO4 + H2O y H2SO4, H2O

Ácido sulfúrico fumante es el que contiene en solución SO_3; cuando se destapa el recipiente salen humos blancos de SO_3, de donde deriva su nombre. Si la proporción de SO3 disuelto es de 1: 1 con relación al ácido, la combustión composición corresponde al ácido pirosulfúrico ($H_2S_2O_7$) y entonces la descomposición es:

$$H_2S_2O_7 \longrightarrow H_2SO_7 + SO_3$$

El ($H_2S_2O_7$) es un ácido más fuerte que el H_2SO_4, aunque el ácido sulfúrico puro no está completamente ionizado, se puede lograr adicionándole agua y entonces es mejor conductor eléctrico.

$$H_2SO_4 + H_2O \rightleftharpoons H_3O^+ + H_2SO_4^-$$

PROPIEDADES QUÍMICAS.

El ácido sulfúrico puro y concentrado está débilmente ionizado, pero disuelto en agua se vuelve ácido diprótico e ioniza en dos estados.

$$H_2SO_4 + H_2O \rightleftharpoons H_3O^+ \quad + \quad H_2SO_4^-$$

$$H_2SO_4^- + H_2O \rightleftharpoons H_3O^+ + \quad H_3O^+ + SO_4^{-2}$$

Las siguientes especies son equivalentes en las reacciones redox, pues el grado de oxidación de S en cada una de ellas es $^{+6}$: SO_3, H_2SO_4, $H\,SO_4^-$, SO_4^{-2}. Casi todos se comportan como agentes exclusivamente oxidante. El H_2SO_4, oxida al Cu; es un agente oxidante más fuerte que el Br_2 y el I_2. El SO_3 oxida a los halógenos.

$$Cu_{(s)} \quad + \quad 2H_2SO_{4(aq)} \longrightarrow Cu\,SO_{4(aq)} \quad + \quad SO_2{\uparrow}_{(g)} \quad + \quad 2H_2O$$

El H_2SO_4 oxida a los metales de mayor potencial de oxidación que el hidrógeno, dejando libre el hidrógeno.

$$Zn_{(s)} \quad + \quad H_2SO_{4(aq)} \longrightarrow ZnSO_{4(aq)} \quad + \quad H_2{\uparrow}_{(g)}$$

Los mismos metales son capaces de reducir al SO4-2 de H2SO4 concentrado y en caliente:

$$4Zn_{(s)} \quad + \quad 5H_2SO_{4(aq)} \longrightarrow 4ZnSO_{4(aq)} \quad + \quad H_2S_{(g)} + \quad 4H_2O$$

El H_2SO_4 reacciona con las bases formando dos clases de sales: sulfatos ácidos o bisulfatos y sulfatos neutros.

$$KOH \quad + \quad H_2SO_4 \longrightarrow KHSO_4 \quad + \quad H_2O$$

$$2KOH \quad + \quad H_2SO_4 \longrightarrow K_2SO_4 \quad + \quad 2H_2O$$

ACCION DESHIDRATANTE.

El H_2SO_4 es muy ávido de agua; si está concentrando forma hidratos y desprende gran cantidad de energía. Nunca se debe adicionar el agua al ácido sulfúrico; la reacción es violenta con dispersión de partículas y hasta rompiendo del recipiente si es de vidrio.

$$H_2SO_4 \quad + \quad H_2O \longrightarrow H_2SO_4 \cdot H_2O \quad + \quad 288\ Kcal$$

ACCION FISIOLÓGICA.

Por su acción deshidratante es cáustico y produce llagas casi siempre incurables; desfigura los tejidos.

APLICACIÓN DEL ÁCIDO SULFÚRICO.

- ✓ Las aplicaciones del ácido sulfúrico son múltiples, tanto que el avance industrial de un país se calcula en la proporción que de H_2SO_4 se consume.
- ✓ La mayor parte se consume en la fabricación de fertilizantes y abonos artificiales.
- ✓ Es materia prima para la obtención de otros ácidos; HCL , HNO_3, H_3PO_4
- ✓ Se mezcla como deshidratante, con el , HNO_3, para entrar la celulosa que origina algodón pólvora y el celuloides para nitrar la glicerina
- ✓ En la fabricación TNT
- ✓ La industria del hierro y el acero consume grandes cantidades de ácido sulfúrico para remover la capa de oxido que recubre los objetos antes de platearlos.
- ✓ Se usa el H_2SO_4 en la refinación de los derivados del petróleo.
- ✓ En la fabricación de bacterias para carros.
- ✓ En la industria de plásticos y sintéticos.
- ✓ En la fabricación de colorantes y en muchísimas actividades.

SULFATOS BISULFATOS Y PIROSULFATOS

Los sulfatos y bisulfatos son sales del ácido sulfúrico; pueden obtenerse por reacción del ácido sobre las bases.

$$Na_2CO_3 \;+\; H_2SO_4 \longrightarrow Na_2SO_4 \;+\; H_2O \;+\; CO_2 \nearrow$$
$$NaOH \;+\; H_2SO_4 \longrightarrow Na\,HSO_4 \;+\; H_2O$$

Pueden también obtenerse por acción del ácido sobre sales de óxidos gaseosos no metálicos, o sobre sales de ácidos más volátiles que el sulfúrico.

Los bisulfatos y pirosulfatos son térmicamente inestables en relación con los sulfatos. Muchos sulfatos se encuentran en la naturaleza como se indicó al hablar del estado natural del azufre. El ión sulfato puede formar compuestos complejos sólidos conocidos con el nombre de alumbres, que tienen la fórmula general $M^+ M^{+++3} (SO_4)_2 . 12\ H_2O$. M^+ corresponde a un metal alcalino, o al ión NH_4, o a un metal monovalente, como el Ag M^{+3} representa un metal trivalente como Al^{+3}, o Fe^{+3}, Cr^{+3}

Ejemplos

K Al(SO₄)₂ . 12 H₂O = alumbre de potasio o alumbre ordinario
K₂ Cr₂(SO₄)₄ .24 H₂O = alumbre de cromo
El Ba SO_4 es insoluble en el agua; el $SrSO_4$ y en el $PbSO_4$ son un poco solubles.

ANÁLISIS DE LOS SULFATOS.

Los sulfatos como H_2SO_4 se reconocen porque con el $BaCl_2$ forman precipitado blanco de $BaSO_4$, insoluble en el agua y en ácido clorhídrico.

APLICACIONES DE LOS SULFATOS.

Los alumbre se usan en curtiembre como mordentes; el $CuSO_4$ se consume en la purificación del agua, en la preparación de tintas, y en la preparación de fungicidas, como el caldo bórdeles que consta de iguales partes de sulfato y lechada de cal el $CuSO_4 .2H_2O$ o yeso tiene aplicaciones en la construcción de edificios, y el modelado. El $(NH_4)2SO_4$ se usa en la preparación de abonos.

PRECAUCIONES.

El disulfuro de carbono, el sulfuro de hidrógeno (sulfhídrico), y el dióxido de azufre deben manejarse con precaución.

El sulfhídrico y algunos de sus derivados, los mercaptanos, son bastante tóxicos (más que cianuro). Aunque muy maloliente incluso en concentraciones bajas, cuando la concentración se incrementa el sentido del olfato rápidamente se satura o se narcotiza desapareciendo el olor por lo que a las víctimas potenciales de la exposición les puede pasar desapercibida su presencia en el aire hasta que se manifiestan sus efectos, posiblemente mortales.

El dióxido de azufre reacciona con el agua atmosférica para producir la lluvia ácida. Irita las mucosidades y los ojos y provoca tos al ser inhalado.

Los vapores del ácido sulfúrico pueden provocar hemorragias en los pulmones, llenándolos de sangre con la consiguientemente asfixia.

SELENIO.

Nombre griego de la luna. Se encuentra asociado al azufre libre y combinado con el cobre y el plomo.

Existe en variedades alotrópicas, una variedad roja, cristalina monoclínica. A alta temperatura pasa a una forma griss de aspecto metálico.

Arde con el oxígeno formando SeO_2, óxidos tienen carácter ácido formando ácido selenioso H_2SeO_4.

APLICACIONES

En fabricación de vidrios, les da a estos la translucides característica. En gran concentración da un color rojo escarlata, usado en barnices, cerámicas.

Los compuestos del selenio tienden usualmente a reducirse.

BIOINORGANICA

El selenio es un tóxico poderos , es uno de los elementos esenciales ya que sin su participación en nuestros procesos metabólicos no podríamos sobrevivir.

El rol fisiológico del selenio se origina en las muy pequeñas diferencias de comportamiento químico que lo distingue del azufre y del resto de los calcogenos.

Las formas en las que el selenio se presenta en los organismos vivientes y los sistemas en los que se encuentra biológicamente disponible para los mismo, depende de la cantidad y formas en las que es captado.

Es un elemento altamente tóxico.

Se han descripto dos enfermedades endémicas relacionadas con la deficiendia de selenio. Estas son: la enfermedad de Keshan (dardiomiopatia que afecta a la población infantil y que puede llevar a la muerte); mal de Kashin y Beck (ocasiona desordenes graves en el desarrollo ósea, produce deformaciones a las articulaciones).

Desempeña un papel similar al de la vitamina e, es decir, que participa en sistemas biológicos que protegen de procesos oxidativos. Cumple un papel defensivo frente a la degradación oxidativa de estructuras biológicas por radicales libres y/o peróxidos.

Es un agente anticancerígeno de amplio espectro.

Es esencial para el mantenimiento de la respuesta inmune.

TELURIO.

Nombre que significa Tierra. Se encuentra libre en pequeñas cantidades, se encuentra combinado con plata y plomo.

Hay alótropos cristalinos y amorfos. Sus propiedades se asemejan a las del azufre y del selenio.

El telururo de hidrógeno (H_2Te) es un gas inestable de olor desagradable.

Aplicaciones: en fabricación de vidrios de color azul, verda y rojo.

POLONIO.

Sus distintos isótopos radiactivos se encuentran en minerales como el terio y el uranio. Se obtiene como desintegración del radón. Carácter metálico. Distinto del telurio y del selenio, el polonio se une al azufre.

Su hidruro es inestable.

CUADRO COMPARATIVO DE LOS ELEMENTOS DEL GRUPO 6 A

ELEMENTO Abundancia	HISTORIA	ESTADO NATURAL	OBTENCIÓN	PROPIEDADES	APLICACIONES
OXIGENO (Se encuentra en el aire atmosférico en un 21% aproximadamente)	Descubierto por Joseph Priestly 1774	Se encuentra en la naturaleza, alrededor de nuestro entorno.	Se puede obtener mediante la separación de compuestos como el agua, H_2O, y la sílica, SiO_2	Es un gas incoloro inodoro e insípido algo soluble en agua	Se utiliza en los altos hornos para el quemado del mineral de hierro y luego en los convertidores para la obtención del acero la soldadura autógena con soplete oxiacetilenico. Se quema acetileno en presencia de oxigeno, consiguiéndose asi una llama de gran poder calorifico que puede llegar a los 3400 °C
AZUFRE (5,05%)	Llamado 'piedra inflamable', el azufre se conoce desde tiempos prehistóricos y ya aparecía en la Biblia y en otros escritos antiguos.	Pb S Galina Zn S Blanda Cu Fe S_2 Las piritas de cobre o calcopiritas	Por fusión o volatilización del Azufre nativo de las regiones volcánicas. Por el método americano de Frash	Es un solido amarillo, inodoro, insoluble en agua y mas o menos dos veces mas denso que ella, se disuelve muy bien en SC_2 y C Cl_4	Tiene diversas aplicaciones, en la obtención de SO_2, CS_2 y otros compuestos como los fuegos artificiales, las cerillas y la pólvora negra. En medicina se usa en la preparación de ciertas drogas.
SELENIO	Descubierto por Jons Berzelius 1817. Cuando realizaba sus prácticas.	seleniuro de plomo, selenio rojo o seleniuro de sodio	Obteniéndose de los seleniuros de elementos pesados y, en menor cantidad, como elemento libre en asociación con azufre elemental.	Existe en forma amorfa de color rojo y en la variedad metálica gris.	Se emplea para hacer el vidrio incoloro la variedad gris del selenio conduce la corriente eléctrica y su conductividad depende de la intensidad de la luz; en esto se basa su empleo en células fotoeléctricas.
TELURIO	Descubierto por Franz Muller von Reichenstein en 1782	Puede encontrarse en rocas en forma de telurita (o dióxido de teluro), TeO_2	Se obtiene por medio de separación de los teluturo de silvanita (teluro gráfico), nagiagita (telurio negro), hessita, tetradimita, altaita, coloradoita.	Es un sólido de color blanco argentino y tiene aspecto metálico	Se emplea para producir vidrio azul, pardo y rojo. Añadiendo 0,1 a 0,6% de Telurio al plomo se aumenta su resistencia a la corrosión, su resistencia a la tracción y su flexibilidad.

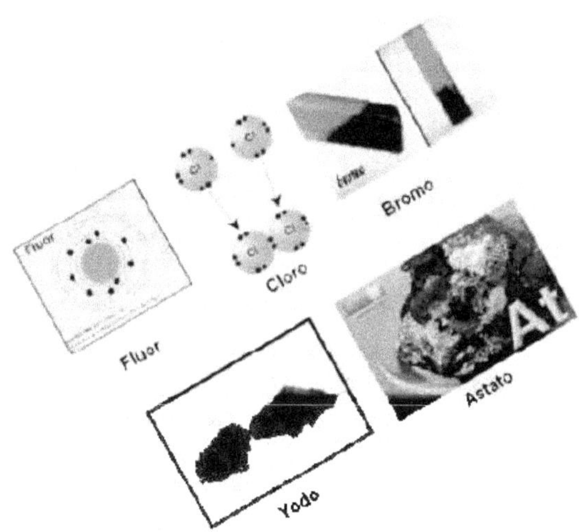

CAPÍTULO 10: ELEMENTOS DEL GRUPO 7: HALÓGENOS

ELEMENTOS HALÓGENOS

INTRODUCCIÓN.

El descubrimiento de un gran número de elementos y el estudio de sus propiedades puso en manifiesto entre algunos de ellos ciertas semejanzas. Esto indujo a los químicos a buscar una clasificación de los elementos no sólo con objeto de facilitar su conocimiento y su descripción, sinó, también para realizar investigaciones que conducen a nuevos avances en el conocimiento de la materia.

En 1829, Johann Dobereiner, tras descubrir la triada de ciertos Halógenos compuesta por el Cloro, Bromo, Yodo; propuso que en la naturaleza existian triadas de elementos de forma que en en central teníanpropiedades que éran un promedio de los otros dos miembros de la triada (Ley de las triadas de Dobereiner).

Cl	35.5 g/mol
Br	80 g/mol
I	126 g/mol

Esta nueva idea de triadas se convirtió en un área de estudio muy popular. Entre l829 varios científicos (Jeans Baptiste Dumas, Leopoldo Gmelin; Ernst Lenssen, el Van de Max Pettenkofer y J.P. Cooke), encontráron que estos típos de relaciones Químicas se entendián más allá de las triadas; durante este tiempo se añadio el fluor al grupo de los halógenos.

Las investigaciones llevadas a cabo presentaban la dificultad de que no siempre se disponia de valores exactos para las masas atómicas y se hacia dificil la busqueda de irregularidades.

La palabra "halógenos", significa formador de sal y proviene de los vocablos griegos Hals = sal y genes = nacido.

CARACTERISTICAS.

- ✓ Tiene 7 electrones en su último nivel de energía, por lo que se comporta con la máxima electronegatividad. Por ejemplo el F = 4.0 en la escala de Paulin.
- ✓ Su alta electronegatividad les permite formar enlaces iónicos (captar electrones); en especial con los metales alcalinos.
- ✓ Son energéticos oxidantes y presentan gran afinidad química.
- ✓ No se encuentran libres en la naturaleza, debido a su alta reactividad.

Estos elementos tienen la siguiente configuración electrónica:

Elemento	N° atómico	Configuración electrónica
Flúor	9	$1s^2\ 2s^2\ 2p^5$
Cloro	17	$1s^2\ 2s^2\ 2p^6\ 3s^2\ 3p^5$
Bromo	35	$1s^2\ 2s^2\ 2p^6\ 3s^2\ 3p^6\ 3d^{10}\ 4s^2\ 4p^5$
Yodo	53	$1s^2\ 2s^2\ 2p^6\ 3s^2\ 3p^6\ 3d^{10}\ 4s^2\ 4p^6\ 4d^{10}\ 5s^2\ 5p^5$
Astato	85	$1s^2\ 2s^2p^6\ 3s^2p^6d^{10}\ 4s^2p^6d^{10}f^{14}\ 5s^2p^6d^{10}\ 6s^2p^5$

PROPIEDADES FÍSICAS.

- En la tabla periódica la energía de ionización y la ectronegatividad de estos elementos decrecen de arriba hacia abajo; es decir disminuye su actividad química.
- Al aumentar su número atómico en forma de grupo se aumenta las características metálicas , punto de fusión y punto de ebullición.
- En la siguiente tabla muestra alguna de las propiedades de estos elementos.

Propiedad	F_2	Cl_2	Br_2	I_2
Configuración electrónica	$2s^2\ 2p^5$	$3s^2\ 3p^5$	$4s^2\ 4p^5$	$5s^2\ 5p^5$
Punto de fusión (°C)	- 223	- 102	- 7	119
Punto de ebullición (°C)	- 187.1	- 35	59	183
Aspecto	Gas amarillo pálido	Gas amarillo Verdoso	Liquido café	- Vapor violeta oscuro - Sólido oscuro con apariencia metálica
Radio atómico (pm)	72	99	114	133
Radio iónico (pm)	136	181	195	216
Energía de inonización (kg/mol)	1680	1251	1139	1003
Electronegatividad	4.0	3.0	2.8	2.5
Potencial estandar de reducción (v)	2.87	1.36	1.07	0.53
Energía de enlace (kg/mol)	150.6	242.7	192.5	151.0

PROPIEDADES QUÍMICAS

Todos los halógenos con excepción del astato forman ácidos o haluros y son los siguientes:

HF, HCl, HBr, HI,

- Trabajan con un estado de Oxidación de ⁻1

$$Ca \; + \; F_2 \; \rightarrow \; Ca\,F_2 \qquad \text{Floruro de Calcio}$$

$$2Na \; + \; Cl_2 \; \rightarrow \; 2\,NaCl \qquad \text{Cloruro de Sodio}$$

Ejemplos:

✓ Son enérgicos oxidantes, el "F" y el "Cl" reaccionan con todos los elementos excepto con He, Ne, Ar, el "Br" y el "I" no reaccionan con los metales y gases nobles.

Ejemplos:

$$C \; + \; F_2 \; \rightarrow \; C\,F_2$$
$$2Al \; + \; 3\,Cl_2 \; \rightarrow \; 2\,Al\,Cl_3$$
$$Br_2 \; + \; F_2 \; \rightarrow \; 2\,Br\,F$$
$$I_2 \; + \; F_2 \; \rightarrow \; 2\,I\,F$$

Cloro.

HISTORIA.

Fue descubierto el 1774 por Wilhelm Scheele por la acción del MnO_2 sobre HCl; Lavoisier pensó que todos los ácidos tenían oxígeno, pero en 1810 Gay Lussac, Thenard y Davy Humpherey demostroron que el cloro era un elemento. Fue Davy quien le dio el nombre de "cloro" en razón al color amarillo vedoso que presentó.

ESTADO NATURAL.

El cloro no se encuentra libre en la naturaleza debido a su gran energía química; combinado abunda en un 0.0145% en peso en la corteza terrestre. Se encuentra en grandes cantidades en el agua de mar, manantiales y minas de sal.

PROPIEDADES FÍSICAS Y QUÍMICAS

FÍSICAS

Símbolo	Cl
Fórmula molecular	Cl_2
Número atómico	17
Masa atómica	35,4527 (u.m.a)
Punto de fusión (°C)	-101,5
Punto de ebullición (°C)	-34,04
Densidad (kg/m³)	3,214; (0 °C)
Color, olor	amarillo-verdoso, sofocante y asfixiante
Estructura cristalina	Ortorrómbica
Estructura electrónica	$[Ne]\, 3\, s^2\; 3\, p^5$
Electrones en los niveles de energia	2, 8, 7
Números de oxidación	-1, +1, +3, +5, +7
Electronegatividad	3.16
Energía de ionización (kj.mol⁻¹)	1255
Afinidad electrónica (kj.mol⁻¹)	349
Radio atómico (pm)	99
Radio iónico (pm) (carga del ión)	181 (-1)
Volumen atómico (cm³/mol)	23.53

PROPIEDADES QUÍMICAS

✓ Es muy activo, reacciona con la mayoría de los elementos excepto el nitrógeno, oxígeno y carbono.

$$2\,Mg + Cl_2 \;\rightarrow\; 2\,MgCl_2$$

✓ Forma compuestos covalentes e iónicos, hipocloritos, cloruros, percloratos, etc.

$$\overset{0}{H}\overset{\times\times}{\underset{\times\times}{Cl}}\overset{\times}{\underset{\times}{}} \quad H\text{-}Cl \quad \text{Covalente} \qquad\qquad K^0 \; \overset{\times\times}{\underset{\times\times}{Cl}} \longrightarrow K^+ \; \left[\,\overset{\times\times}{\underset{\times\times}{Cl}}\,\right]^- \quad \text{iónico}$$

✓ Es un agente oxidante

$$\overset{0}{2\,Al} + \overset{0}{3\,Cl_2} \;\rightarrow\; \overset{+3}{2}\,Al\,\overset{-1}{Cl_3}$$

✓ Tiene acción deshidrogenante (puede quitar hidrógeno)

$$2\,Cl_2 + 2\,H_2O \;\rightarrow\; 4\,HCl + O_2\nearrow$$

✓ Es reactivo se descompone ante la luz (reacción fotoquímica) o por encima de 250 °C, provocando un a explosión y liberando gran cantidad de calor.
✓ Es soluble en agua (agua de cloro), bicloruro de azufre, ácido clorhídrico, tetracloruro de carbono, ácido acético y nitrobenceno.
✓ El cloro arde en la atmósfera de hidrógeno.

OBTENCIÓN.

a) Comercialmente se obtiene por electrólisis de cloruro de sodio fundido o en solución acuosa:

$$2\,NaCl + 2\,H_2O \;\xrightarrow{\text{Electricidad}}\; 2\,NaOH + H_2\nearrow + Cl_2\nearrow$$

b) Calentando una mezcla de cloruro de sodio, ácido sufúrico y dióxido de manganeso; la reacción en dos etapas.

Primera: Formación del ácido clorhídrico.

$$2\,NaCl + H_2SO_4 \;\rightarrow\; Na_2SO_4 + 2\,HCl\nearrow$$

Segunda: Oxidación de los iones cloruro por dióxiddo de manganeso y liberación de cloro.

$$2\,Cl^- + \overset{+4}{Mn}\overset{-2}{O_2} + 4\,H_2^+ \;\rightarrow\; Mn^{+2} + 2\,H_2O + Cl_2^0\nearrow$$

c) El laboratorio por le método de Scheele:

$$4HCl + MnO_2 \longrightarrow MnCl_2 + 2 H_2O + Cl_2 \nearrow$$

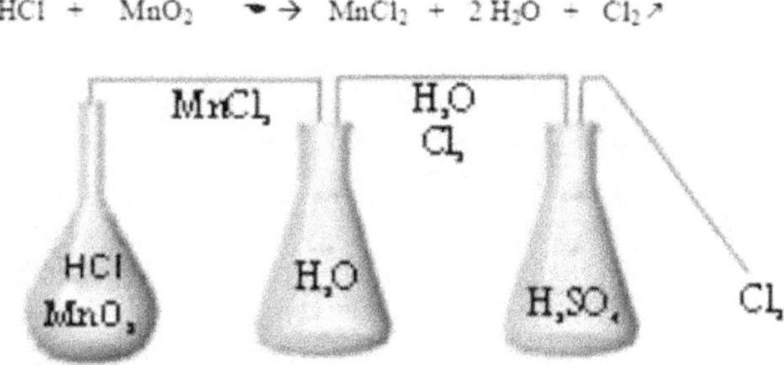

d) Por el método de Bertholet:

$$MnO_2 + 2 NaCl + 2 H_2SO_4 \rightarrow Mn SO_4 + Na_2 SO_4 + 2 H_2O + Cl_2 \nearrow$$

IDENTIFICACIÓN DEL CLORO

Para identificar al cloro hay que tomar en cuenta su olor irritante, su poder decolorante o blanqueador poniéndo una franela roja junto al gas Cl_2, la tela debe decolorarse.

APLICACIONES

El cloro es materia prima muy importante, se emplea en la fabricación de un gran número de productos de uso cotidiano.

Entre otras de sus aplicaciones tenemos:

- ✓ Para depurar y potabilizar agua
- ✓ En la producción de papel, colorantes, productos textiles, derivados del petróleo, medicinas, antisépticos, insecticidas, disolventes, pinturas, plásticos y otros productos.
- ✓ En gran cantidad se emplea en la producción de cloruro de hidrógeno (gas incoloro de olor asfixiante, cuya disolución es acuosa).
- ✓ La química orgánica consume una gran cantidad de cloro, tanto como agente oxidante, y agente de sustitución.
- ✓ Además se debe evitar respirar esta sustancia; en estado gaseoso es un agente irritante, daña las mucosas del aparato respiratorio.
- ✓ Los lugares que más cantidad de cloro consumen son los sanitarios para desinfectar.

COMPUESTOS DEL CLORO.
- Los más importantes son: El HCl y NaCl

CLORURO DE HIDROGENO (HCl)

HISTORIA.

A juzgar por los escritos atribuidos a Geber, el ácido clorhídrico era conocido por los antiguos químicos árabes, pero la preparación del ácido puro – espíritus salís - parece haber sido descrita por primera vez por el autor de los escritos atribuidos a Basilio Valentín (1644). El ácido parece haberse preparado destilando una mezcla de sal común y vitriolo verde (sulfato ferroso). J. R. Glauber (1648) describió la preparación del ácido por acción del ácido sulfúrico sobre la sal gema (cloruro de sodio). Esteban Hales (1727) observo que se preparaba un gas muy soluble en el agua calentando ácido sulfúrico con sal amoniaco (cloruro de amonio) y J. Priestley, en 1772, recogió el gas sobre mercurio. Mas tarde fue rebautizado con ácido muriático, y una vez establecida la naturaleza elemental del cloro, se le dio el nombre de ácido clorhídrico.

PROPIEDADES FÍSICAS.

- ✓ Es un gas incoloro de sabor agrio y olor irritante.
- ✓ Puede licuarse a 10 ºC, sometiéndola a una presión de 40 atmósferas. El licuado hierve a – 84ºC, a presión ordinaria siendo este gas muy estable.
- ✓ A 1500 ºC, menos del 0,3% esta disociado en sus elementos.
- ✓ En estado gaseoso humea en el aire húmedo, formando una niebla de gotitas de ácido clorhídrico.
- ✓ Con el agua forma una mezcla alótropa o de punto de ebullición constante, con 20,2 % de HCl, la cual hierve a 110ºC a 1 atmósfera de presión.

PROPIEDADES QUÍMICAS.

- ✓ Es más denso que el aire.
- ✓ Es un tóxico venenoso, produce quemaduras en la piel.
- ✓ En estado líquido no conduce corriente eléctrica
- ✓ No reacciona con el zinc, pero basta añadir una pequeña cantidad de agua para iniciar la reacción, desprendiéndose hidrógeno.
- ✓ Cuando se calienta cloruro de hidrógeno con los metales más activos, hay reacción, produciéndose cloruros metálicos.

$$2\,HCl + 2\,Na \rightarrow 2\,Na\,Cl + H_2 \nearrow$$

- ✓ El cloruro de hidrógeno se combina directamente con amoniaco para formar una nube blanca de cloruro amonio (partículas sólidas).

$$HCl + NH_3 \rightarrow NH_4\,Cl \nearrow$$

✓ La actividad del ácido clorhídrico se debe a la presencia del ión hidrónio, que se forma cuando el cloruro de hidrógeno covalente reacciona con el agua:

$$HCl + H_2O \rightarrow H_3O^+ + Cl^-$$

OBTENCIÓN

Se obtiene por desalojamiento de:

$$2\,NaCl + H_2SO_4 \rightarrow Na_2SO_4 + 2\,HCl\nearrow$$

Por sítesis:

$$H_2 + Cl_2 \xrightarrow{luz} 2\,HCl\nearrow$$

APLICACIONES

Tiene diversas aplicaciones:

✓ En limpieza como bactericida o desinfectante.
✓ Catalizador para la obtención de glucosa y otros productos por hidrólisis de almidón.
✓ En la fabricación de drogas y decolorantes.
✓ Galvanizador y esmaltador.
✓ Los fabricantes de cola se sirven de él para extraer el producto de los tegidos animales (pieles, pasuñas y cartílagos).
✓ Se utiliza en la preparación de ácido clórico, cloruros inorgánicos y otros procesos
✓ metalúrgicos.
✓ Para la limpieza de superficies en cerámica, porcelana, etc.
✓ En soldaduras para reducir los óxidos
✓ En limpieza de equipos como ser calderas y en la industria petrolera eliminando el caliche.

$$CaCO_3 + 2\,HCl \rightarrow CaCl_2 + CO_2 + H_2O$$

✓ En la industria siderúrgica para el decapado de oxidantes como ser laminados y barnizados.

$$Fe_2O_3 + 6\,HCl \rightarrow 2\,FeCl_3 + 3\,H_2O$$

CLORURO DE SODIO

HISTORIA.

Los chinos y los egipcios intentaron precisar el tiempo y lugar en que se descubrió la sal, pero como su uso venía desde mucho tiempo atrás, ninguno de ellos tuvo éxito en esta ardua tarea.

Algunos sostienen que se descubrió sobre malezas flotando en el mar, otros que se encontró primero en forma de sal de roca. Más generalizada es la creencia de que la primera sal se encontró en depósitos dejados por la evaporación de agua de mar.

ESTADO NATURAL.

Se encuentra en la naturaleza en el mineral llamado Alita; es una de las fuentes de cloruro de sodio (Na Cl) y se encuentra en depósitos subterráneos que suelen alcanzar varios cientos de metros de espesor.

PROPIEDADES FÍSICAS

Es un compuesto iónico típico, un sólido quebradizo de punto de fusión alto (801ºC) que conduce la electricidad en su estado fundido y en solución acuosa, tiene brillo vítreo, incoloro o blanco, también amarillento, azulino, purpurino, debido a las impurezas. Se presenta generalmente en cubos y aparece en forma de cristales semitransparentes pero algunas veces son deformados con caras cavernosas, tiene exfoliación cúbica y sabor salado.

OBTENCIÓN

El cloruro de sodio se obtiene también de agua de mar o de la salmuera (una solución concentrada de cloruro de sodio) por evaporación solar.

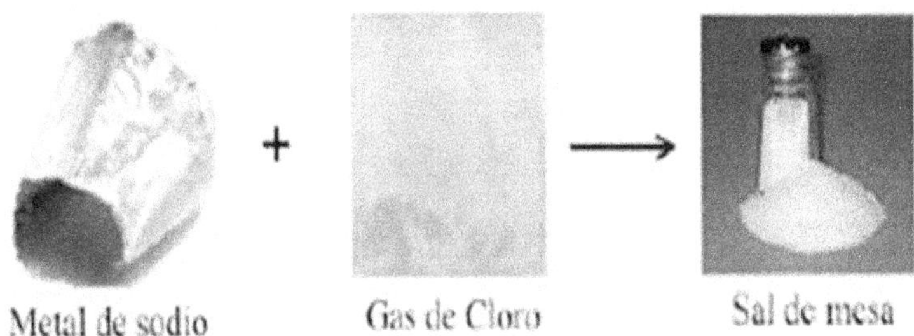

APLICACIÓN

El cloruro de sodio se utiliza más que cualquier otro material en la manufactura de compuestos químicos inorgánicos y sobre todo en la producción de ellos mismos, como: cloro gaseoso, hidróxido de sodio, sodio metálico. Hidrógeno gaseoso y carbonato de sodio. También se emplea para fundir hielo y nieve en autopistas y caminos; pero como el cloruro de sodio es dañino para la vida vegetal y promueve la corrosión de los automóviles, emplearlo con este fin se considera un riesgo para el ambiente.

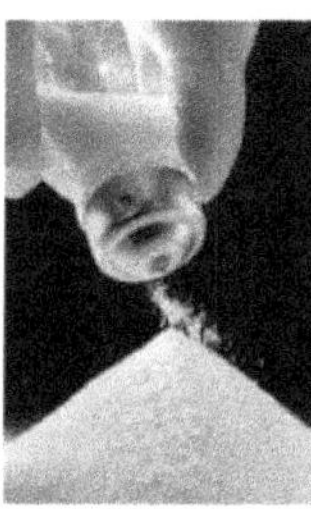

El cloruro de sodio se utiliza en las aplicaciones cotidianas y de conservación, en la fabricación de vidrio, jabón, blanqueadores, etc.

FLUOR.

No se encuentra libre en la naturaleza debido a su extrema actividad. Se encuentra combinado como componente en rocas como fluorita o espatoflúor, etc. Existe en los huesos, en esmalte de dientes y en agua de mar.

OBTENCION

Método de Moissan: es un aparato de platino, con tapones. Disolución del ácido fluorhídrico con fluoruro ácido de potasio.

PROPIEDADES

Es un gas amarillo pálido, de olor característico de una mezcla de O_3 y Cl_2. Puede licuarse, dando un líquido de color amarillo.

Se une con todos los elementos excepto el nitrógeno y los gases nobles.

Aplicaciones.

Como conservante de la amdera para prevenir el ataque por hongos, como insecticida, en bebidas, en aparatos de rayos X.

Fluoruro de hidrógeno.

Se obtiene a partir del fluoruro ácido de sodio.

$$2NaHF2 \longrightarrow NaF + H2F2.$$
$$CaF2 + H2SO4 \longrightarrow CaSO4 + H2F2.$$

Este vapor puede considerarse un líquido incoloro. Es menos activo que el ácido clorhídrico. Actúa sobre el SiO_4 (arena) y en vidrios.

Se emplea para grabar vidrios, termómetros.

Bioinorgánica del fluor.

Es el elemento más electronegativo y el más liviando de los halogenuros,es abundante en la naturaleza. Provoca efectos tóxicos crónicos y efectos benéficos en problemas de caries dentales.

En los seres vivientes está presente el fluoruro. Es un elemento posiblemente esencial.

Puede sustituir al OH- debido a su tamaño pequeño. El fluor puede penetrar rápidamente en la célulasm no desplaza a nunguno de los otros haluros.

Produce en los seres vivos procesos de biomerizacion y de mineralización. Transforma el $CO_3(PO_4)2$ en hidroxiapatía, previniendo caries dentales y la osteoporosis. Relacionado también con el metabolismo del hierro y de lípidos.

La principal ruta excrretora del organismo para eliminar al fluor es la urinaria.

BROMO.

Se encuentr en agua de mar, también combinado con sodio, potasio, magnesio.

OBTENCION

Por electrólisis de bromuros o por oxidación del ácido bromhídirco. El cloro libera al bromo de bromuros.

$$Cl_2 + 2 Br- \longrightarrow 2 Cl- + KBr$$

Por medio de H2SO4 + MnO2 + KBr

PROPIEDADES FISICAS

Es un líquido denso de color rojizo, de olor muy irritante. En contacto con la piel provoca serias quemaduras.

Es más soluble que el cloro, forma una disolución llamada "agua de bromuro", que es soluble en alcohol debido a que es un líquido y el cloro un gas.

PROPIEDADES QUIMICAS

Es menos activo que el cloro pero igualmente reacciona con hidrógeno y metales. No reacciona con el nitrógeno, el oxígeno y el carbono.

En medio básico, desproporciona, pero en medio ácido.

$$3BrO \longrightarrow 2Br + BrO3$$

$$OH + Br2 \longrightarrow BrO- + BrO3-$$

APLICACIONES

Se usa en la fabricación de drogas y colorantes. Es muy tóxico. El Br- equilibra la unión sináptica.

Uno de sus compuestos, el bromuro de bencilo, es utilizado por la policio como lacrmógeno.

Los bromuros de sodio, potasio, calcio y estroncio se utilizan como sedantes.

El AgBr se usa para películas fotográficas.

IODO.

Se encuentra en agua y algas de mar.
La mayor parte se encuentra como iodato de sodio contenido en el nitro de chile (NaNO$_3$)

OBTENCION

Acción del cloro sobre los ioduros:

$$2\ I^- + Cl2 \longrightarrow 2\ Cl^- + I2$$

Acción de MnO$_2$ y H$_2$SO$_4$ sobre I-
Oxidación de I-.
Desplazamiento de I-

PROPIEDADES FISICAS

Sólido negro cristalino. Es muy poco soluble en agua, es soluble en alcohol, éter, dando disoluciones de color pardo.
Sus vapores son de color violeta. El iodo dublima, tiene aspecto metálico.
Al calentarlo, las fuerzas del iodo son muy débiles es por esto que sublima.

PROPIEDADES QUIMICAS

Sus moléculas son biatómicas. Es el menos activo de los halógenos. Tiene mucha reacción con el oxígeno, pero muy poco con el hidrógeno.
El iodo e solventes oxigenados (agua, éter): color pardo o café. Interactua con el átomo de oxígeno.
El iodo en solventes no oxigenados (CCl$_4$, CHCl$_3$): color púrpura.
Es un oxidante en menor grado que los demás halogenuros.
El IO3- es un anión incoloro, oxidante neutro. El IO4- es un agente oxidante energético. (a mayor número de oxidación, más estable será el elemento).
El IO- sólo es estable en medio básico.

APLICACIONES

Importante antiséptico. El ioduro de plata se utiliza en fotografías, para fabricar compuestos orgánicos, para el endurecimiento de la glándula tiroides, antes de la cirugía de ésta.
Es uno de los colorantes fundamentales en microbiología. Sirve como reactivo del almidón.

BIOINORGANICA

El iodo secretado en la glándula tiroide (en un 80%) está relacionado con la hipófisis o glándula pituitaria. Se encuentra también en un 20% en glándulas salivales y riñones.

Si se produce la carencia de este compuesto se da una enfermedad llamada bocio, que se cura inyectando, en la glándula, iodotironina.

En lugares donde se conuse alimentos de origen marino el bocio es precticamente desconocido.

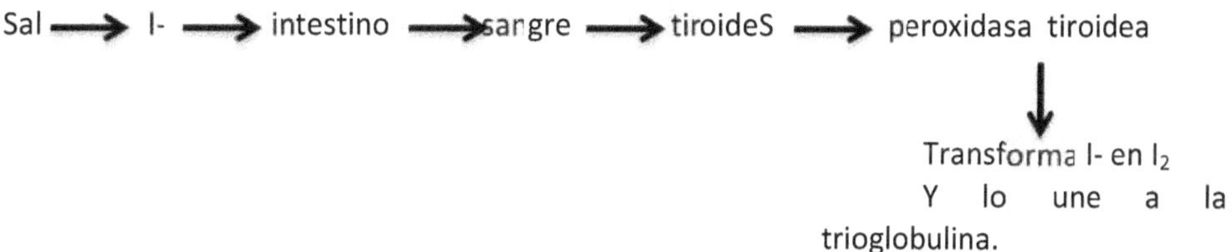

I_2:

T3: es la más activa.

T4: es una prohormona. Se tranforma en T3. Se excreta por via renal.

Aumento en T3, T4 = hipertiroidismo: persona flaca.

Disminución T3; T4 = hipotiroidismo: persona gorda, tranquila, bocio.

El potasio con BrO con I_2 reacciona de manare explosiva porque los halógenos tienen un tamaño atómico mayor y más parecido al metal, en cambio con cloro hay diferencia.

CUADRO COMPARATIVO DE LOS ELEMENTOS DEL GRUPO HALOGENOS

FLÚOR

Historia	Estado Natural	Propiedades	Obtención	Aplicación
Descubieto en 1670 por Schawankhard. En 1771 Scheele establecio que el Flúor era un ácido peculiar (ácido flórico). Ampere llegó a la conclusión de que el ácido flórico no tenia oxigeno.	No existe libre en la naturaleza. Ocupa el lugar 17 en abundancia en la corteza terrestre. Se encuentra en forma de compuestos: fluorita (CaF_2), criolita $(Na_3 Al F_6)$, fluor apatito y en forma de fluoruros en el agua de mar. Se encuentra en las rocas, aguas termales manantiales minerales, em los huesos, dientes, sangre, leche, plantas, etc.	Es gas amarilo pálido. Posee un olor penetrante y desagradable. Muy reactivo y venenoso. Agente oxidante. Posee mayor energia quimica. Más denso que el aire y muy corrosivo. Ataca a la piel y alas mucuosas.	Se obtiene a partir de: $$H_2SO_4 + CaF_2 \rightarrow CaSO_4 + H_2 + F_2 \nearrow$$ Po electrólisis: $$2 HF \xrightarrow{electricidad} F_2 \nearrow + H_2 \nearrow$$	Para la fabricación de compuestos fluorados. En la refrigeración y acondicionamiento del aire. En el cuidado de la salud y en otras areas. Disuelto en agua previene la caries dental. Como propelente de los cohetes espaciales. En las pastas dentrificas. Como desinfectante. El F_6U es esencial para el proceso de difusión gaseosa, para la separación de los isótopos de uranio.

CLORO

Historia	Estado Natural	Propiedades	Obtención	Aplicación
Descubierto en 1774 por Wilhelm Scheel. Llamado por el Aire Marino ácido flojisticador. Se creia que tenia oxigeno, pero en 1810 Davy demostró que era un elemento y lo llamó cloro.	No existe libre en la naturaleza. Combinado se existe en un 0.0145 % en la corteza terrestre, en forma de de cloruros, cloratos, sal marina, sal gema, canalita, etc. Se encuentra en el agua de mar, manantiales y minas de sal (salares).	Gas amarillo verdoso. Tiene gran energia quimica. Venenoso en concentraciones elevadas, salva vidas en bajas concentraciones. Es de olor sofocante y soluble en agua. Arde en atmósfera de hidrógeno. Decolorante, oxidante y desinfectante.	Por el método de Scheel: $$2MnO_2 + 2HCl \rightarrow 2Mn Cl_2 + 4H_2O + Cl_2 \nearrow$$ Por electrólisis: $$2 NaCl + 2H_2O \xrightarrow{Electricidad} 2 NaOH + H_2 \nearrow + Cl_2 \nearrow$$	Se lo emplea como blanquedor de fibras textiles, hilo, tejidos, pulpa de papel y otros materiales orgánicos. En la producción de plásticos, pinturas, derivados del petroleo, medicamentos, insecticidas, etc. Desinfectante y purificador de agua (en piscinas), para eliminar gémenes patógenos

BROMO

Historia	Estado Natural	Propiedades	Obtención	Aplicación
J. Von Libig fue el primero en obtenerlo, pero no le pretó mayor atención pesando que se trataba de cloruro de yodo. En 1826 A. J. Balard fue quien difundió su descubrimiento. Fue llamado sustancia "munde" y después Balard lo llamó bromo.	Se encuentre la naturaleza en pequeña proporción e forma de compuestos especialmente como bromuros en el agua de mar, manantiales salinos y en minas de sal. Tambien se encuentra en animales, plantas marinas, sal gema, en la orina humana y en todos los productos comerciales derivados directa o indirectamente de la sal marina o de las sales de Stassfu.	Es un liquido de color rojo pardo, de olor fétido y picante. Es corrosivo, volátil y muy venenoso. Es muy denso y soluble en agua (agua de bromo). Irrita las mucosas respiratorias y las inflama; afecta a los ojos. A temperatura ordinaria desprende vapores de color rojo parduzco.	El cloro desplaza al bromo: $$Mg Br_2 + Cl_2 \rightarrow Mg Cl_2 + Br_2$$ Por descomposicion: $$2 KBr \rightarrow 2 K + Br_2$$	Se emplea en metalurgia, fotografia y la producción de sustancias quimicas. Como agente decolorante, desinfectante y oxidante. Como materia prima importante para la fabricación de colorantes y de varias drogas. Para la fabricación de productos formaceuticos.

YODO

Historia	Estado Natural	Propiedades	Obtención	Aplicación
Fue descuberto accidentalmente por el fabricante de salitre Bernardo Courtois en 1811 Dos años después Gay Lussac determinó el caranter elemental de ydo y su afinidad del cloro. Gay Luzca le dio el nombre en razón al hermoso color que presentó (ioeides = violeta).	No existe libre en la naturaleza. Es menos abundante que los otros elementos (0.052 ppm). Se encuentra en pozos de sal muera, campos petroleros (California y Luciana) y ciertos vegetales marinos como las algas. En forma de compuestos, yodatos, yoduros, etc	Sólido cristalino de color violeta brillante. Su color desaparece por calentamiento, pero reaparece al enfriarse. Débilmente soluble en agua. Soluble en la solución yodo – yodurada y en hidrocarburos. Tiene gran avidez por el azufre y fósforo. Reacciona fácilmente con el almidón.	A partir de yodatos: $IO_3^- + 5I^- + 6H^+ \rightarrow 3I_2 + 3H_2O$ A partir de yoduros: $2I^- + Cl_2 \rightarrow 2Cl^- + I_2$ A partir de una sal: $MgI + Cl_2 \rightarrow MgCl_2 + I_2$	Se lo emplea abundantemente en medicina como antiséptico (tintura de yodo) En fabricación de colorantes productos químicos orgánicos, fotografí y en química analítica. En forma de NaI se adiciona a la sal de cocina en la proporción de yodo por cien mil cantidad mínima que requiere el organismo. Evita la aparición del bocio.

ASTATO

Historia	Estado Natural	Propiedades	Obtención	Aplicación
Descubirto en 1940 por D R. Corson en California - Berkeley. Su nombre deriva del griego, astatos = inestable El primer isótopo sintetizado tenía una masa atómica de 211 y una vida 7. 2 horas	Se encuentra en la naturaleza como parte integrante de los minerales de uranio. Por se inestable existe en forma radiactiva o de vida corta. En la corteza terrestre se encuentra en poca cantidad (28 g que equivale a una onza)	Es un elemento radiactivo y muy pesado. Su comportamiento es más parecido al de un metal. Tiene 25 isótopos los más importantes son: ^{211}At con una vida media de 7.2 horas y ^{210}At, con una vida media de 8,3 horas. Tiene características similares al yodo.	Se obtuvo bombardeando el isótopo ^{209}Bi con partículas alfa de alta energia.	No tiene muchas aplicaciones. El ^{211}At se utiliza en macaje isotópica. Son semiconductores en láseres. En la industria del uranio como aditivo y colorante. Se lo emplea en gammagrafía.

CAPÍTULO 11: METALES DE TRANSICIÓN

METALES DE TRANSICIÓN

INDRODUCIÓN.

Los metales de transición se localizan en la parte central de la tabla periódica y se les identifica con facilidad mediante un número romano seguido de la letra "b" en muchas tablas. No hay que olvidar, sin embargo, que ciertas tablas periódicas emplean un sistema distinto de rótulos, en el que los primeros grupos de metales de transición están marcados como grupos "a" y los dos últimos grupos de metales de transición se identifican como grupos "b". Otras tablas no emplean la designación de "a" o "b".

En general, las propiedades de los metales de transición son bastantes similares. Estos metales son más quebradizos y tienen puntos de fusión y ebullición mas elevados que los otros metales. Las densidades, puntos de fusión y puntos de ebullición de los metales de transición aumentan primero y luego disminuyen dentro de cada periodo, conforme aumenta el número atómico.

Esta tendencia es más notoria en los metales de transición del sexto periodo. Los metales de transición son muchos menos reactivos que los metales alcalinos y alcalinotérreos. Así, aunque los metales alcalinos, como el sodio o el potasio, nunca se encuentran libres en la naturaleza, si se ha podido encontrar muestras relativamente puras de varios metales de transición, como oro, plata, hierro y manganeso.

Los metales de transición pueden perder dos electrones de valencia del subnivel s más externo, además de electrones d retenidos con poco fuerza en el siguiente nivel energético mas bajo. Así un metal de transición en particular, puede perder un número variable de electrones para formar iones positivos con cargas distintas

El cobre, la plata y el oro se les llaman metales de acuñación. Los tres son buenos conductores de calor y electricidad. El cobre tiene un color rojizo característico, que poco a poco se oscurece conforme reacciona el metal con el oxigeno y los compuestos de azufre del aire.

Los elementos de transición regular mente presentan estado de oxidación + 3; los grupos I y II suelen tener + 1 y +2 como ocurre en Cu +1, Ag+1, Au +1 en el grupo I B y Zn+2, Cd +2 y Hg+2, del grupo II B también suele presentarse Cu+2, Au+3 y Hg+1 . Los elementos de transición pueden adquirir números de oxidación positivos de acuerdo al número de grupo como máximo. En términos amplios son los elementos con número atómico de 21 – 31, del 39 - 49 y del 71 – 81 en la clasificación más estricta de los elementos de transición, preferida por muchos químicos, influyen solo los elementos de número atómico de 22 – 28, del 40 – 46, del 72 – 78. Todos los elementos de clasificación tienen uno o más electrones y en la subcapa parcialmente llena y tienen, por lo menos, un estado de oxidación bien conocido.

Todos los elementos de transición son metales y, en general, se caracterizan por sus elevadas densidades, altos puntos de fusión y bajas presiones de vapor. En el mismo subgrupo, estas propiedades tienden a aumentar con el incremento del peso atómico. La facilidad para forma enlaces metálicos se demuestran por la existencia de una gran variedad de aleaciones entre diferentes metales de transición.

En sus compuestos, los elementos de transición tienden a exhibir valencias múltiples; la valencia máxima tiene a incrementarse de 3+ en la serie (Sc, Y, Lu) a 8+ en el quinto miembro (Mn, Re). Una de las características más importantes de los elementos de transición es la facilidad con que forma iones complejos y estables. Las características que constituyen a esta capacidad son la elevada relación carga radio y la disponibilidad de sus orbítales d parcialmente llenos, los cuales pueden ser utilizados para forma enlaces. La mayor parte de los iones y compuestos de los metales de transición son coloridos, y muchos de ellos paramagnéticos. Tanto el color como el paramagnetismo se relacionan con la presencia de electrones desapareados en la subcapa d. Por su capacidad para aceptar electrones en los orbítales d desocupados, los elementos de transición y sus compuestos exhiben con frecuencia propiedades catalíticas.

Por lo general, las propiedades de los elementos de transición son intermedias entre los llamados elementos representativos, en que las subcapas están completamente ocupadas por electrones (elementos alcalinos; halógenos), y los interiores o elementos de transición f, en que los orbítales de sus subcapas desempeñan un papel mucho menos importante en las propiedades químicas.

CLASIFICACIÓN DE LOS METALES DE TRANSICION.

Metales dúctiles:(Fe, Co, Ni, Cu, Zn)

Es la capacidad del metal para dejarse deformar o trabajar en frío; aumenta con la tenacidad y disminuye al aumentar la dureza. Los metales más dúctiles son el oro, plata, cobre, hierro, plomo y aluminio, etc.

Es una propiedad de un metal, una aleación o cualquier otro material que permite su deformación forzada, en hilos, sin que se rompa o astille. Cuanto más dúctil es un material, más fino es el alambre o hilo, que podrá ser estirado mediante un troquel para metales, sin riesgo de romperse. Decimos entonces que un metal dúctil es todo aquel que permite su deformación forzada, en hilos, sin que se rompa o astille.

La ductilidad, es la propiedad que presentan algunos metales y aleaciones cuando bajo la acción de una fuerza pueden estirarse sin romperse para obtener alambres o hilos. A los metales que presentan esta propiedad se les denomina dúctiles.

En el ámbito de la metalurgia se entiende por metal dúctil, aquél que sufre grandes deformaciones antes de romperse, siendo el opuesto el metal frágil, que se rompe sin apenas deformación.

No debe, sin embargo, confundirse dúctil con blando ya que la ductilidad es una propiedad que como tal se manifiesta una vez que el material está soportando una fuerza considerable; esto es, mientras la carga sea pequeña, la deformación también lo será, pero alcanzado cierto punto, el material cede, por decirlo así, deformándose en mucha mayor medida de lo que lo había hecho hasta entonces pero sin llegar a romperse.

En un ensayo de tracción, los materiales dúctiles presentan una fase de fluencia caracterizada por una gran deformación sin apenas incremento de la carga, el ceder del material que antes decíamos.

Desde un punto de vista tecnológico, al margen de consideraciones económicas, el empleo de materiales dúctiles presenta ventajas:

✓ **En la fabricación:** ya que son aptos para los métodos de fabricación por deformación plástica.

✓ **En el uso:** ya que avisan antes de romperse. En efecto, el mayor problema que presentan los materiales frágiles es que se rompen sin previo aviso, mientras que los materialesdúctiles sufren primero una acusada deformación, conservando aún una cierta reserva de resistencia, por lo que después será necesario que la fuerza aplicada siga aumentando para que se provoque la rotura.

La ductilidad de un metal se valora de forma indirecta a través de la resiliencia.

La ductibilidad es la propiedad de los metales para formar alambres o hilos de diferentes grosores. Los metales se caracterizan por su elevada ductibilidad, la que se explica porque los átomos de los metales se disponen de manera tal que es posible que se deslicen unos sobre otros y por eso se pueden estirar sin romperse.

Metales frágiles.

La fragilidad es la posibilidad de cambiar de forma por la acción del martillo, ¿qué quiere decir entonces? Que puede batirse o extenderse en planchas o laminas.

Propiedad que expresa falta de plasticidad, y por tanto, de tenacidad. Los materiales frágiles se rompen en el límite elástico, es decir su rotura se produce espontáneamente al rebasar la carga correspondiente al límite elástico.

Características de los elementos metálicos.

1. Conducen con facilidad el calor y la electricidad.
2. Presentan brillo metálico
3. Generalmente pueden ser laminados o estirados formando alambres, propiedades que se conocen como MALEABILIDAD y DUCTILIDAD.
4. Por lo regular a temperatura ambiente son sólidos excepto Hg, Ga, Cs y Fr.
5. Al combinarse con NO METALES ceden electrones por lo que adquieren cargas positivas (CATIONES).

Algunos elementos suelen comportarse según las condiciones como metales o como no metales; a estos se les conoce como METALOIDES.

PROPIEDADES GENERALES DE LOS ELEMENTOS DE TRANSICIÓN

NOMBRE	NIOBIO	TANTALIO	VANADIO
Masa atómica	92,90638	180,9479	50,9415
Número atómico	41	73	23
Número de oxidación	3 ; 5	5	2 ; 3 ; 4 ; 5
Estado de agregación	sólido	sólido	sólido
Estructura electrónica	2 - 8 - 18 - 12 - 1	2 - 8 - 18 - 32 - 11 - 2	2 - 8 - 11 - 2
Electronegatividad	1,6	1,54	1,6

NOMBRE	CROMO	MOLIBDENO	WOLFRAMIO
Masa atómica	51,9961	95,94	183,84
Número atómico	24	42	74
Número de oxidación	2 ; 3 ; 6	2 ; 3 ; 4 ; 5 ; 6	2 ; 3 ; 4 ; 5 ; 6
Estado de agregación	sólido	sólido	sólido
Estructura electrónica	2 - 8 - 12 - 2	2 - 8 - 18 - 13 - 1	2 - 8 - 18 - 32 - 12 - 2
Electronegatividad	1,6	1,8	1,7

NOMBRE	MANGANESO	RENIO	TECNECIO
Masa atómica	54,938049	186,207	(98)
Número atómico	25	75	43
Número de oxidación	2 ; 3 ; 4 ; 6 ; 7	- 1 ; 2 ; 4 ; 6 ; 7	7
Estado de agregación	sólido	sólido	sólido
Estructura electrónica	2 - 8 - 13 - 2	2 - 8 - 18 - 32 - 13 - 2	2 - 8 - 18 - 14 - 1
Electronegatividad	1,5	1,9	1,9

NOMBRE	HIERRO	OSMIO	RUTENIO
Masa atómica	55,845	190,23	101,07
Número atómico	26	76	44
Número de oxidación	2 ; 3	2 ; 3 ; 4 ; 6 ; 8	2 ; 3 ; 4 ; 6 ; 8
Estado de agregación	sólido	sólido	sólido
Estructura electrónica	2 - 8 - 14 - 2	2 - 8 - 18 - 32 - 14 - 2	2 - 8 - 18 - 15 - 1
Electronegatividad	1,8	2,2	2,2

NOMBRE	COBALTO	IRIDIO	RODIO
Masa atómica	58,933200	192,217	102,90550
Número atómico	27	77	45
Número de oxidación	2 ; 3	2 ; 3 ; 4 ; 6	2 ; 3 ; 4
Estado de agregación	sólido	sólido	sólido
Estructura electrónica	2 - 8 - 15 - 2	2 - 8 - 18 - 32 - 17	2 - 8 - 18 - 16 - 1

NOMBRE	NÍQUEL	PALADIO	PLATINO
Masa atómica	58,6934	106,42	195,078
Número atómico	28	46	78
Número de oxidación	2 ; 3	2 ; 4	2 ; 4
Estado de agregación	sólido	sólido	sólido
Estructura electrónica	2 - 8 - 16 - 2	2 - 8 - 18 - 18	2 - 8 - 18 - 32 - 17 - 1
Electronegatividad	1,8	2,20	2,7

NOMBRE	COBRE	ORO	PLATA
Masa atómica	63,546	196,96655	107,8682
Número atómico	29	79	47
Número de oxidación	1 ; 2	1 ; 3	1
Estado de agregación	sólido	sólido	sólido
Estructura electrónica	2 - 8 - 18 - 1	2 - 8 - 18 - 32 - 18 - 1	2 - 8 - 18 - 18 - 1
Electronegatividad	1,9	2,4	1,9

NOMBRE	CADMIO	CINC	MERCURIO
Masa atómica	112,411	65,39	200,59
Número atómico	48	30	80
Número de oxidación	2	2	1 ; 2
Estado de agregación	sólido	sólido	líquido
Estructura electrónica	2 - 8 - 18 - 18 - 2	2 - 8 - 18 - 2	2 - 8 - 18 - 32 - 18 - 2
Electronegatividad	1,69	1,65	1,9

En los elementos de transición, la mayoría de las propiedades físicas dependen de la configuración electrónica, pues el hecho de que el subnivel d esté parcialmente lleno, permite la formación de enlaces covalentes entre átomos en el estado cristalino, lo cual explica los altos puntos de fusión y ebullición, así como la alta dureza en la mayoría de estos elementos. El cromo y el manganeso son dos buenos ejemplos.

La estructura electrónica de estos elementos indica la existencia de 5 electrones desapareados en el subnivel 3d y esta es la razón de que se utilicen como elementos estructurales y para obtener aceros de alta dureza.

No ocurre lo mismo en aquellos elementos en los cuales ya esta lleno el subnivel d. Esto se demuestra si se estudian las propiedades físicas de los elementos de las subfamilias del cobre y del cinc. El cobre, la plata y el oro presentan todavía altos puntos de fusión y ebullición, debido a que sólo tienen un electrón en el subnivel 4s, pero su dureza es baja y son muy maleables. El cinc, el cadmio y el mercurio presentan bajos puntos de fusión y ebullición y los átomos tienen mucha libertad en el cristal hasta el punto que el mercurio es líquido.

Todos los elementos de transición son de carácter metálico; no obstante, presentan un pequeño tamaño atómico debido a la alta carga nuclear, indicada por la alta densidad. Sin embargo sus potenciales de ionización relativamente altos le comunican caracteres no metálicos.

Otra propiedad física importante de estos elementos, es el paramagnetismo que se presenta en sustancias, donde existen electrones desapareados. Recuérdese que el paramagnetismo es la propiedad que presentan algunas sustancias de ser atraídas por un campo magnético.

PROPIEDADES QUÍMICAS.

Configuración electrónica de la primera serie de transición

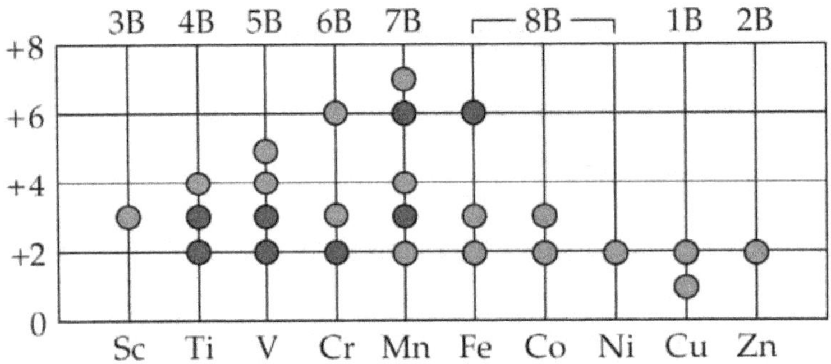

La química de los elementos de transición es quizás la más interesante entre los elementos químicos. En primer término, no se aprecia en los subgrupos una regularidad muy definida como se observa en otros grupos.

Comparados horizontalmente presentan mucha similitud hasta tal punto que al llegar a los subgrupos del hierro, cobalto y níquel, es mejor estudiarlos horizontalmente, ya que forman verdaderos subgrupos en este sentido. En la tabla se presenta la configuración electrónica de los elementos de la primera serie de transición, es decir, en la cual se llena con retraso el subnivel 3d, debido a que se llena primero el subnivel 4s, en virtud de la regla n + 1.

Por comodidad solo se especifica para cada elemento la población electrónica correspondiente a los subniveles 3d y 4s. Realmente la estructura electrónica de estos elementos tienen como base la configuración del elemento calcio (Z = 20).

En la tabla se puede ver como se cumple la regla de Hund, es decir, los electrones sólo empiezan a aparearse una vez han llenado todos los orbitales 3d. De acuerdo con las reglas generales para lograr la configuración electrónica de un elemento, se presentan dos excepciones: el cromo que deberá tener un orbital 3d libre y el cobre que deberá tener un orbital 3d con un solo electrón. La experiencia demuestra que estos dos elementos sólo presentan un electrón en el subnivel 4s, lo que indica que un electrón 4s debió promoverse al subnivel 3d de mayor energía, lo cual puede ocurrir porque la diferencia de energía entre ambos subniveles es muy baja y porque el átomo adquiere una mayor estabilidad cuando el subnivel esta lleno (en el caso del cobre), o semillero (en el caso del cromo).

El estudio de la configuración electrónica de los elementos de transición permite explicar propiedad es químicas generales, tales como: números de oxidación múltiples, coloración de los compuestos, formación de compuestos complejos, capacidad de hidrolizar de algunas especies iónicas y formación de compuestos intersticiales.

a) Números de oxidación múltiple

Si se detiene la atención en el elemento vanadio (Z=23), para el cual se conocen compuestos donde se presentan con números de oxidación $^{+2}$, en el ión V^{+2}; $^{+3}$ en la especie $V(OH)^{+4}$; $^{+4}$ en la especie $V(OH)_2^{+2}$ y $^{+5}$ en la especie VO^{+3}, es necesario concluir que en la formación de compuestos, los átomos de este elemento utilizan los dos electrones 4s y los tres electrones 3d.

b) Coloración de los compuestos.

Esta es otra característica importante de los elementos de transición. Casi todos presentan bellos colores, bien sea en estado sólido o en solución y un mismo elemento se presenta de diferentes colores, según el numero de oxidación.

Si alguna sustancia absorbe alguna porción del espectro de la luz blanca más fuertemente que en el resto del espectro, se dice que es coloreada. El color de la sustancia es el complemento del color absorbido; así, una sustancia que absorbe en la región azul aparecerá de color naranja al ojo y viceversa. La luz absorbida excita los electrones, los cuales pasan a niveles más altos de energía.

En los compuestos de los elementos de transición y especialmente en los iones complejos, se sabe que la luz absorbida promueve los electrones d a niveles de energía más alta.

El color de los iones complejos cambia considerablemente, a medida que la distribución de los electrones entre los orbítales d se modifica por la adición de agentes formadores de complejos, o cuando uno de estos se remplaza por otro. Esto se explica más claramente en razón de que la diferencia de energía entre los subniveles de los elementos de transición es poca y sólo se requiere energía entre 1.75 y 3.0 electrón-voltios por partículas, lo cual coincide con ciertas frecuencias del espectro visible. Así, cuando el vanadio en estado de oxidación +5 se reduce en medio ácido, pasa por color azul en el estado de oxidación +4; luego al verde en estado +3 y luego al violeta en estado +2. Otro ejemplo es el ión níquel hidratado que es de color verde y el $Ni(NH3)_4^{++}$ es azul.

c) Formación de iones complejos.

El fenómeno de la formación de iones complejos se explica por la existencia de enlaces covalentes coordinados entre especies con pares electrónicos libres y especies que permiten orbitales libres que aceptan los pares electrónicos.

Este es el caso que se presenta entre los átomos de los elementos de transición y especies como: H2O, NH3, CN-, Cl -. Considérese el ión complejo V(NH3)+36, en el cuál están implicados seis orbitales del ión V+3.

De acuerdo a la tabla 24.4, existen cuatro orbitales disponibles: tres del subnivel3d, y uno del subnivel 4s; esto significa que otros dos orbitales entran en la formación del complejo y los más próximos orbitales vacíos son los 4p, luego se puede representar la formación del complejo así:

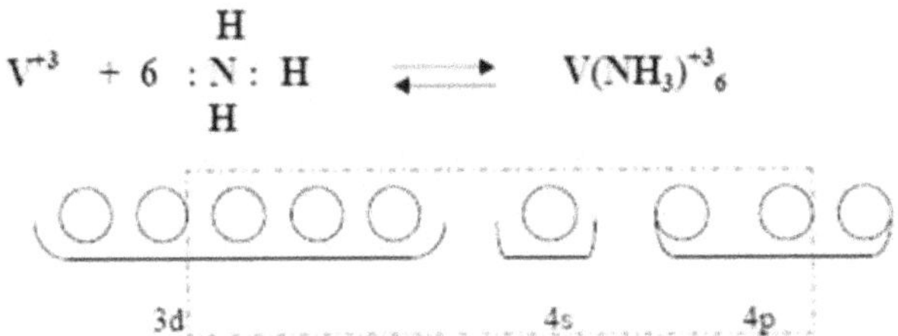

Aquí es necesario suponer una hibridación de orbitales, ya que los seis enlaces coordinados son de igual energía; en cambio los orbitales 3d, 4s 4p son de diferente energía. La hibridación de los tres orbitales d, 1 orbital s y 2 orbitales p darán 6 orbitales d3sp2, cuya forma generalmente es octaédrica, o sea que el complejo en cuestión puede representarse como se muestra en la figura.

d) Capacidad de hidrolizar

El tamaño pequeñito de los iones de los elementos de transición, hace prever que atraerán con fuerza a las cargas negativas. Esto es realmente lo que ocurre cuando una especie como el ión crómico (Cr^{+3}), cae en un medio acuoso y atrae a los iones OH^- de la moléculas del agua, rompiendo el enlace H – OH según la reacción:

$$Cr^{+3} + H_2O \rightleftharpoons CrOH^{+2} + H^+$$

Esta es la razón del porqué las disoluciones acuosas de iones de la mayoría de los elementos de transición son de carácter ácido.

e) Formación de compuestos intersticiales

Los elementos de transición parecen ser los únicos que pueden reaccionar con algunos no metales, para formar compuestos que se apartan de la ley de las proporciones definidas; son los llamados compuestos intersticiales. Ejemplo: $VH_{0,56}$, $TiO_{1,7}$ y $Cu_{1,65}$ Te.

APLICACIONES DE LOS METALES DE TRANSICIÓN.

El cobre se emplea de manera extensa en aplicaciones eléctricas, monedas, tubería para agua y en aleaciones muy conocidas como el latón, el bronce y la plata.

Entre otros metales de transición familiares están el cromo, hierro cobalto, níquel y zinc, del cuarto periodo de la tabla periódica. Estos metales se emplean mucho en diversas herramientas y en aplicaciones relacionadas. El hierro es el cuarto elemento más abundante y es el metal menos costoso. Las aleaciones del hierro, conocidas como acero, contienen cantidades pequeñas demetales como cromo, manganeso y níquel, que le dan resistencia, dureza y durabilidad. El hierro que esta cubierto con una delgada capa de zinc se dice que esta galvanizado. Algo así como la tercera parte de todo el zinc que se produce de emplea para galvanizar alambre, clavos y metal laminado. El zinc es importante en la producción de latón, pilas secas y fundiciones a troquel para objetos automotrices y de ferretería.

Los elementos de transición incluyen la mayor parte de los metales de mayor importancia económica, como el hierro, níquel y zinc, que son relativamente abundantes por una parte y por otra, los metales para acuñación, cobre, plata y oro. También se incluyen elementos raros y poco conocidos, como el renio y el tecnecio, el cual no se encuentra en la Tierra una forma natural, aunque en pequeñas cantidades como producto de fisión nuclear.

HIERRO.

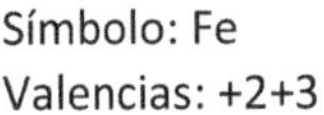

Símbolo: Fe
Valencias: +2+3

HISTORIA.

El hierro es uno de los siete elementos metálicos más conocidos desde los tiempos más remotos. Que los antiguos designaban a los metales por los nombres y símbolos de los siete grandes astros. Como ser: Oro (Sol), Plata (Luna), Mercurio (Mercurio), Cobre (Venus), Estaño (Júpiter), Hierro (Marte).

El símbolo para el hierro era el escudo y la lanza (o) de Marte, el Díos de la guerra. El hierro fue conocido desde tiempos muy antiguos, que los romanos le conocían con el nombre de "Ferrum" de donde deriva su símbolo actual Fe, siendo el más útil de todos los metales, tan grande es su importancia que existe toda una etapa histórica llamada edad del "Hierro".

PROPIEDADES.

El hierro puro tiene una dureza que oscila entre 4 y 5. Es blando, maleable y dúctil. Se magnetiza fácilmente a temperatura ordinaria; es difícil magnetizarlo en caliente, y a unos 790 °C desaparecen las propiedades magnéticas. Tiene un punto de fusión de unos 1.535 °C, un punto de ebullición de 2.750 °C y una densidad relativa de 7,86. Su masa atómica es 55,845.

El metal existe en tres formas alotrópicas distintas: hierro ordinario o hierro-a (hierro-alfa), hierro-g (hierro-gamma) y hierro-δ (hierro-delta). La disposición interna de los átomos en la red del cristal varía en la transición de una forma a otra. La transición de hierro-a a hierro-g se produce a unos 910 °C, y la transición de hierro-g a hierro-δ se produce a unos 1.400 °C. Las distintas propiedades físicas de las formas alotrópicas y la diferencia en la cantidad de carbono admitida por cada una de las formas desempeñan un papel importante en la formación, dureza y temple del acero

ESTADO NATURAL.

El hierro sólo existe en estado libre en unas pocas localidades, en concreto al oeste de Groenlandia. También se encuentra en los meteoritos, normalmente aleado con níquel. En forma de compuestos químicos, está distribuido por todo el mundo, y ocupa el cuarto lugar en abundancia entre los elementos de la corteza terrestre; después del aluminio, es el más abundante de todos los metales. El principal mineral de hierro es la hematites. Otros minerales importantes son la goetita, la magnetita, la siderita y el hierro del pantano (limonita). La pirita, que es un sulfuro de hierro, no se procesa como mineral de hierro porque el azufre es muy difícil de eliminar.

APLICACIONES

El hierro es el metal más usado, con el 95% en peso de la producción mundial de metal. Es indispensable debido a su bajo precio y dureza, especialmente en automóviles, barcos y componentes estructurales de edificios. El acero es la aleación de hierro más conocida, siendo éste su uso más frecuente. Las aleaciones férreas presentan una gran variedad de propiedades mecánicas dependiendo de su composición o el tratamiento que se haya llevado a cabo.

✓ Los aceros son aleaciones de hierro y carbono, en concentraciones máximas de 2.2% en peso Aproximadamente. El carbono es el elemento de aleación principal, pero los aceros contienen otros elementos. Dependiendo de su contenido en carbono se clasifican en:
- Acero bajo en carbono. Menos del 0.25% de C en peso. Son blandos pero dúctiles. Se utilizan en vehículos, tuberías, elementos estructurales, etcétera. También existen los aceros de alta resistencia y baja aleación, que contienen otros elementos aleados hasta un 10% en peso; tienen una mayor resistencia mecánica y pueden ser trabajados fácilmente.
- Acero medio en carbono. Entre un 0.25% y un 0.6% de C en peso. Para mejorar sus propiedades son tratados térmicamente. Son más resistentes que los aceros bajos en carbono, pero menos dúctiles; se emplean en piezas de ingeniería que requieren una alta resistencia mecánica y al desgaste.

BIOINORGANICA

Elemento de transición más abundante, transporta oxígeno y electrones, fija nitrógeno, elemento estrucutral de numerosas enzimas.

Son usados compuestos de Fe(II) (lactosa, fructosa) para inhibri su oxidación.

El hierro por ser un elemento esencial, muchas veces debe ser suplementado cuando su absorción es insuficiente o cuando existen problemas de retención.

Proteínas de hierro que contienen grupos hemos: las hemoproteínas son compuestos que contienen complejos porfirínicos de hierro como grupo prostéticos.

Las más importantes son: hemoglobina, mioglobina, citocromos, peroxidasas, catalasa.

Hemoglobina y mioglobina.

Hemoglobina formada por 4 grupos hemo y 4 globinas, está presente en los glóbulos rojos o hematíes. Con estado de oxidación Fe3+, no transportada al oxígeno; debe estar con un estado de oxidación Fe2+ para que transporte oxígeno en la sangre. Hemo es su grupo prostético, es decir, que no es una cadena polipeptídica. El hemo se conserva el Fe2+ y no se oxida porque el Fe está dentro del hemo en donde no hay agua (hidrofóbica).

Las proteínas simples dan aminoácidos, mientras que las proteínas conjugadas dan aminoácidos y otras estructuras.

El pirrol es un amolécula con cuatro carbonos, un nitrógeno y un hidrógeno; el anillo tetrapirrólico es el grupo hemo.

La mioglobina se encuentra en los músculos esqueléticos y es utilizada en la acumulación de oxígeno que llega a ella transportada por la hemoglobina.

Hemoglobina	Mioglobina
Estructura cuaternaria (4 subunidades)	Cadena polipeptídica unida a un grupo hemo.
Pero molecular 64500	Peso molecular 17800
Reservorio: hematíes	Reservorio: músculo esquelético
Función: toma oxígeno a nivel pulmonar y lo transporta a los tejidos	Función: fija oxígeno en los tejidos
Estado de oxidación: Fe2+	Estado de oxidación: Fe2+
Índice de coordinación: 5, máximo 6	Índice de coordinación: 5, máximo 6
Afinidad por el oxigeno: más o menos	Afinidad por el oxígeno: aumenta (oximioglobina)

ESTAÑO.

Símbolo: Sn
Valencias: + 2, + 4

HISTORIA.

Es un elemento metálico que fue utilizado desde la antigüedad.
Pertenece al grupo IV A del sistema periódico.

El descubrimiento del estaño en las tumbas egipcias muestra que el metal era conocido en épocas muy antiguas, aunque durante bastante tiempo se consideró como idéntico con el plomo. Los Romanos, sin embargo distinguieron el plomo del estaño, llamado al plomo Plumbun nigrun y al estaño plumbun candidum. La expresión "Stannum", de la cual deriva el símbolo moderno SN, fue empleado por los Romanos para designar ciertas aleaciones que contenían plomo, pero más tarde se restringió su significado al estaño solo.

No hay duda de que las minas de estaño de Cornwall (Inglaterra) fueron explotadas durante la ocupación Romana y exportada al continente Europeo en grandes cantidades.

PROPIEDADES.

Metal blanco plateado, blando y dúctil. Se usa para estañar innumerosas aleaciones, de las cuales la principal es el bronce. Elemento químico de símbolo Sn, número atómico 50 y peso atómico 118.69.

El estaño es un metal muy utilizado en centenares de procesos industriales en todo el mundo. En forma de hojalata, se usa como capa protectora para recipientes de cobre, de otros metales utilizados para fabricar latas, y artículos similares. El estaño es importante en las aleaciones comunes de bronce (estaño y cobre), en la soldadura (estaño y plomo) y en el metal de imprenta (estaño, plomo y antimonio) (véase Metalistería). También se usa aleado con titanio en la industria aeroespacial, y como ingrediente de algunos insecticidas. El sulfuro estaño (IV), conocido también como oro musivo, se usa en forma de polvo para broncear artículos de madera. Los países mayores productores de estaño son China, Indonesia, Perú, Brasil y Bolivia

ESTADO NATURAL.

El mineral principal del estaño es la casiterita (o estaño vidrioso), SnO_2, que abunda en Inglaterra, Alemania, la península de Malaca, Bolivia, Brasil y Australia. En la extracción de estaño, primero se muele y se lava el mineral para quitarle las impurezas, y luego se calcina para oxidar los sulfuros de hierro y de cobre. Después de un segundo lavado, se reduce el mineral con carbono en un horno de reverbero; el estaño fundido se recoge en la parte inferior y se moldea en bloques conocidos como estaño en lingotes.

APLICACIONES.

El estaño se utiliza como capa protectora del hierro, en la plancha estañada (hojalata). Las planchas de acero limpiadas cuidadosamente se introducen en estaño fundido, con lo que se recubren con una capa delgada y coherente de estaño. Esta plancha se emplea en la fabricación de botes de lata, y artículos similares.

Las vasijas de cobre se recubren también con estaño para evitar la formación del carbonato básico. También el estaño se usa en la fabricación de aleaciones, como el bronce (cobre y estaño), metal de soldaduras (estaño y plomo) y metal de imprenta (estaño, plomo y antimonio). También se usa aleado con titanio en la industria aerospacial, y como ingrediente de algunos insecticidas. El sulfuro de estaño (iv), conocido también como oro musivo, se usa en forma de polvo para broncear artículos de madera.

COBRE.

Símbolo: Cu
Valencias: + 1 + 2

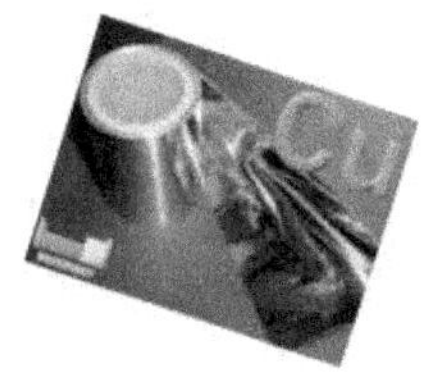

HISTORIA.

El cobre fue el primer metal que se uso para fabricar utensilios e instrumentos. "La edad del cobre" sigue a la "Edad de la piedra".

Esto se debe probablemente al hecho de que el cobre se encuentra en la naturaleza en el estado libre. Más tarde se aleó con el estaño para formar bronce, que fue el metal más importante de los griegos y romanos. El símbolo del cobre fue el espejo de Venus, Los romanos obtuvieron el cobre primeramente de la Isla del Chipre de donde viene su nombre latino Cuprum y el símbolo moderno Cu.

El gran desarrollo de las industrias eléctricas ha aumentado tanto la demanda de cobre que actualmente esta en importancia al lado del hierro.

PROPIEDADES.

Metal rojo pardo, dúctil, maleable, excelente conductor del calor y la electricidad, más duro que el oro y la plata, forma parte de numerosas aleaciones, como el latón, bronce, etc.

Elemento cuyo símbolo es Cu, número atómico 29 y peso atómico 63.54.

ESTADO NATURAL.

El cobre ocupa el lugar 25 en abundancia entre los elementos de la corteza terrestre. Frecuentemente se encuentra agregado con otros metales como el oro, plata, bismuto y plomo, apareciendo en pequeñas partículas en rocas, aunque se han hallado masas compactas de hasta 420 toneladas. El cobre se encuentra por todo el mundo en la lava basáltica, localizándose el mayor depósito conocido en la cordillera de los Andes en Chile, bajo la forma de pórfido. Este país posee aproximadamente el 25% de las reservas mundiales conocidas de cobre y a comienzos de 1980 se convirtió en el primer país productor de este metal. Los principales yacimientos se localizan en Chuquicamata, Andina, El Salvador y El Teniente.

Las principales fuentes del cobre son la calcopirita y la bornita, sulfuros mixtos de hierro y cobre. Otras menas importantes son los sulfuros de cobre calcosina y covellina; la primera se encuentra en Chile, México, Estados Unidos y la antigua URSS, y la segunda, en Estados Unidos.

La enargita, un sulfoarseniato de cobre, se encuentra en la antigua Yugoslavia, Suráfrica y América del Norte; la azurita, un carbonato básico de cobre, en Francia y Australia, y la malaquita, otro carbonato básico de cobre, en los montes Urales, Namibia y Estados Unidos. La tetraedrita, un sulfoantimoniuro de cobre y de otros metales, y la crisocolla, un silicato de cobre, se hallan ampliamente distribuidos en la naturaleza; la cuprita, un óxido, en España, Chile, Perú y Cuba, y la atacamita, un cloruro básico, cuyo nombre proviene de la región andina de Atacama, en el norte de Chile y Perú.

APLICACIONES.

Empleado para una gran variedad de aplicaciones a causa de sus ventajosas propiedades como son la conductividad del calor y electricidad, la resistencia a la corrosión, así como su maleabilidad y ductilidad, además de su belleza. Debido a su extraordinaria conductividad, solo superada por la plata, el uso más extendido se da en la industria eléctrica. Puede usarse tanto en cables y líneas de alta tensión exteriores, como en el cableado eléctrico en interiores de cables de lámparas y maquinaria eléctrica en general. También se utiliza en la acuñación de monedas y confección de utensilios de cocina, tinajas y objetos ornamentales.

Generadores, motores, reguladores, equipos de señalización, aparatos electromagnéticos y sistemas de comunicaciones.

Alguno de sus compuestos:
- Las sales cúpricas hidratadas son de color azul, mientras que las cuprosas son incoloras. En general las cúpricas son insolubles en agua, mientras que la cuprosas son solubles.
- Óxido cúprico CuO. Color negro. Se forma al calenta cobre al aire.
- Hidróxido de cobre II: $Cu(OH)2$. Color blanco azulado.
- Óxido cuproso Cu_2O: se encuentra como mineral (cuprita). Es de color rojo.
- Cu_2Cl: color amarillo.
- Sulfato cúprico. $CuSO4$: llamado también "vitriolo azul"
- Iones complejos de cobre:
- Compuestos del cromo VI: poder cancerígeno, fuerte poder de absorción: yeyuno, retención: hígado
    - ✓ Hidróxido cúprico $Cu(OH)2$: insoluble, se disuelve en agua amoniacal.
    - ✓ Cloruro cuproso $CuCl$: insoluble, se disuelve en HCl.
    - ✓ Cianuro cuproso: se disuelve en la disolución de unCN (cianuro).

BIOINORGANICA

Hay tres grupos de complejos de Cu (II) ligados a proteínas:
- Cu de tipo 1: presenta un color característico "proteínas azules"
- Cu de tipo 2: es paramagnético.
- Cu de tipo 3: diamagnéticas. Constituido por un par de iones Cu(II). Sometidos a fuerte acoplamiento antiferromagnético.

En sangre existe una proteína llamada "ceruloplasmina" que contiene cobre.

La enfermedad de Wilson, se origina por acumulación del elemento.

La enfermedad de Menkes, se origina por deficiencia del elemento que conduce a una degradación cerebral, lesiones óseas, etc.

En la actualidad se comercializan diversos preparados de EDTA (complejos de Cu) para paliar la situación.

ALUMINIO.

Símbolo: Al
Valencia: +3

HISTORIA.

En efecto, en 1.886 la producción mundial de aluminio era menos de 45 Kg., y su precio era algo mayor de 11 dólares por kg. En 1.989, por el contrario, la producción mundial estimada de aluminio primario era de 18 millones de toneladas métricas y el precio del aluminio era menos de 2 dólares por kg.

Su nombre procede de la palabra alumen con que los romanos designaban a las sustancias con propiedades astringentes.

PROPIEDADES.

Es un metal blando en estado puro, de color grisáceo y de baja densidad. El aluminio es dúctil y maleable pero a temperatura cercana a su punto de fusión se vuelve quebradizo.

Es un buen conductor del calor y la electricidad (de aquí su uso para cables de conducciones eléctricas de alta tensión).

El aluminio es un metal fuertemente electropositivo y sumamente reactivo. El aire húmedo lo empaña ligeramente pues se recubre de una fina y compacta capa de óxido que le aisla e impide que siga reaccionando. Por eso, los materiales hechos de aluminio no se oxidan.

El aluminio desplaza el hidrógeno de los ácidos y de las bases concentradas, formando por la acción de estas últimas los aluminatos.

El metal reduce a muchos otros compuestos metálicos a sus metales libres. Por ejemplo, cuando una mezcla de polvos de aluminio y óxido de hierro se calienta, el aluminio rápidamente quita el oxígeno al óxido de hierro; el calor de la reacción es suficiente para fundir el hierro. Este fenómeno se usa en procesos para soldar hierro.

El óxido de aluminio es anfótero (se comporta como ácido y como base).

Los compuestos más importantes son el óxido, el hidróxido y el sulfato.

El cloruro de aluminio anhidro es importante en las industrias químicas y del petróleo. Muchas gemas como el rubí y el zaf.

ESTADO NATURAL.

El aluminio es el elemento metálico más abundante en la corteza terrestre; sólo los elementos no metálicos oxígeno y silicio son más abundantes. Se encuentra normalmente en forma de silicato de aluminio puro o mezclado con otros metales como sodio, potasio, hierro, calcio y magnesio, pero nunca como metal libre.

APLICACIONES.

Por su elevada conductividad calorífica, se usa en utensilios de cocina y en los pistones de motores de combustión interna.

Su alta resistencia en relación a su peso y su resistencia a la corrosión lo hace útil en la construcción de aeronaves, embarcaciones, en perfiles y otros elementos de construcción, vagones de ferrocarril y chasis de coches y motocicletas y en general para todos aquellos usos en los que se necesiten metales resistentes y ligeros.

El peso del cable es muy importante en la transmisión de energía eléctrica de alto voltaje a largas distancias y por ello se usan los conductores de aluminio (en lugar de los de cobre) para tendidoseléctricos en líneas que soportan 700.000 V o más.

El papel de aluminio de 0,018 cm. de grosor, es de uso doméstico común, ya que protege los alimentos y otros productos perecederos de la descomposición. A causa de su ligereza, facilidad de manejo y compatibilidad con alimentos y bebidas, el aluminio se usa ampliamente como envase en la industria alimentaría. La recuperación y reciclaje de estos recipientes es una medida de conservación de la energía cada vez más importante.

Los compuestos de aluminio se usan como los catalizadores (Friedel Craft Al Cl3), purificación del agua (sulfato de aluminio) y en cerámicas (óxido de aluminio).

Este metal se utiliza cada vez más en arquitectura, tanto con propósitos estructurales como ornamentales. Las tablas, las contraventanas y las láminas de aluminio constituyen excelentes materiales de construcción.

ZINC.

Símbolo: Zn
Valencia: +2

HISTORIA.

Fue reconocido como elemento hasta 1746, cuando el químico alemán Andreas Sigismund Marggraf aisló el metal puro calentando calamina y carbón de leña.

PROPIEDADES.

Metal blanco azulado, laminoso, quebradizo a bajas temperaturas y a las superiores a 200 grados centígrados. Elemento cuyo símbolo es Zn, número atómico 20 y peso atómico 65.38.

ESTADO NATURAL.

Ocupa el lugar 24 en abundancia entre los elementos de la corteza terrestre. No existe libre en la naturaleza, sino que se encuentra como óxido de cinc (ZnO) en el mineral cincita y como silicato de cinc ($2\ ZnO \bullet SiO_2H_2O$) en la hemimorfita. También se encuentra como carbonato de cinc ($ZnCO_3$) en el mineral esmitsonita, como óxido mixto de hierro y cinc ($Zn(FeO_2)O_2$) en la franklinita, y como sulfuro de cinc (ZnS) en la esfalerita, o blenda de cinc. Las menas utilizadas más comúnmente como fuente de cinc son la esmitsonita y la esfalerita

APLICACIONES.

Es empleado como capa protectora o galvanizado para el hierro y el acero, y como componente de distintas aleaciones, especialmente del latón. También se utiliza en las placas de las pilas eléctricas secas, y en las fundiciones a troquel.

El óxido de zinc, se usa como pigmento de pintura, rellenador de llantas de goma y como pomada antiséptica en medicina. El cloruro del zinc se usa para preservar la madera y comofluido soldador. El sulfuro de zinc es útil en la electroluminiscencia, la fotoconductividad, la semi conductividad y otros usos electrónicos. Se utiliza en los tubos de las pantallas de televisión y en los recubrimientos fluorescentes.

CADMIO.

Símbolo: Cd
Valencia: +1+2

HISTORIA.

El cadmio fue descubierto en 1817 por el químico alemán Friedrich Stromeyer, en las incrustaciones de los hornos de cinc. El elemento ocupa el lugar 65 en abundancia entre los elementos de la corteza terrestre

PROPIEDADES.

Tiene un punto de fusión de 321 °C, un punto de ebullición de 765 °C y una densidad de 8,64 g/cm3; la masa atómica del cadmio es 112,40. Al calentarlo arde en el aire con una luz brillante, formando el óxido CdO.

Metal blanco y plateado que se puede moldear fácilmente. Elemento cuyo símbolo es Cd, número atómico 48 y peso atómico 112.40. Casi todo el cadmio industrial se obtiene como subproducto en el refinado de los minerales de zinc, para separar el cadmio no del zinc se utiliza la destilación fraccionada o la electrólisis.

ESTADO NATURAL.

El cadmio sólo existe como componente principal de un mineral, la greenockita (sulfuro de cadmio), que se encuentra muy raramente. Casi todo el cadmio industrial se obtiene como subproducto en el refinado de los minerales de cinc. Para separar el cadmio del cinc se utiliza la destilación fraccionada o la electrólisis

APLICACIONES.

El cadmio puede depositarse electrolítica mente en los metales para recubrirlos, principalmente en el hierro o el acero, en los que forma capas químicamente resistentes. Se usa con plomo, estaño y bismuto en la fabricación de extintores, alarmas de incendios y de fusibles eléctricos.

También se utiliza una aleación de cadmio, plomo y zinc para soldar el hierro. Las sales de cadmio se usan en fotografía y en la fabricación de fuegos artificiales, caucho, pinturas fluorescentes, vidrio, porcelana astringente, etc.

CUIDADOS.

El cadmio presente en el agua y procedente de los vertidos industriales, de tuberías galvanizadas deterioradas, o de los fertilizantes derivados del cieno o lodo puede ser absorbido por las cosechas; de ser ingerido en cantidad suficiente, el metal puede producir un trastorno diarreico agudo, así como lesiones en el hígado y los riñones.

TUNGSTENO / WOLFRAMIO

PROPIEDADES.

Metal duro, blanco plateado elemento químico de símbolo Tg, número atómico 74 y peso atómico 183.858. Se llama también Wolframio (W).

Los valores están calculados con las cotizaciones internacionales.

APLICACIONES.

Se usa principalmente en la manufactura de filamentos para lámparas eléctricas, en la confección de aceros especiales, instrumentos cortantes y contactos eléctricos.

También se utiliza en la fabricación de bujías de encendido, contactos eléctricos, herramientas de corte y placas en tubos de rayos X.

MOLIBDENO.

Símbolo: Mo
Valencia: +3+4+5+6

HISTORIA.

Fue descubierto en 1781 por el químico sueco Carl Wilhelm Scheele. El molibdeno se disuelve en ácido nítrico y agua regia, y es atacado por los álcalis fundidos. El aire no lo ataca a temperaturas normales, pero arde a temperaturas por encima de los 600 °C formando óxido de molibdeno.

PROPIEDADES.

Metal blanco de aspecto similar al del platino, dúctil, difícilmente fusible, con propiedades químicas similares a las del cromo. Elemento cuyo símbolo es Mo, número atómico 42 y peso atómico 95.95.

El molibdeno no existe libre en la naturaleza, sino en forma de minerales, siendo los más importantes la molibdenita y la wulfenita. Ocupa el lugar 56 en abundancia entre los elementos de la corteza terrestre y es un oligoelemento importante del suelo, donde contribuye al crecimiento de las plantas.

APLICACIONES.

El metal se usa principalmente en aleaciones con acero. Esta aleación soporta altas temperaturas y presiones y es muy resistente, por lo que se utiliza en la construcción, para hacer piezas de aviones y piezas forjadas de automóviles.

El alambre de molibdeno se usa en tubos electrónicos, y el metal sirve como electrodo en los hornos de vidrio. El sulfuro de molibdeno se usa como lubricante en medios que requieren altas temperaturas.

BISMUTO

Símbolo: Bi
Valencia: +2+3

HISTORIA.

Ya era conocido en la antigüedad, pero hasta mediados del siglo XVIII se confundía con el plomo, estaño y cinc.

PROPIEDADES.

Metal escaso, de color rosáceo. Elemento cuyo símbolo es Bi, número atómico 83 y peso atómico 208.98.

ESTADO NATURAL.

Ya era conocido en la antigüedad, pero hasta mediados del siglo XVIII se confundía con el plomo, estaño y cinc. Ocupa el lugar 73 en abundancia entre los elementos de la corteza terrestre y es tan escaso como la plata. La mayor parte del bismuto industrial se obtiene como subproducto de la afinación del plomo

APLICACIONES.

La mayoría del bismuto industrial se obtiene como subproducto de l afinación del plomo, el nitrato de bismuto se emplea en medicina y en cosmética. El bismuto se expande al solidificarse; esta extraña propiedad le convierte en un metal idóneo para fundiciones. Es una de las sustancias más fuertemente diamagnéticas (dificultad para magnetizarse). Es un mal conductor de calor y la electricidad, y puede incrementarse su resistencia eléctrica, propiedad que le hace útil en instrumentos para medir la fuerza de campos magnéticos; el bismuto es opaco a los rayos X y puede emplearse en fluoroscopia.

ORO.

Símbolo: Au
Valencias: + 1 + 3

HISTORIA.

El oro es probablemente el metal que el hombre conoce desde más antiguo. Las minas de oro de Nubia fueron trabajadas por los egipcios. El método de amalgamación para la extracción del oro, lo describe ya Plinio el viejo. Los alquimistas llamaron al metal sol y la representaron por el simbolote la perfección, O ó O, porque la caracterizaban como el más perfecto de los metales nobles. El símbolo moderno Au, viene del nombre latin Aurum.

Del latín aurum, 'oro'), es un elemento metálico, denso y blando, de aspecto amarillo brillante. El oro es uno de los elementos de transición del sistema periódico. Su número atómico es 79.

Propiedades: El oro puro es el más maleable y dúctil de todos los metales. Puede golpearse con un martillo hasta conseguir un espesor de 0,000013 cm y una cantidad de 29 g se puede estirar hasta lograr un cable de 100 km de largo. Es uno de los metales más blandos (2,5 a 3 de dureza) y un buen conductor eléctrico y térmico. El oro es de color amarillo y tiene un brillo lustroso. Como otros metales en polvo, el oro finamente dividido presenta un color negro y en suspensión coloidal su color varía entre el rojo rubí y el púrpura.

PROPIEDADES.

El oro es un metal muy inactivo. No le afecta el aire, el calor, la humedad ni la mayoría de los disolventes. Sólo es soluble en agua de cloro, agua regia o una mezcla de agua y cianuro de potasio. Los cloruros y cianuros son compuestos importantes del oro. Tiene un punto de fusión de 1.064 °C, un punto de ebullición de 2.970 °C y una densidad relativa de 19,3. Su masa atómica es de 196,967.

ESTADO NATURAL

El oro se encuentra en la naturaleza en las vetas de cuarzo y en los depósitos de aluviones secundarios como metal en estado libre o combinado. Está distribuido por casi todas partes, aunque en pequeñas cantidades, ocupando el lugar 75 en abundancia entre los elementos de la corteza terrestre. Casi siempre se da combinado con cantidades variables de plata. La aleación natural oro-plata recibe el nombre de oro argentífero o electro. En combinación química con el teluro, está presente junto con la plata en minerales como la calverita y la silvanita, y junto con el plomo, el antimonio y el azufre en la naguiagita. Con el mercurio aparece como amalgama de oro. También se encuentra en pequeñas cantidades en piritas de hierro, y a veces existen cantidades apreciables de oro en la galena, un sulfuro de plomo que suele contener plata.

APLICACIONES.

El oro como metal precioso se emplea aleado en el cobre, la plata, y durante mucho tiempo se lo ha usado en la acuñación de monedas. Actualmente es todavía empleado como reserva de riqueza y patrón monetario, por los cuál es conservado por todos los principales bancos del mundo.

El oro que se usa en joyería suele ser de 10 a 22 quilates.

Los panes de oro se usan en el dorado y en encuadernación para letreros.

Se utiliza también en forma de láminas para dorar y rotular. El púrpura de Cassius, un precipitado de oro finamente pulverizado e hidróxido de estaño (iv), formado a partir de la interacción de cloruro de oro (iii) y cloruro de estaño (ii), se emplea para el coloreado de cristales de rubí. El ácido cloráurico se usa en fotografía para colorear imágenes plateadas. El cianuro de oro y potasio se utiliza para el dorado electrolítico. El oro también tiene aplicaciones en odontología. Los radioisótopos del oro se emplean en investigación biológica y en el tratamiento del cáncer

PLATA

Símbolo: Ag
Valencia:+1

HISTORIA.

La plata es un elemento conocido desde la antigüedad, por lo que también es llamado elemento nativo

PROPIEDADES.

Elemento químico de número atómico 47. Es un metal precioso de color metálico claro que a temperatura estándar es sólido. Es uno de los mejores conductores del calor y de la electricidad. Se encuentra raramente en la naturaleza, lo que le hace ser un metal caro. Es muy dúctil y maleable por lo que es especialmente apreciado en joyería. En hispanoamérica el sustantivo plata suele usarse para referirse al dinero. Heráldica: Metal heráldico que se corresponde con la plata.

En imprenta se representa mediante el color blanco o la ausencia de tinta. En grabado se representa del mismo modo, mediante la ausencia de puntos o rayas en la superficie del campo o figura. Recibe otros nombres como Argén (del francés "Argent" que significa "plata").

ESTADO NATURAL.

La plata ocupa el lugar 66 en abundancia entre los elementos de la corteza terrestre. No existe apenas en estado puro; los sedimentos más notables de plata pura están en México, Perú y Noruega, donde las minas han sido explotadas durante años. La plata pura también se encuentra asociada con el oro puro en una aleación conocida como oro argentífero, y al procesar el oro se recuperan considerables cantidades de plata. La plata está normalmente asociada con otros elementos (siendo el azufre el más predominante) en minerales y menas.

Algunos de los minerales de plata más importantes son la cerargirita (o plata córnea), la pirargirita, la silvanita y la argentita. La plata también se encuentra como componente en las menas de plomo, cobre y cinc, y la mitad de la producción mundial de plata se obtiene como subproducto al procesar dichas menas. Prácticamente toda la plata producida en Europa se obtiene como subproducto de la mena del sulfuro de plomo, la galena. La mayoría de la plata extraída en el mundo procede de México, Perú y Estados Unidos. En 2000 la producción mundial de plata se aproximaba a las 18.000 toneladas.

APLICACIONES.

Tetera de plata La plata siempre fue apreciada como vajilla por su brillo y su belleza. Debe pulirse frecuentemente para mantener el brillo, debido al deslustre causado por el azufre y los sulfuros, que se encuentran en pequeñas cantidades en la atmósfera.Bridgeman Art Library, London/New york.

El uso de la plata en joyería, servicios de mesa y acuñación de monedas es muy conocido. Normalmente se alea el metal con pequeñas cantidades de otros metales para hacerlo más duro y resistente. La plata fina para las cuberterías y otros objetos contiene un 92,5% de plata y un 7,5% de cobre. La plata se usa para recubrir las superficies de vidrio de los espejos, por medio de la vaporización del metal o la precipitación de una disolución. Sin embargo, el aluminio ha sustituido prácticamente a la plata en esta aplicación. La plata también se utiliza con frecuencia en los sistemas de circuitos eléctricos y electrónicos.

Los halogenuros de plata (bromuro de plata, cloruro de plata y yoduro de plata) que se oscurecen al exponerlos a la luz, se utilizan en emulsiones para placas, película y papel fotográficos. Estas sales son solubles en tiosulfato de sodio, que es el compuesto utilizado en el proceso de fijación fotográfica

PLATINO.

Símbolo: Pt
Valencia: +2+4

HISTORIA.

El platino es un elemento conocido desde la antigüedad, por lo que también es llamado elemento nativo

PROPIEDADES.

El platino es considerado como uno de los más preciosos metales. En la naturaleza, generalmente forma parte de los Metales del Grupo del Platino y se encuentra junto a otros metales como el oro, el níquel o el cobre. Los Metales del Grupo del Platino (MGP) son Platino (Pt), Paladio (Pd), Rodio (Rh), Rutenio (Ru), Iridio (Ir) y Osmio (Os). Platino y Paladio son los más importantes del grupo.

El platino, que es un metal raro, escaso y costoso, presenta ciertas propiedades que lo hacen único. Las específicas propiedades químicas y físicas de este metal son de uso esencial en muchas aplicaciones. Al platino se le conoce como el metal del medio ambiente. En realidad, aproximadamente el 20% de los productos que se fabrican en el mundo contienen platino o se producen utilizando platino

El platino es uno de los metales más densos y pesados, altamente maleable, suave y dúctil. Es un metal extremadamente resistente a la oxidación y la corrosión de altas temperaturas o elementos químicos, al mismo tiempo que es un muy buen conductor de la electricidad y un poderoso agente catalizador. El platino solamente es soluble en aqua regia. Este metal precioso tiene un color plata-blanquecino y no se deslustra.

ESTADO NATURAL.

Ocupa el lugar 72 en abundancia natural entre los elementos de la corteza terrestre. Excepto en el mineral esperrilita (arseniuro de platino), el platino existe en estado metálico, a menudo aleado con otros metales del platino. Se han encontrado pepitas del metal de hasta 9,5 kg

APLICACIONES.

JOYERÍA

El sector de mayor utilización de platino es la industria internacional de joyería. En 1999, la demanda de platino para joyería representó más de la mitad de la demanda total de platino. Este metal precioso es altamente valorado por su belleza y pureza, junto con sus particulares propiedades. Aunque en Europa y Estados Unidos, la pureza normal es 95%, en ciertos países la pureza puede caer hasta 85%. El color del platino, su fuerza y dureza, así como su resistencia al deslustre, son algunas de las ventajas de este metal en joyería. El platino proporciona un engaste seguro para diamantes y otras piedras preciosas, destacando su brillantez. Además, su flexibilidad es un elemento de gran importancia para los diseñadores de joyería. La joyería del platino se considera el metal precioso del "Nuevo Milenio".

La demanda de joyería de platino ha crecido constantemente desde 1983. El primer mercado mundial de joyería de platino es Japón, donde este metal es muy popular y está muy de moda. Sin embargo, este mercado se ha visto afectado por la situación de la economía japonesa en los últimos años. Al mismo tiempo, la demanda de platino ha experimentado un fuerte crecimiento en China, un mercado que podría superar a Japón en el futuro próximo. Este metal blanco ha pasado a ser altamente valorado y muy consumido en China. En consecuencia, se ha desarrollado en el país la capacidad de producción de platino. Europa y Norte América son también mercados de gran dinamismo para el platino, especialmente en el sector de anillos de boda.

CATALIZADORES PARA VEHICULOS.

El platino, junto con el paladio y el rodio, son los principales componentes de los catalizadores que reducen en los vehículos las emisiones de gases como hidrocarbonos, monóxido de carbono u oxido de nitrógeno. Los catalizadores convierten la mayor parte de estas emisiones en dióxido de carbono, nitrógeno y vapor de agua, que resultan menos dañinos. Este es el segundo sector de mayor uso de platino, alcanzando el 21% de la demanda total de platino en 1999.

La demanda de platino para catalizadores comenzó a crecer de forma significativa en los años setenta cuando se aprobó la legislación de aire limpio (Clean Air) en Estados Unidos y en Japón. Muchos otros países siguieron esta política desde entonces. Sin embargo, en la última década, se ha producido una importante sustitución del platino por el paladio en los catalizadores en Estados Unidos, principalmente debido al menor coste relativo y a la mayor eficiencia del paladio. En Europa, el platino se usó más extensamente que el paladio debido a que es un elemento esencial en los coches diesel. Los más recientes acontecimientos del mercado del paladio, a finales de la década de los noventa, junto con los avances tecnológicos, han llevado a una vuelta al uso del platino. Igualmente, en los últimos años, la demanda de platino para catalizadores ha experimentado un crecimiento considerable en los países emergentes que han introducido nuevas legislaciones medioambientales. En definitiva, se espera que la demanda de platino para esta aplicación crezca como consecuencia de la aprobación de regulaciones y normas de emisión de vehículos cada vez más estrictas.

ELECTRICA Y ELECTRONICA.

El platino se usa en la producción de unidades de disco duro en ordenadores y en cables de fibra óptica. El uso cada vez mayor de ordenadores personales seguirá teniendo un efecto muy positivo en la demanda de platino en el futuro. Otras aplicaciones del platino incluyen dispositivos (termocouples) que miden la temperatura en las industrias de vidrio, acero y semiconductores, o detectores infra-red para aplicaciones militares y comerciales. También se usa en capacitadores cerámicos multi-capas y en crisoles para cristal.

QUIMICA.

El platino se usa en fertilizantes y explosivos como una gasa para la conversión catalítica de amoniaco en ácido nítrico. También se usa en la fabricación de siliconas para los sectores aerospacial, automoción y construcción. En el sector de la gasolina es usado como aditivo de los carburantes para impulsar la combustión y reducir las emisiones del motor. Además, es un catalizador en la producción de elementos biodegradables para los detergentes domésticos.

VIDRIO.

El platino se usa en equipos de fabricación de vidrio. También se emplea en la producción de plástico reforzado con fibra de vidrio y en los dispositivos de cristal líquido (LCD). En este contexto, es importante mencionar los nuevos desarrollos que se están dando en la producción de los dispositivos LCD y de tubos de rayos catódicos, utilizados ambos en la fabricación de pantallas para ordenadores

En los últimos años se ha adoptado un nuevo método para la fabricación continua de vidrio en crisoles recubiertos de platino que se remueven con varillas recubiertas con el mismo metal en las cámaras cilíndricas de acabado (u homogeneizantes). Mediante este proceso se obtiene mayor cantidad de vidrio óptico, más barato y de superior calidad al que se obtenía

PALADIO.

Símbolo: Pd
Valencia: +2+4

HISTORIA.

El paladio fue descubierto en 1804 por el químico británico William Hyde Wollaston

PROPIEDADES.

El paladio es un metal precioso extremadamente raro. En la naturaleza se encuentra generalmente formando parte de los Metales del Grupo del Platino y junto a otros metales como el oro, el níquel o el cobre. El paladio es un metal escaso y caro y, como el resto de los metales del grupo, muestra propiedades poco comunes. Las particulares propiedades físicas y químicas de este metal son de uso esencial para distintas aplicaciones industriales. Al igual que el platino, el paladio se usa extensamente en aplicaciones "verdes", especialmente en catalizadores para la industria del automóvil. Sin embargo, el mercado del paladio es limitado y los precios son extremadamente volátiles.

El paladio es el metal menos denso y el que tiene el menor punto de fusión entre los metales del grupo del platino. Tiene un color plata blanquecino, es suave y dúctil y no se deslustra con el aire. Su manipulación en frío aumenta en gran medida su fuerza y dureza.

Es un metal que soporta la corrosión de las altas temperaturas, así como la oxidación, pero es atacado por los ácidos sulfúrico y nítrico. Al paladio se le ha denominado como "extraordinaria esponja empapada" (amazing soaking sponge) debido al hecho de que a temperatura ambiente presenta la rara propiedad de absorber hasta 900 veces su propio volumen de hidrógeno. El hidrógeno se difumina rápidamente en el paladio caliente y así proporciona un medio para purificar el gas.

ESTADO NATURAL.

Ocupa el lugar 71 en abundancia natural entre los elementos de la corteza terrestre.

El metal existe en estado puro en las menas de platino y en estado combinado en las menas canadienses de níquel.

APLICACIONES.

El metal se usa principalmente en el campo de las comunicaciones, donde se utiliza para revestir contactos eléctricos en dispositivos de control automáticos. Se usa también en odontología; para resortes no magnéticos en relojes de pulsera y de pared, para revestir espejos especiales y en joyería, aleado con oro, en lo que se conoce como oro blanco.

El paladio, ha permitido realizar monturas innovadoras de gemas, al tiempo que los nuevos métodos de fundición han permitido realizar diseños más escultóricos y utilizar nuevas texturas y acabados metálicos.

CROMO.

No existe libre en la naturaleza. Mineral cromita $Fe(CrO_2)2$. "crocoita" $PbCrO4$

Obtención , propiedades y aplicaciones.

El cromo se prepara reduciendo el óxido con aluminio por el método de Goldschmidt.

Se obitene una aleación de hierro y cromo, reduciendo una mezlca de óxido de hierro y óxido de cromo con carbón en un horno eléctrico.

El cromo es un metal duro, cristalino, de color clanco argentino.

No se empaña al aire, se oxida al ser calentado formando óxido crómico Cr_2O_3.

El metal se disuelve en HCl y en H_2SO_4 (diluido), desprendiendo hidrógeno.

Al sumergirlo en HNO_3 se vuelve inactivo y no desplaza el hidrógeno del HCl. Este es uno de los motivos de los cuales para reducir al hierro.

Compuestos.

- ✓ Óxido crómico Cr_2O_3: sólido verde, no atacado por ácidos.
- ✓ Cr(OH)3: de color celeste, gelatinoso.

Bionorgánica del cromo.

Es un elemento esencial participa en el metabolismo de lípidos, glúcidos, y en la estabilización de ácidos nucleicos y proteínas.

Actua en la potenciación de la acción de la insulina en forma de uno o más complejos de Cr (III), a los que se les llama Factor de tolerancia a la glucosa (FTG).

Es el tercer metal de transición más abundante en nuestro cuerpo, luego del hierro y el cinc. Está involucrado en sistemas que utilizan oxígeno.

Está presente en sistemas que transporten electrones.

MERCURIO.

Se encuentra en estado libre, en mineral como el sulfuro rojo HgS (cinabrio).

Metalurgia.

Se tuesta la mena, el sulfuro se descompone y el azufre forma SO_2. El mercurio no se combina con el oxígeno.

$$HgS + O2 \longrightarrow Hg + SO2$$

Se puede purificar el mercurio virténdolo a través de HNO_3 diluido.

Propiedades y aplicaciones.

El metal es líquido a temperaturas ordinarias. Su vapor es incoloro y monoatómico. Es bastante inerte. No se oxida al aire.

Se emplea en bombas de vacio.

Se disuelve en HNO_3 diluido y concentrado y en H_2SO_4 concentrado y caliente. Gran densidad y baja presión de vapor por lo que no se adhiere al vidrio, por lo que se emplea en barómetros, termómetros.

A temperaturas elevadas, el vapor de mercurio conduce la corriente eléctrica.

Se emplea para formar amalgamas que son usadas en odontología.

Compuestos.

El catón Hg_2+ es estable en medio ácido ya que en medio básico y neutro precipita el óxido mercúrico.

$HgCl_2$: carácter covalente, algo soluble en agua, muy tóxico. Su acumulación en el organismo causa hidrargirismo. Se obtiene por oxidación de mercurio líquido con HNO_3 concentrado.

Se requiere de una mezcla de agua regia para poder atacarlo. Se usa como antiséptico y como fungicida para pasturas.

HgO: sólido amarillo que se obtiene agregando mercurio a una solución de NaOH. Se usa en orzuerlos.

$$HgCl_2 + NaOH \longrightarrow HgO + NaCl + H_2O$$

No se debe mezclar a la inversa ya que se forma oxicloruro de mercurio (II) de color parduzco.

HgI_2: sólido de color naranja que se obtiene por precipitación del catión mercurio con ioduro.

$$HgCl_2 + KI \longrightarrow HgI_2 + KCl$$

Si se agrega un exceso de I- se forma un complejo incoloro HgI_4^{2-}

Mercurio y sus derivados.

Presenta gran sensibilidad a los cambios de temperatura (dilatación y contraccion).

Es un elemento ideal para la fabricación de instrumentos exactos y precisos.

Sus compuestos son tóxicos, son antisépticos o son usados como antiparasitarios.

Efectos.

Es un veneno protoplasmático, después de la absorción ,circula en sangre y es almacenado en hígado, riñón, bazo y huesos. Es eliminado por orina, sudor, leche, saliva.

Síntomas.

Dolor al masticar, salivación excesiva. En la forma crónica aparecen temblores, transtornos psíquicos, cambios de personalidad.

Bioinorgánica.

Es su forma oxidada, como Hg(II), es un agente tóxico agudo porque a pH fisiológico (sangre), es muy soluble. Dosis letal: 1 gramo. Tóxico en cualquiera de sus formas.

Intoxicación:
✓ Aguda: cefalea, dificultad motriz.
✓ Crónica: hidragirismo.

En organismos de animales marinos como el atún hay gran concentración de mercurio, pero debido a que estos presentan también grancantidad de selenio, se neutraliza la toxicidad del mercurio.

Se une a grupo sulfhidrilos -SH

MANGANESO.

No se encuentra libre en la naturaleza. Su mineral más importante es la "pirolusita". Otros minerales son: Mn_2O_3, $Mn_2O_3.H_2O$

Obtención, propiedades y aplicaciones.

El metal se obtiene reduciendo uno de sus óxidos con aluminio por el método de Goldshmidt de la aluminotermia.

$$Mn_2O_3 + 2Al \longrightarrow Al_2O_3 + 2Mn$$

El manganeso tiene una tonalidad de gris con débil tonalidad roja, quebradizo y mas duro que el hierro. Se disuelve en ácidos diluidos, desplazando al hidrógeno.

Se combina con nitrógeno a elevadas temperaturas para formar nitruros, esta combinación es aprovechada para la fabricación del acero.

Forma compuestos con distintos numero de oxidación (2,3,4,6,7)

Los dos primeros son básicos y los dos últimos son de carácter ácido.

Mn(OH)2 se obiene en forma de precipitado de color rosa pálido, soluble en sales de amoníaco. El Mn(OH)3 precipitado es de color verde.

Los permanganatos son oxidantes energéticos.

"Líquido desinfectante de Condy": disolución diluida de permanganato de sodio.

Al añadir H_2SO_4 sobre el $KMnO_4$ se produce una explcosio. En disolución alcalina se reduce al estado tetravalente. En disolución ácida se forma el ión Mn2+

COBALTO.

Se encuentra asociado con el niquel en los minerale esmaltina y cobaltina.

Obtención, propiedades y aplicaciones.

Se obtiene el metal por electrólisis del óxido de cobalto disuelto en ácido fórmico.

Es de color rosado. Se disuelve en ácidos rápidamente. Se aplcia en recubrimientos electrónicos en sustitución del niquel.

Una aleación del cobalto llamada estelita es muy dura e inoxidable, se emplea en instrumentos quirúrgicos, herramientas.

Compuestos.

Las sales de Co^{2+} son de color rojas o rosado cuando se encuentran hidratadas, al deshidratarlas se tornan azules. Se usan para pronosticar el tiempo.

Un número de coordinación 6 da lugar a compuestos rosados y un número 4 a compuestos azules.

El óxido de cobalto es de color negro, pero al disolverlo en vidrio fundido, le comunica un color azul.

Bioinorgáncia.

Posee una única fuente biológica. Su presencia en la coenzima B12 (vitamina B12), que participa en reacciones enzimáticas. Esta coenzima está presente en la unión metal-carbono, es decir, es un compuesto organometálico natural.

ANEXO.

LOS METALES

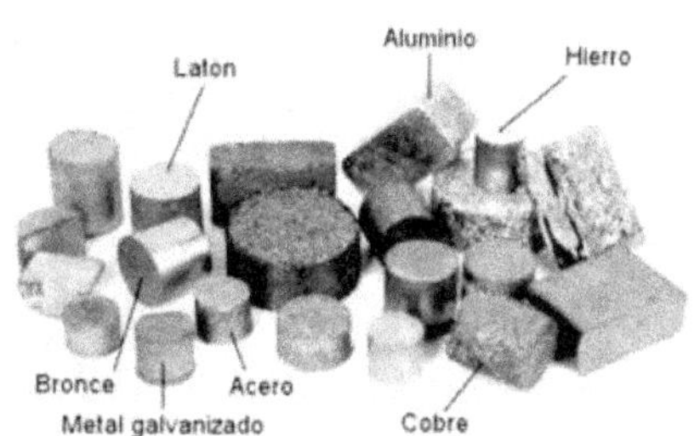

Desde los tiempos prehistóricos el hombre fue sustituyendo la piedra tallada o pulimentada por los metales en la fabricación de sus armas y herramientas de trabajo.

Los primeros metales usados fueron el cobre y el hierro; pero al lado de éstos; se conocieron otros cinco metales: oro, plata, mercurio, estaño y plomo. Estos siete metales se designaron con los nombres y los símbolos de los siete astros y símbolos de los siete astros mayores: Sol (oro), Luna (plata), Mercurio (mercurio), Venus (cobre), Júpiter (estaño), Marte (hierro), Saturno (plomo). El bronce de las bobinas de la ilustración es una aleación de cobre y estaño.

GENERALIDADES

Los metales dentro la tabla periódica esta distribuida según su estructura química, dividiéndose en *metales alcalinos, metales alcalinos térreos, metales térreos, elementos de transición y elementos de transición interna.*

Los metales alcalinos son el litio, sodio, potasio, rubidio, cesio y francio, son metales blandos de color gris plateado que se pueden cortar con un cuchillo; sus características más sobresalientes son los siguientes:

- ✓ Están ubicados en el Grupo 1A de la tabla periódica.
- ✓ Son los más electropositivos de todos los elementos.
- ✓ Sus átomos muestran la máxima tendencia a perder electrones.
- ✓ Estos metales son muy blandos y recién cortados muestran un color blanco que se empaña rápidamente por oxidación al aire.
- ✓ Todos los metales alcalinos se combinan con él hidrogeno para formar hidruros.
- ✓ Presentan densidades muy bajas y son buenos conductores de calor y la electricidad; reaccionan de inmediato con el agua, oxigeno y otras substancias químicas, y nunca se les encuentra como elementos libres (no combinados) en la naturaleza.
- ✓ Los compuestos típicos de los metales alcalinos son solubles en agua y están presentes en el agua de mar y en depósitos salinos. Como estos metales reaccionan rápidamente con el oxígeno, se venden en recipientes al vacío, pero por lo general se almacenan bajo aceite mineral queroseno. En este grupo los más comunes son el sodio y el potasio.

Los *metales alcalinos térreos* son el berilio, magnesio, calcio, estroncio, bario y radio, sus características fundamentales son:

✓ Están ubicados en el Grupo 2A de la tabla periódica.
✓ Estos elementos son electropositivos.
✓ Sus átomos muestran una gran tendencia en perder dos electrones y formar cationes divalentes.
✓ Estos elementos siguen a los metales alcalinos en actividad química.
✓ Los metales de este grupo son mucho más duros que los metales alcalinos y sus puntos de fusión y ebullición son mucho más elevados.
✓ Presentan puntos de fusión mas elevados que los del grupo anterior, sus densidades son todavía mas bajas, pero son algo mas elevadas que la de los metales alcalinos comparables. Son menos reactivos que los metales alcalinos. Todos los metales alcalinotérreos poseen dos electrones de valencia y forman iones con doble carga positiva (2^+).

Los *metales térreos*, son el boro, aluminio, galio, indio y talio, sus características fundamentales son:

✓ Están ubicados en el Grupo 3A de la tabla periódica.
✓ El boro es un metaloide con un punto de fusión muy elevado y en el que predominan las propiedades no metálicas.
✓ Los otros elementos forman iones con una carga triple positiva (3^+).
✓ La densidad y las características metálicas aumentan conforme se incrementa él número atómico de este grupo.

Los *metales de transición*, se localizan en la parte central de la tabla periódica y se les identifica con facilidad mediante un número romano seguido de la letra "b" en muchas tablas.

No hay que olvidar, sin embargo, que ciertas tablas periódicas emplean un sistema distinto de rótulos, en el que los primeros grupos de metales de transición están marcados como grupos "a" y los dos últimos grupos de metales de transición se identifican como grupos "b"; sus características fundamentales son:

✓ Los metales de transición son bastantes similares.
✓ Son más quebradizos y tienen puntos de fusión y ebullición mas elevados que los otros metales.
✓ Las densidades, puntos de fusión y puntos de ebullición de los metales de transición aumentan primero y luego disminuyen dentro de cada periodo, conforme aumenta él número atómico.
✓ Los metales de transición son muchos menos reactivos que los metales alcalinos y alcalinotérreos.
✓ Pueden perder dos electrones de valencia del subnivel más externo, además de electrones d retenidos con poca fuerza en el siguiente nivel energético más bajo. Así un metal de transición en particular, puede perder un número variable de electrones para formar iones positivos con cargas distintas.

Los *metales de Transición Internos*, comprenden las dos filas de la parte inferior de la tabla periódica. Localizando el lantano con él numero atómico 57. La serie de elementos que siguen al lantano (los elementos con número atómico del 58 al 71) se conocen como los lantánidos.

Estos elementos tienen dos electrones externos en el subnivel 6s, más electrones adicionales en el subnivel 4f. De manera similar, la serie de elementos que siguen al actinio (los elementos con número atómico del 90 al 103) se conocen como actinios, que tienen dos electrones externos en el subnivel 7s, más electrones adicionales en el subnivel 5f. En el pasado, a los elementos de transición internos se les llamaba "tierras raras", pero esta no era una buena clasificación, pues la mayor parte no son tan raros como algunos otros elementos son, sin embargo muy difícil de separar; sus características fundamentales son:

- ✓ Los lantánidos y actínidos poseen subniveles f parcialmente ocupados.
- ✓ Tienen propiedades tan similares que resulta difícil separarlos químicamente, aunque los métodos más nuevos han permitido bajar los costos de purificación.
- ✓ Estos metales, a diferencia de los metales de transición, son blandos y maleables.
- ✓ Se emplean en piedras de encendedores de cigarrillos, lámparas de arco de carbono, láseres, agentes colorantes para el vidrio y compuestos que producen el intenso color rojo que se requiere para los cinescopios de televisión.

DEFINICIÓN

Los metales son elementos libres existentes en la naturaleza, se dividen en: metales, no metales, semimétales o anfóteros y gases nobles; según las propiedades que poseen. En la tabla periódica los metales forman parte de un 80% y los no metales en un 20%.

ESTADO NATURAL

De acuerdo al orden de su actividad química se deduce que únicamente podrán existir en estado libre o nativo en la naturaleza aquellos elementos que estén por debajo del hidrogeno en la serie, puesto que si un elemento que esté por encima de él, se halla expuesto a la acción del agua o del aire húmedo, él hidrogeno se desplazara formando el óxido, el hidróxido o el carbonato del elemento. Así, los únicos metales que se encuentran en estado libre son: el cobre, mercurio, plata, oro, los metales del grupo del platino y los elementos del grupo del arsénico.

Los elementos de la familia del sodio (los metales alcalinos) se encuentran en minerales y rocas como silicatos complejos y en grandes depósitos de sales solubles: cloruros, sulfatos y carbonatos. Los metales alcalinos térreos, se presentan en forma de carbonatos, sulfatos y silicatos insolubles.

PROPIEDADES FÍSICAS

Los metales muestran un amplio margen en sus propiedades físicas; la mayoría de ellos son de color grisáceo, pero algunos presentan colores distintos; el bismuto (Bi) es rosáceo, el cobre (Cu) rojizo y el oro (Au) amarillo. Los metales suelen ser duros y resistentes; aunque existen ciertas variaciones de uno a otro. Además dureza o resistencia a ser rayados; resistencia longitudinal o resistencia a la rotura; elasticidad o capacidad de volver a su forma original después de sufrir deformación; resistencia a la fatiga o capacidad de soportar una fuerza o presión continuada. En general los metales tienen las siguientes propiedades:

- ✓ *Densidad:* esta relación esta determinada por la masa del volumen de un cuerpo y la masa del mismo volumen de agua. Los metales suelen ser más densos que los no metales.
- ✓ *Estado físico:* todos son sólidos a temperatura ambiente, excepto el Hg.
- ✓ *Brillo:* reflejan la luz.
- ✓ *Maleabilidad:* posibilidad de cambiar de forma por la acción del martillo; capacidad de los metales de hacerse láminas.
- ✓ *Ductilidad:* posibilidad de deformarse sin sufrir roturas, propiedad de los metales de moldearse en alambre e hilos.
- ✓ *Tenacidad:* resistencia que presentan los metales a romperse por tracción.
- ✓ *Conductividad:* son buenos conductores de electricidad y calor.

PRINCIPALES PROPIEDADES FÍSICAS Y MECÁNICAS DE LOS METALES MÁS USUALES

Metales	Densidad	Punto de fusión	Punto de ebullición	Clasificación en orden decreciente por su:			
				Tenacidad	Maleabilidad	Ductilidad	Conductibilidad
Aluminio	2,6	658°C	1800°C	Níquel	Oro	Oro	Plata
Bismuto	9,8	271°C	1506°C	Hierro	Plata	Plata	Cobre
Calcio	1,55	809°C	1175°C	Wolframio	Aluminio	Platino	Oro
Zinc	7,1	419°C	906°C	Cobre	Cobre	Aluminio	Aluminio
Cobre	8,9	1083°C	2310°C	Platino	Estaño	Hierro	Cromo
Cromo	6,7	1600°C	------	Aluminio	Platino	Níquel	Magnesio
Estaño	7,3	232°C	2275°C	Plata	Plomo	Cobre	Sodio
Hierro	7,8	1530°C	2450°C	Oro	Zinc	Zinc	Wolframio
Magnesio	1,7	651°C	1120°C	Zinc	Hierro	Estaño	Zinc
Mercurio	13,6	-39°C	357°C	Estaño	Níquel	Plomo	Níquel
Níquel	8,9	1552°C	------	Plomo	Bismuto	Bismuto	Hierro
Oro	19,3	1063°C	2200°C				Platino
Plata	10,5	961°C	1955°C				Bismuto
Platino	21,4	1771°C	------				Estaño
Plomo	11,3	327°C	1525°C				Plomo
Potasio	0,86	62°C	762°C				
Sodio	0,97	97°C	883°C				

PROPIEDADES QUÍMICAS.

Es característico de los metales tener valencias positivas en la mayoría de sus compuestos. Esto significa que tienden a ceder electrones a los átomos con los que se enlazan formando iones.

También tienden a formar óxidos básicos; reaccionan con los ácidos formando sales y producen el ión hidróxido cuando se disuelven en el agua; las propiedades generales de los metales se pueden explicar muy bien en términos de sus estructuras electrónicas; como grupo, los metales poseen relativamente pocos electrones en sus niveles de valencia y en consecuencia, es posible lograr la configuración electrónica de un gas noble compartiendo electrones en enlaces covalentes ordinarios; además los metales generalmente tienen energías de iotización y afinidades electrónicas bajas, por lo tanto, no reaccionan fácilmente entre sí porque no tienden a formar enlaces covalentes y porque tienen poca afinidad hacia los electrones de otro átomo metálico.

SERIE ELECTROQUÍMICA.

Es una escala donde los metales han sido ordenados de acuerdo a sus potenciales de electrodo, fueron medidos tomando como base dicho potencial del hidrogeno con un valor arbitrario 10. Los metales más electropositivos y de mayor actividad están por encima del hidrogeno y por debajo los menos electropositivos y de menor actividad. Esta escala da una afinidad de los metales, los más activos desalojan de sus combinaciones a los que están debajo de ellos.

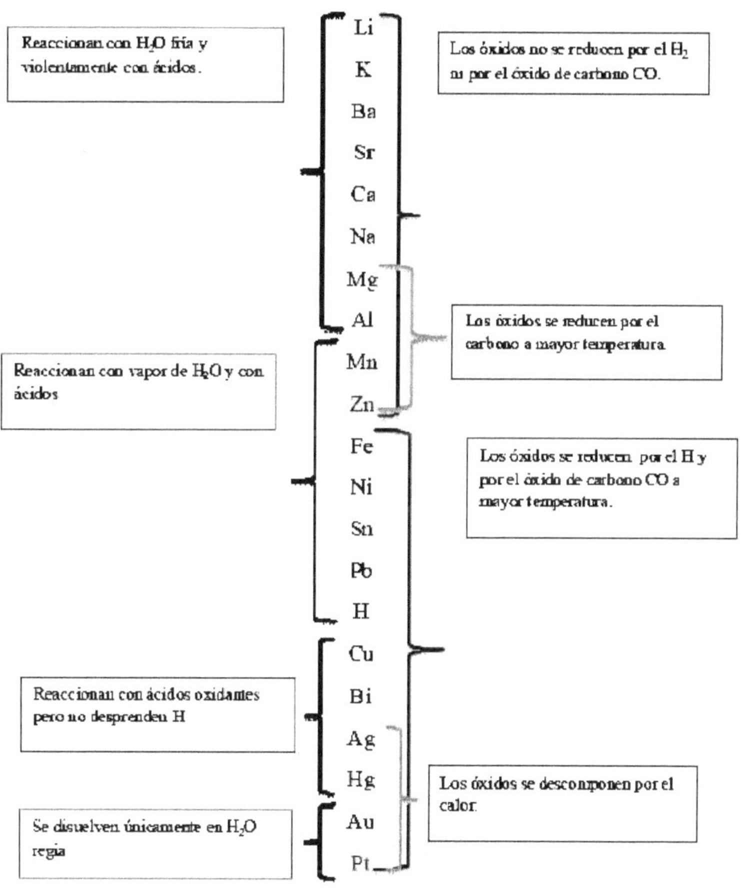

ACCIÓN DEL AIRE Y DEL OXÍGENO SOBRE LOS METALES ELECTROPOSITIVOS.

El aire y el oxigeno tienen la misma acción sobre los metales (el oxigeno es más enérgico). Al combinarse con estos forman óxidos que se originan en diferentes condiciones según el metal. En el aire seco y a temperatura ordinaria se oxidan los más electropositivos: litio, potasio, bario, estroncio, calcio y sodio. En el aire húmedo y a la misma temperatura se oxidan casi todos los metales menos el oro, plata, platino, mercurio y estaño, también forman carbonatos hidratados perdiendo su brillo por la presencia de dióxido de carbono. A temperatura elevada todos se oxidan con mucha energía menos el platino y algunos con cal viva incandescencia como el potasio, sodio, magnesio, zinc, aluminio y hierro. Se puede evitar la oxidación de los metales recubriéndolos con pinturas y barnices o con una capa de otros metales menos oxidables.

ACCIÓN DEL AGUA.

El agua es descompuesta en frió por los metales más electropositivos formando el respectivo hidróxido y desprendiendo hidrogeno. Ejemplos:

$$2K + 2H_2O \rightarrow 2\,KOH + H_2\uparrow$$

$$Ca + 2\,H_2O \rightarrow Ca\,(OH)_2 + H_2\uparrow$$

Otros metales a bajas temperaturas descomponen vapor de agua como ocurre con el magnesio, el zinc, el hierro, etc. formando óxidos y desprendiendo hidrogeno. Ejemplos:

$$3Fe + 4\,H_2O + O \rightarrow Fe_3O_4 + 4\,H_2\uparrow$$

$$Zn + H_2O + O \rightarrow Zn\,O + H_2\uparrow$$

$$Mg + H_2O + O \rightarrow Mg\,O + H_2\uparrow$$

Finalmente los metales menos electropositivos, que están por debajo del hidrógeno en la serie electroquímica no desprenden agua.

ACCIÓN DE LOS ÁCIDOS.

Los ácidos que se emplean con preferencia en laboratorio son:

El ácido clorhidrico
El ácido sulfúrico   } Son los más fuertes
El ácido nítrico

Estos ácidos actúan sobre los metales de diferentes maneras, según se encuentren diluidos o concentrados y según se opere en frió o caliente.

✓ *Diluido,* atacan a todos los metales que se encuentran por encima del hidrogeno en la serie electroquímica.
✓ *Concentrados y calientes,* atacan a la mayoría de los metales con excepción del oro y platino.

El ácido sulfúrico y el ácido nítrico, en estas condiciones actúan como oxidantes.

ÁCIDO CLORHÍDRICO.

El ácido clorhídrico diluido y frío ataca a los metales alcalinos, alcalinos térreos y a algunos metales pesados como el zinc, hierro, cadmio, y magnesio formando cloruros en los que los metales actúan por lo general con su menor valencia. Ejemplos:

$$2HCl + Fe \rightarrow Fe\,Cl_2 + H_2 \uparrow$$
$$2HCl + Zn \rightarrow Zn\,Cl_2 + H_2 \uparrow$$

En todos los casos al formarse los cloruros hay desprendimiento de hidrogeno. En caliente su acción es más enérgica, no atacan a los metales nobles.

ÁCIDO SULFÚRICO.

El ácido sulfúrico diluido y frío reacciona con casi todos los metales, con excepción del mercurio, cobre, plata, oro y platino; formando el sulfato correspondiente y desprendiendo hidrógeno. Ejemplos:

$$Fe + H_2SO_4 \rightarrow FeSO_4 + H_2 \uparrow$$

$$Zn + H_2SO_4 \rightarrow Zn\,SO_4 + H_2 \uparrow$$

El ácido sulfúrico concentrado y frío no reacciona con los metales mientras concentrado y caliente reacciona con todos los metales excepto con el oro y el platino, actuando como oxidante, formando el sulfato correspondiente anhídrido sulfuroso y agua. Ejemplo:

$$Cu + 2H_2SO_4 + O \rightarrow Cu\,SO_4 + SO_2 + 2H_2O$$

ÁCIDO NÍTRICO.

El ácido nítrico es el disolvente por excelencia de los metales, esto se debe a que es un poderoso oxidante. El ácido nítrico ataca a todos los metales del grupo del platino con excepción del oro.
Por lo general, los productos de las reacciones son: el nitrato correspondiente, un óxido de nitrógeno y agua. Ejemplos:

$$4HNO_3 + Cu \rightarrow Cu\,(NO_3)_2 + 2NO_2 + 2H_2O$$

El ácido nítrico mezclado con el ácido clorhídrico constituye el agua regia (una mezcla de una parte de ácido nítrico con tres de ácido clorhídrico), ataca a todos los metales sin excepción porque desprende cloro.

$$HNO_3 + HCl \rightarrow H_2ClNO_3$$
$$\text{Agua regia}$$

LA TEORÍA DE LA BANDA DE LA CONDUCTIVIDAD.

Los metales tienen la capacidad de conducir el calor y la electricidad puede explicarse con la teoría del orbital molecular. Para comprender mejor las propiedades de conductividad de los metales, es necesario aplicar los conocimientos de mecánica cuántica. El modelo que se utilizará para estudiar el enlace metálico en la teoría de las bandas, llamada así porque establece que los electrones deslocalizados se mueven con libertad a través de las "bandas" que se forman por el traslape de los orbítales moleculares. También se aplicará la teoría de las bandas a una clase de elementos que se denominan semiconductores.

CONDUCTORES.

Los metales se caracterizan por su alta conductividad eléctrica. Un ejemplo de ello es el magnesio, su configuración electrónica es ([Ne] $3s^2$), de manera que cada átomo tiene dos electrones de valencia en el orbital 3s. En un cristal metálico los átomos están empaquetados muy cerca unos de otros, por lo que los niveles energéticos de cada átomo de magnesio se ven afectados por los dos átomos vecinos, lo que da como resultado el traslape de orbítales. Según la teoría del orbital molecular, la interacción entre los orbítales atómicos conduce a la formación de un orbital molecular de enlace y otro de antienlace. Debido a que el número de átomos que existe, incluso en un pequeño trozo de magnesio, es muy grande, el número de orbítales moleculares que forman también es muy grande. Estos orbítales moleculares tienen energías tan parecidas que pueden ser mejor descritas como una"banda" que muestra la siguiente figura:

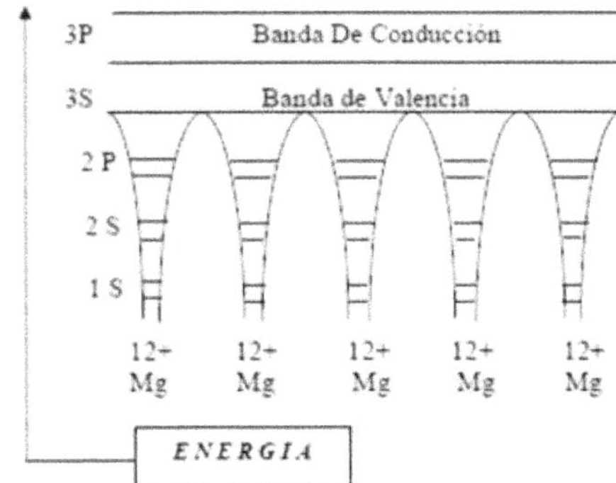

Formación de las bandas de conducción en el magnesio. Los electrones de los orbítales 1s, 2s, y 2p se localizan en cada átomo de magnesio. Sin embargo, los orbítales 3s y 3p se traslapan formando orbítales moleculares deslocalizados. Los electrones de estos orbitales pueden viajar a través del metal y esto explica la conductividad eléctrica del mismo

ENERGIA

Estos niveles energéticos llenos y tan parecidos constituyen, la banda de valencia. La parte superior de los niveles energéticos corresponde a los orbítales moleculares deslocalizados y vacíos que se forman por el traslape de los orbítales 3p. Este conjunto de niveles vacíos cercanos recibe el nombre de banda de conducción.

Es posible imaginar un cristal metálico como un conjunto de iones positivos inmerso en un mar de electrones de valencia deslocalizados. La gran fuerza de cohesión, que resulta de la deslocalización, es en parte responsable de la resistencia que se observa en la mayoría de los metales. Debido a que la banda de valencia y la banda de conducción son adyacentes entre sí, es casi despreciable la cantidad de energía que se requiere para promover un electrón de valencia a la banda de conducción. Una vez aquí el electrón puede desplazarse libremente a través de todo el metal, ya que la banda de conducción carece de electrones. Esta libertad de movimiento explica el hecho de que los metales son buenos conductores, es decir, son capaces de conducir la corriente eléctrica.

SEMICONDUCTORES.

Una gran cantidad de elementos son semiconductores, es decir, por lo general no son conductores, pero conducen la corriente eléctrica a elevadas temperaturas o cuando se combinan con una pequeña cantidad de algunos otros elementos. Los elementos del grupo IVA, como el silicio y el germanio, son especialmente útiles para éste propósito. El uso de semiconductores en transistores y en celdas solares, por mencionar dos aplicaciones, ha revolucionado la industria electrónica durante las últimas décadas, lo que ha conducido a la fabricación de equipo electrónico en miniatura. El espacio energético entre las bandas llenas y las bandas vacías en estos sólidos es mucho menor que en el caso de los aislantes. Si se suministra la energía necesaria para excitar electrones desde la banda de valencia hacia la banda de conducción, el sólido se convierte en un conductor.

La capacidad de un metal para conducir la electricidad disminuye al aumentar la temperatura, ya que, a mayores temperaturas, se acentúa la vibración de los átomos y esto tiende a romper el flujo de electrones.

ALEACIONES.

Las aleaciones no son más que asociaciones de metales; se obtienen, por lo general fundiendo juntos dos o más metales y dejando enfriar la mezcla. Al fundir varios metales pueden ocurrir varios casos que dan origen a los diversos tipos de aleaciones:

- ✓ **Los metales no ejercen ninguna influencia unos sobre otros**; en este caso los constituyentes estructurales de la aleación son cristales de grano fino pertenecientes a los metales puros (ejemplo: Cu + Pb).
- ✓ **Los metales no reaccionan entre sí**; pero se disuelven el uno en el otro en estado sólido; es un caso de disolución sólida formada por cristales mixtos de ambos metales (Ej: Au + Ag).
- ✓ **Los metales se combinan;** (ejemplo: Al Cu, SnCu3, CFe3). En este caso parece que forman compuestos definidos de aspecto homogéneo. Las fórmulas de estas aleaciones no siguen las reglas clásicas de la valencia.

Ejemplo de una aleación.

Engranaje dentado de una caja de cambios de un automóvil moderno. Estas piezas están realizadas con aleaciones metálicas de gran resistencia al esfuerzo y ligereza.

PROPIEDADES DE LAS ALEACIONES.

Dependen de la manera como están colocados los átomos de los metales más que de la naturaleza de los mismos; por eso las aleaciones presentan a menudo, propiedades muy diferentes de los metales que los componen. Son menos dúctiles y maleables que sus componentes; pero más duras y tenaces. Al defender sus propiedades de la estructura pueden cambiar estas por el temple y el recocido. El temple se produce calentando la sustancia hasta una temperatura próxima a la fusión y enfriando bruscamente; la sustancia adquiere así la estructura de grano fino y acrecienta su tenacidad; el enfriamiento es lento, el grano se hace más grueso y la tenacidad es menor.

El punto de fusión de las aleaciones esta comprendido en general entre dos de sus componentes. Conducen bien el calor y la electricidad.

PRINCIPALES ALEACIONES Y SUS APLICACIONES		
Nombre	Composición centesimal (%)	Aplicaciones
Cromel	Ni, 78/1,20/Mn,1,2	Resistencia eléctrica.
Metal de campanas	Cu,78-80/Sn,25-20	Campanas.
Latón	Cu,90/Zn,10	Tornillos, alambres, tubos, cartuchos, remaches, muebles y objetos domésticos.
Duroaluminio	Cu,4/Mg,0,5/Mn,0,5/Al,95	Fabricación de aviones, cohetes y piezas de automóviles.
Metal de imprenta	Pb,79/Sb,16/Sn,5	Fabricación de tipos de imprenta.
Bronce de aluminio	Al,8-12/Cu,92-88	Objetos de arte.
Soldadura blanca	Sn,60/Pb,40	Para soldar.
Amalgama	Mezcla de mercurio con metal	Varios
Metal de Babbit	Sn,90/Sb,7/Cu,3	Cojinetes
Metal Monel	Ni,68/Cu,28/Fe,4	Resistencia a la corrosión
Plata alemana	Cu,50-60/Zn,25/Ni,25-15	Joyería y manejo de plata
Aleaciones del Fe	**Hierro con:**	
Acero	Fe,0,1-2/C	Maquinaria, construcción y multitud de usos.
Acero al manganeso	Fe,10-18/Mn	Trituradoras y excavadoras
Acero al cromo – niquel	Fe,0,5;-2/Cr Fe,1,5-4/Ni	Piezas de motores, planchas de blindaje, ejes de propulsión.
Acero al cilicio	Fe,1-5/Si	Transformadores, motores, generadores.
Acero extrarápido	Fe,12-20/W	Herramientas para cortar metales, tornos y piezas accionadas a gran velocidad.
Acero inoxidable	Fe,14-18/Cr Fe,7-9/Ni	Instrumentos quirúrgicos, maquinarias para la industria alimenticia

METALURGIA.

DEFINICIÓN.

Es la ciencia y tecnología de la separación de los metales a partir de sus menas y sus aleaciones. Generalmente las menas están acompañadas de impurezas, llamadas gangas, de las cuales se les debe despojar para luego obtener el metal.

En la naturaleza los metales nobles (oro, plata, etc.) se presentan solamente en estado nativo; los demás aparecen combinados, formado óxidos, sulfuros, carbonatos y otros. La metalurgia se ocupa del estudio y desarrollo de los procedimientos que hay que seguir para obtener un metal a partir de sus menas minerales, y del proceso que es necesario llevar acabo para su purificación y mejora de sus propiedades.

Existen dos procedimientos generales de extracción; estos procesos y procedimientos se pueden clasificar en dos grandes categorías: procesos físicos y procesos químicos. La primera categoría incluyen operaciones tales como el triturado de los minerales, una vez obtenidos los procesos químicos incluyen operaciones tales como, la electrolisis de sales o la descomposición térmica.

OPERACIONES METALÚRGICAS

Las operaciones metalúrgicas dependen de la clase de metal y de sus menas, pero se pueden clasificar en tres grupos:

- ✓ Operaciones Mecánicas
- ✓ Operaciones Químicas
- ✓ Operaciones Electrometalúrgicas

OPERACIONES MECÁNICAS

Se aplican en particular para obtener los metales que se encuentran en estado nativo. Este tratamiento consiste en eliminar o separar la mena de la ganga o separar del mineral de los metales extraños que lo acompañan (grava, arena, arcilla, etc.). Para ello se siguen los siguientes procedimientos:

- ✓ *Levigación*; consiste en triturar el mineral disolverlo y agitarlo en un liquido, generalmente agua; el metal como es más denso se va al fondo, mientras la ganga sobrenada y es arrastrada por la corriente del agua.
- ✓ *Amalgamación*; el mineral triturado se mezcla con mercurio, que disuelve al metal y luego por destilación se separan los dos metales.
- ✓ *En otros casos*; el mineral triturado se disuelve y agita en una mezcla de agua y aceite, se forma una espuma que arrastra al metal o al compuesto del metal y la ganga se precipita, este procedimiento se usa para obtener el cobre o el zinc.

OPERACIONES QUÍMICAS.

Ésta operación es indispensable cuando el metal se encuentra combinado con otros y consiste en separar el metal de sus combinaciones. Según la naturaleza del mineral, el tratamiento químico puede efectuarse de dos maneras: la primera por vía seca y la segunda por la electrometalurgia.

TRATAMIENTO POR VÍA SECA.

Este procedimiento consiste en someter a los minerales a la acción del calor; el modo de calentar el mineral puede realizarse en hornos especiales. Estos hornos por el calor elevado que han de soportar, están construidos con materiales refractarios. Entre los productos refractarios empleados podemos citar: la cal, la magnesia, el grafito y el gres.

Según el mineral, se emplean las siguientes operaciones:

- ✓ **Tostación**.- Se realiza en el caso de tener sulfuro y arseniuros; él oxigeno del aire transforma el azufre y el arsénico en anhídrido sulfúrico y arsenioso: el metal queda al estado de oxido.

$$2Zn\,S + 3O_2 \rightarrow 2S\,O_2 + 2Zn\,O$$

- ✓ **Calcinación.-** Se lo emplea en el caso de tener carbonatos; se desprende anhídridos, queda un oxido metálico:

$$Pb\,CO_3 \rightarrow CO_2 + Pb\,O$$

- ✓ **Reducción.-** Los óxidos se tratan por el carbono o él hidrogeno que los reduce a muy alta temperatura.

$$Zn\,O + C + O \rightarrow C\,O + Zn$$

Los carbonatos se reducen asimismo directamente por el carbono:

$$K_2CO_3 + 2C \rightarrow 3C\,O + 2K$$

- ✓ **Refinación.-** Como el metal bruto obtenido por reducción contiene aún impurezas, se somete a un proceso de refinación de acuerdo con la naturaleza del metal. Por ejemplo, el cobre se somete a electrolisis; el zinc y el mercurio se refinan por destilación; el hierro se vuelve a fundir y se le hace pasar la corriente de aire para arrastrar las impurezas, especialmente exceso de carbón.

- ✓ **Fusión.-** Operaciones empeladas cuando se trata de separar un metal de su ganga. Cuando los óxidos son irreductibles, como los del aluminio y de magnesio, se tratan sus cloruros por el sodio y potasio.

- ✓ **Aluminotermia.-** Operaciones que consisten en reducir ciertos óxidos como el cromo, magnesio, por el aluminio.

$$Cr_2O_3 + 2\,Al \quad \rightarrow \quad 2\,Cr + Al_2O_3$$

OPERACIONES ELECTROMETALÚRGICAS.

Presenta dos procedimientos: métodos electrolíticos y métodos electrotérmicos.

- ✓ **Método Electrolítico**.- El método electrolítico consiste en someter el mineral a la acción de la corriente eléctrica, llamándose previamente fundidos como para él Al, Ba, Na o en solución como para el Cu y Ag, llamados electrolitos. Por ejemplo el sodio y el potasio se obtiene por electrolisis, pero ya fundidos sus hidróxidos y sales.

$$NaOH \rightarrow OH^- + Na^+$$
$$2OH \rightarrow H_2O + O$$

- ✓ **Método electrónico**.- Consiste en someter una mezcla de óxido metálico y de carbón a la acción del horno eléctrico.

Afinación.- Para afinar o purificar el metal que contiene carbono, se le agrega una nueva cantidad de óxido cuyo oxigeno se cambia con el carbono. Este método ha sido empleado por Mossan para la obtención del cromo, el manganeso, etc., puros.

TIPOS DE HORNOS.

HORNOS DE GALERA.

Los hornos de Galera utilizan para calentar materiales que han de ser separados del combustible y de los productos de la combustión. Comprenden una cámara con bóveda, alrededor de la cual se disponen las retortas, crisoles, muflas que contienen los metales que se someten a la acción del calor.

HORNOS DE CUBA.

Los hornos de cuba tienen forma prismática o cónica: El hogar suele ser lateral, pero en otros el mineral se coloca en capas que a veces alternan con el combustible; éste horno se carga por la parte superior y se descarga por un orificio situado en la parte inferior de la base, región llamada cuba.

HORNO DE REVERBERO.

Son hornos bajos, de superficie relativamente grande llamada Solera, utilizados para favorecer la acción del oxigeno del aire; el mineral se dispone en caja delgada sobre el fondo del horno; las llamas con reverberadas, vale decir reflejadas sobre la superficies del mineral. El hogar se halla a un costado separado del horno por el tabique incompleto.

HORNOS ELÉCTRICOS.

Son hornos de cuba, de forma variada, en los que se aprovecha las altas temperaturas obtenidas por el arco voltaico, temperaturas que alcanzan de 3000 ºC a

3500 ºC. Permiten la reducción de ciertos óxidos poco fusibles. Uno de los electrodos lo forman por lo general las paredes internas de horno, en este caso son metálicas o de grafito. Para evitar electrolitos se hacen necesario el empleo de la corriente alternada.

METALES DE TRANSICIÓN INTERNA: LANTANIDOS Y ACTINIDOS

INTRODUCCION.

Este grupo también llamados tierras raras, consta de 28 elementos trivalentes. Entre estos, el escandio lantano, itirio y cesio poseen y presentan propiedades bien definidas, Los demás presentan propiedades tan análogas entre si que muchos no pueden diferenciarse ni clasificarse aisladamente en la serie de Mendeleiev. Algunos tienen actualmente tan escasas aplicaciones e importancia que solo nos limitaremos a nombrarlos, haciendo un estudio muy breve de los restantes.

ESTADO NATURAL.

Las llamadas tierras raras se encuentran siempre Mezcladas entre si en diversos minerales, y en esto se han podido diferenciar y aislar los elementos siguientes, expuestos según el orden creciente de sus pesos atómicos.

Todos estos elementos se pueden reunir, por su origen en dos grandes grupos de tierras raras: grupo de las tierras Ciricas y grupo de las tierras Iricas. Su primer grupo pertenece al lantano, cerio, prosudimio, neodimio, prometió samario y al segundo grupo los elementos restantes.

Los elementos transición interna se caracterizan por presentar los niveles electrónicos D y F incompletos; se dividen en dos series: lantánidos y actínidos llamadas también tierras raras que comprenden el primer desde el lantano, cerio hasta el lutecio, la serie de los actínidos comprende los elementos del torio hasta laurencio.

Los lantánidos y actínidos en conjunto se comportan como elemento del grupo IIIB, y ocupan posiciones especiales fuera del grupo principal de la tabla periódica por no poderse ubicar en forma adecuada en las posiciones que les corresponde en el periodo 6 y 7.

LOS LANTANIDOS

CARACTERISTICAS DEL GRUPO DE LOS LANTANIDOS.

Los lantánidos son un grupo de elementos que forman parte del periodo 6 de la tabla periódica. Estos elementos son llamados tierras raras debido a que se encuentran en forma de óxidos, y también, junto con los actínidos, elementos de transición interna.

El nombre procede del elemento químico lantano, que suele incluirse dentro de este grupo, dando un total de 15 elementos, desde el de número atómico 57 (el lantano) al 71. Aunque se suela incluir en este grupo, el lantano no tiene electrones ocupando ningún orbital f, mientras que los catorce siguientes elementos tienen éste orbital 4f parcial o totalmente lleno.

Estos elementos son químicamente bastante parecidos entre sí puesto que los electrones situados en orbitales f son poco importantes en los enlaces que se forman, en comparación con los p y d. También son bastante parecidos a los lantánidos los elementos itrio y escandio, debido a que tienen un radio similar y, al igual que los lantánidos, su estado de oxidación más importante es el +3. Éste es el estado de oxidación más importante de los lantánidos, pero también presentan el estado de oxidación +2 y +4.

El lantano es el primer miembro de la tercera serie de metales de transición. Se hallan en la familia lllB, con el escandio, Itrio y actinio (entre el lantano)

CONFIGURACION ELECTRONICA DE LOS LANTANIDOS.

ELEMENTO	N° ATOM	CONFIGURACIÓN ELECTRÓNICA
LANTANO	57	$1s^2\ 2s^2 p^6\ 3s^2\ p^6\ d^{10}\ 4s^2\ p^6\ d^{10}\ 5s^2\ p^6\ d^1\ 6s^2$
CERIO	58	$1s^2\ 2s^2 p^6\ 3s^2\ p^6\ d^{10}\ 4s^2\ p^6\ d^{10}\ f^2\ 5s^2\ p^6\ 6s^2$
PRASEUDIMIO	59	$1s^2\ 2s^2 p^6\ 3s^2\ p^6\ d^{10}\ 4s^2\ p^6\ d^{10}\ f^3\ 5s^2\ p^6\ 6s^2$
NEODIMIO	60	$1s^2\ 2s^2 p^6\ 3s^2\ p^6\ d^{10}\ 4s^2\ p^6\ d^{10}\ f^4\ 5s^2\ p^6\ 6s^2$
PROMECIO	61	$1s^2\ 2s^2 p^6\ 3s^2\ p^6\ d^{10}\ 4s^2\ p^6\ d^{10}\ f^5\ 5s^2\ p^6\ 6s^2$
SAMARIO	62	$1s^2\ 2s^2 p^6\ 3s^2\ p^6\ d^{10}\ 4s^2\ p^6\ d^{10}\ f^6\ 5s^2\ p^6\ 6s^2$
EUROPIO	63	$1s^2\ 2s^2 p^6\ 3s^2\ p^6\ d^{10}\ 4s^2\ p^6\ d^{10}\ f^7\ 5s^2\ p^6\ 6s^2$
GADOLINIO	64	$1s^2\ 2s^2 p^6\ 3s^2\ p^6\ d^{10}\ 4s^2\ p^6\ d^{10}\ f^7\ 5s^2\ p^6\ d^1\ 6s^2$
TERBIO	65	$1s^2\ 2s^2 p^6\ 3s^2\ p^6\ d^{10}\ 4s^2\ p^6\ d^{10}\ f^9\ 5s^2\ p^6\ 6s^2$
ITERBIO	70	$1s^2\ 2s^2 p^6\ 3s^2\ p^6\ d^{10}\ 4s^2\ p^6\ d^{10}\ f^{14}\ 5s^2\ p^6\ 6s^2$
LUTECIO	71	$1s^2\ 2s^2 p^6\ 3s^2\ p^6\ d^{10}\ 4s^2\ p^6 d^{10}\ f^{14}\ 5s^2\ p^6\ d^1\ 6s^2$

ESTRUCTURA ELECTRONICA.

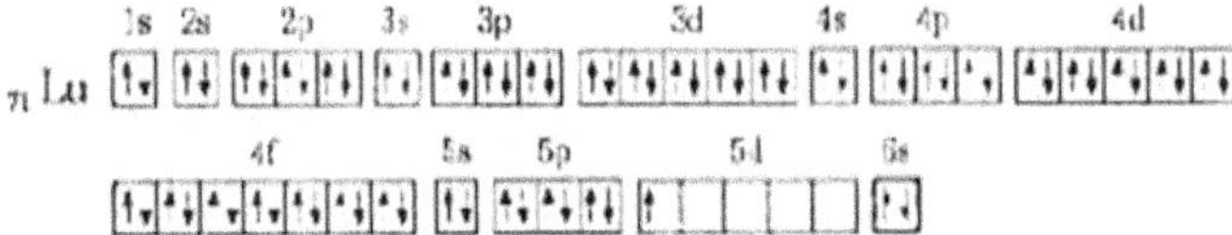

PROPIEDADES FISICAS Y QUIMICAS.

ELEMENTO	N° ATOMICO	MASA ATOMICA	P. de FUSION(°C)	P. de EBULLICION(°C)	DENCIDAD (g/cc)	POTENCIAL DE OXI.	RADIO ATOMICO	ELECTRONEGATIVIDAD
LANTANO	57	138,906	918	3464	6.145	10,04	188	1,1
SAMARIO	62	150,36	1074	1794	7.520	10,9	180	1,17
TERBIO	65	158,925	1356	3230	8.229	16,3	178	
ITERBIO	70	173,04	819	1196	6.965	9,2	194	2
LUTECIO	71	174,967	1663	3402	9.840	19,2	172	1,27
TANTALO	73	180,948	3017	5458	16.654	31,4	147	1,5
WOLFRAMIO	74	183,84	3422	5555	19.300	35,2	141	2,36
OSMIO	76	190,23	3033	5012	22.610	29,3	135	2,2
POLONIO	84	208,98	254	962	9.320	10	167	
HOLMIO	67	164,93	1477	2700	8.727	17,2	177	1,23

ESTADO NATURAL DE LOS LANTANIDOS.

El lantano se encuentra en las tierras ciricas es un Metal de color gris que se empaño en contacto con el aire y toma el color azul

Lantano fue descubierto por el químico sueco Carl Gustav Mosander en 1839. Arde en el aire a unos 450 °C para formar óxido de lantano, La2O3. Forma sales trivalentes incoloras, incluyendo una de las BASES trivalentes más fuertes, que se utiliza en Química Analítica. Generalmente se encuentra junto a otros elementos de los lantánidos en minerales como la apatita, monacita, calcita y fluorita. Es bastante común, ocupando el lugar 28 en abundancia entre los elementos de la corteza terrestre. Se oxida con rapidez en contacto con el aire y se transforma en La (OH)3, polvo blanco. Es el mas básico de las tierras raras Aumenta considerablemente el índice de refracción del vidrio.

Cerio, (Ce), es un elemento metálico, blando y gris, el más abundante de los elementos del grupo de los lantánidos. Fue descubierto en 1803 por los químicos suecos Jöns Jakob Berzelius y Wilhelm Hisinger y, el elemento metálico puro no fue aislado hasta 1875. El cerio ocupa el lugar 26 en abundancia natural entre los elementos de la corteza terrestre.

Samario, (Sm), es un elemento metálico, duro, frágil y brillante. El samario fue descubierto en 1879 por el químico francés P. E. Lecoq de Boisbaudran. El metal se inflama en el aire a unos 150 °C. Al igual que otros lantánidos, se encuentra en minerales tales como la cerita, gadolinita y samarsquita. Ocupa el lugar 40 en abundancia entre los elementos de la corteza terrestre

El iterbio se encuentra combinado en minerales como la xenotima, la euxenita, la monazita y la gadolinita. Ocupa el lugar 44 en abundancia entre los elementos de la corteza terrestre.

Lutecio, (Lu), es un elemento metálico blanco-plateado El lutecio existe en la naturaleza en ciertos minerales, asociado normalmente con el itrio. Ocupa el lugar 59 en abundancia entre los elementos de la corteza terrestre.

APLICACIONES.

El lantano se emplea para la fabricación de cristales ópticos de alta calidad.

El cerio a semejanza de los metales alcalinos descompone al agua en frió des prendiendo hidrogeno

El óxido del metal Neodimio (Nd_2O_3), se usa en el cristal de los tubos de las televisiones en color para aumentar el contraste, y en el láser.

El óxido de samario se utiliza en las varillas de control de algunos reactores nucleares.

El europio se usa como activador del fósforo. La pantalla de un tubo de televisión en color se trata con europio que, bombardeado con electrones, produce el color rojo. Debido a que absorbe fácilmente los neutrones, se utiliza para controlar la fisión nuclear en los reactores.

Junto con el erbio y el holmio, otros dos elementos del grupo de los lantánidos. La disprosia (Dy_2O_3), se usa a veces en las varillas de control de los reactores nucleares.

El Holmi es una de las sustancias más paramagnéticas que se conocen. El elemento tiene pocas aplicaciones prácticas, aunque se ha utilizado en algunos mecanismos electrónicos y como catalizador en reacciones químicas industriales.

El iterbio tiene aplicaciones potenciales en aleaciones, electrónica y materiales magnéticos.

Un isótopo radiactivo natural del lutecio, que tiene una vida media de unos 30.000 millones de años, se usa para determinar la edad de los meteoritos en relación con la edad de la Tierra.

LOS ACTINIDOS

HISTORIA.

En 1918 el químico Otto Hahn junto a Lise Meither, fueron los creadores del protactinio que luego mas tarde fue usado en la producción de de uranio fisionable a partir del torio.

En 1938, Hahn y Strassman descubren la fisión nuclear, que conduce a la invención de la terrible bomba atómica, empleada en 1945 contra el Japón (Hiroshima, Nagasaki).

CARACTERISTICAS DEL GRUPO DE LOS ACTINIDOS.

Los actínidos son un grupo de elementos que forman parte del periodo 7 de la tabla periódica. Estos elementos, junto con los lantánidos, son llamados elementos de transición interna. El nombre procede del elemento químico actinio, que suele incluirse dentro de este grupo, dando un total de 15 elementos, desde el de número atómico 89 (el actinio) al 103.

Estos elementos presentan características parecidas entre sí. Tienen tiempos de vida media cortos; todos sus isótopos son radiactivos.

En la tabla periódica, estos elementos se suelen situar debajo del resto, junto con los lantánidos, dando una tabla más compacta que si se colocaran entre los elementos del bloque s y los del bloque d, aunque en algunas tablas periódicas sí que se pueden ver situados entre estos bloques, dando una tabla mucho más ancha. El actínido es el primer miembro de la cuarta serie de transición y el único conocido.

Los actínidos presentan estados de oxidación mas variados (de +2 a +6) que los lantánidos. Todos los actínidos son radioactivos y aquellos con números atómicos superiores a 92, es decir por encima del uranio, se descomponen tan rápidamente que no se pueden encontrar ninguno de ellos en la naturaleza. Se han sintetizado los elementos mas pesados por fusión de los núcleos más pequeños en aceleradores de alta energía. Debido a la escasez de los elementos transuranidos todavía se ha estudiado bien su comportamiento físico y químico, pero se supone que sus propiedades son muy semejantes a los lantánidos correspondientes.

Los elementos actínidos son los de mayor peso y número atómico en toda la tabla periódica y están constituidos por átomos inestables y por lo tanto radiactivos. Solo son naturales el actinio el torio el protactinio y el uranio. Todos los transuránicos son productos de laboratorio.

CONFIGURACIÓN ELECTRÓNICA DE LOS ACTINIDOS.

ELEMENTO	N° AT	CONFIGURACION ELECTRONICA
ACTINIO	89	$1s^2\ 2s^2\ p^6\ 3s^2\ p^6\ d^{10}\ 4s^2\ p^6\ d^{10}\ f^{14}\ 5s^2\ p^6\ d^{10}\ 6s^2\ p^6\ d^1\ 7s^2$
TORIO	90	$1s^2\ 2s^2\ p^6\ 3s^2\ p^6\ d^{10}\ 4s^2\ p^6\ d^{10}\ f^{14}\ 5s^2\ p^6\ d^{10}\ 6s^2\ p^6\ d^2\ 7s^2$
PROTACTINIO	91	$1s^2\ 2s^2\ p^6\ 3s^2\ p^6\ d^{10}\ 4s^2\ p^6\ d^{10}\ f^{14}\ 5s^2\ p^6\ d^{10}\ f^2\ 6s^2\ p^6\ d^1\ 7s^2$
URANIO	92	$1s^2\ 2s^2\ p^6\ 3s^2\ p^6\ d^{10}\ 4s^2\ p^6\ d^{10}\ f^{14}\ 5s^2\ p^6\ d^{10}\ f^3\ 6s^2\ p^6\ d^1\ 7s^2$
NEPTUNIO	93	$1s^2\ 2s^2\ p^6\ 3s^2\ p^6\ d^{10}\ 4s^2\ p^6\ d^{10}\ f^{14}\ 5s^2\ p^6\ d^{10}\ f^4\ 6s^2\ p^6\ d^2\ 7s^2$
BERKELIO	97	$1s^2\ 2s^2\ p^6\ 3s^2\ p^6\ d^{10}\ 4s^2\ p^6\ d^{10}\ f^{14}\ 5s^2\ p^6\ d^{10}\ f^9\ 6s^2\ p^6\ 7s^2$
CALIFORNIO	98	$1s^2\ 2s^2\ p^6\ 3s^2\ p^6\ d^{10}\ 4s^2\ p^6\ d^{10}\ f^{14}\ 5s^2\ p^6\ d^{10}\ f^{10}\ 6s^2\ p^6\ 7s^2$
EINSTENIO	99	$1s^2\ 2s^2\ p^6\ 3s^2\ p^6\ d^{10}\ 4s^2\ p^6\ d^{10}\ f^{14}\ 5s^2\ p^6\ d^{10}\ f^{11}\ 6s^2\ p^6\ 7s^2$
MENDELEVIO	101	$1s^2\ 2s^2\ p^6\ 3s^2\ p^6\ d^{10}\ 4s^2\ p^6\ d^{10}\ f^{14}\ 5s^2\ p^6\ d^{10}\ f^{13}\ 6s^2\ p^6\ 7s^2$
LAURENCIO	103	$1s^2\ 2s^2\ p^6\ 3s^2\ p^6\ d^{10}\ 4s^2\ p^6\ d^{10}\ f^{14}\ 5s^2\ p^6\ d^{10}\ f^{14}\ 6s^2\ p^6\ d^1\ 7s^2$

ESTRUCTURA ELECTRONICA.

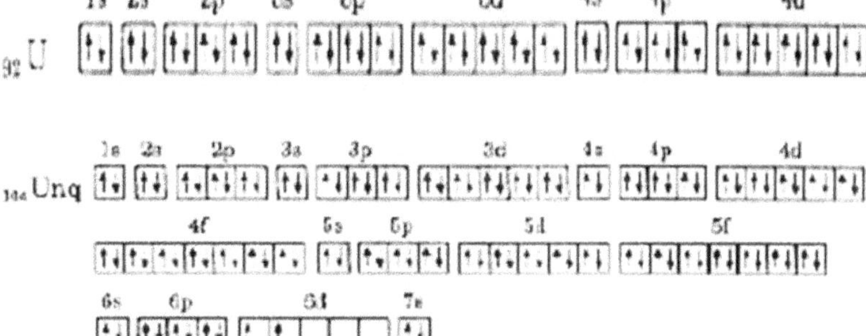

PROPIEDADES FISICAS Y QUIMICAS.

ELEMENTO	N° ATOMICO	MASA ATOMICA	P. de FUSION °C	P. de EBULLICION°C	DENCIDA (g/cc)	POTENCIA DE OXI.	RADIO ATOMICO	ELECTRONE GATIVIDAD
TORIO	90	232,03	1750	4788	11.720	16	180	1,3
PROTACTINIO	91	231,03	1572	4200	15.371	16,7	161	1,5
URANIO	92	238.04	1133		19.07			1.7
NEPTUNIO	93	237,04	644	3902	20.250	9,46	131	1,36
PLUTONIO	94	244,06	640	3228	19.840	2,8	151	1,28
MENDELEVIO	101	258,1	827					1,3
NOBELIO	102	259,1	827					1,3
LAURENCIO	103	262,11	1627					1,3
RUTHERFORDIO	104	261,11	21000	5500	23.00		150	
HASSIO	108	265,13			41.000		126	
MERTHERIO	109	268						

Los elementos actínidos son los de mayor peso y numero atómico toda la tabla periódica y están constituidos por átomos inestables y por lo tanto radio activos. Solo son naturales el Actinio, el Torio, el Protactinio y el Uranio.

ESTADO NATURAL DE LOS ACTINIDOS.

El Actinio, es un elemento metálico radiactivo que se encuentra en todos los minerales de uranio. El actinio fue descubierto en 1899 por el químico francés André Louis Debierne. El elemento se encuentra en los minerales de uranio en la proporción de 2 partes por cada 10.000 millones de uranio.

El uranio no existe al estado nativo, sino formando compuestos complejos como la pechblenda, la Carnosita, la Autonita, la Torbenita, etc. El uranio es un metal cristalino, de color blanco grisáceo como el acero muy denso dúctil y maleable Químicamente el uranio es estable frente al aire.

Existe en la naturaleza en cantidades mínimas en las menas de uranio, pero se produce artificialmente. Se utiliza en los mecanismos de detección de neutrones. Curio (Cm), es un elemento reactivo El curio es inestable y no existe en la naturaleza. Fue producido sintéticamente por vez primera por los químicos estadounidenses Glenn T. Seaborg, Ralph A. James y Albert Ghiorso

El fermio (Fm), es un elemento radiactivo creado artificialmente cuyo número atómico es 100. El elemento fue aislado en 1952, a partir de los restos de una explosión de bomba de hidrógeno, por el químico estadounidense Albert Ghiorso

El nobelio no se encuentra en la naturaleza, sino que se produce artificialmente en el laboratorio. El descubrimiento del elemento fue anunciado por primera vez en 1957 por distintos grupos de científicos, Químicamente, las propiedades del nobelio son semejantes a las del calcio y el estroncio.

APLICACIONES.

Hasta hace unos pocos años el uranio metálico no poseía la menor importancia industrial, pero en la actualidad se obtiene grandes cantidades como materia prima energía atómico y fabricación de armas nucleares (bomba atómica) Y bomba de hidrogeno.

En ambos casos se aprovecha la enorme cantidad de energía que libera los átomos de uranio al fisionarse. Esta liberación de energía puede ser controlada en aparatos especiales llamados REATORES ATOMICOS, los cuales sirven a su vez para producir enormes cantidades de energía eléctrica y para mover gigantescos barcos y submarinos Atómicos.

Estas aplicaciones de uranio se encuentran en una etapa experimental y sin lugar a dudas constituirán en le futuro una fuente inagotable de energía que reemplazará al carbón y al petróleo dando mayor impulso a la empresa.

El curio 242 (isótopo del curio), fue utilizado para bombardear el suelo de la Luna con partículas alfa. Las medidas de la energía de radiación alfa retrodispersada desde el suelo revelaron el tipo y la cantidad de elementos químicos presentes en el suelo lunar.

El californio tiene aplicación práctica como fuente de neutrones de alta intensidad en sistemas electrónicos y en investigación médica.

El fermio no tiene aplicaciones industriales.

PROPIEDADES RADIO ACTIVAS DE LOS ACTINIDOS.

El Uranio es un elemento radio activo, es decir está constituido por átomos de núcleos inestable que se disgregan continuo y espontáneamente para transformarse en átomos mas estables pertenecientes a otros elementos mas livianos y cada vez mas estables. Cada nuevo elemento que se origina de una transformación radioactiva del uranio esta también radioactivo, de manera que la desintegración continua y ocasiona una serie de desintegración completa. Así por ejemplo en el caso del URANIO 238, Este se desintegra emitiendo partículas alfa y beta, pasando por numerosas etapas durante las cuales se convierte en Torio, protactinio, uranio, radio, radón, polonio, bismuto radioactivos, hasta que por fin se convierte en plomo inactivo.

Otra propiedad radioactiva del uranio es la fisión nuclear en cadena que experimenta cuando es bombardeado con neutrones.

Se conocen los isótopos del neptunio con números másicos de 228 a 242. El más estable, el neptunio 237, tiene una vida media de 2,14 millones de años. Fue descubierto por los químicos estadounidenses Glenn T. Seaborg y Arthur C. Wahl. Este isótopo de larga vida demostró ser un instrumento útil de investigación en el proyecto de la bomba atómica, y se utiliza para estudiar la radiactividad.

Químicamente, el plutonio es reactivo, y sus propiedades se asemejan a las de los lantánidos El plutonio es el elemento transuránico más importante económicamente porque el plutonio 239 admite fácilmente la fisión y puede ser utilizado y producido en grandes cantidades en los reactores nucleares. También se utiliza para producir armas nucleares. Es un veneno extremadamente peligroso debido a su alta radiactividad. El plutonio 238 se ha utilizado para proporcionar energía a algunos aparatos en la Luna debido al calor que emite.

Se han obtenido isótopos del americio con números másicos de 237 a 247; todos son radiactivos, con vidas medias desde 0,9 minutos (americio 232) hasta 7.400 años (americio 243).

Químicamente, las propiedades del nobelio son semejantes a las del calcio y el estroncio. Se conocen los isótopos con números másicos desde 250 a 259, y el 262. El más estable, el nobelio 259, tiene una vida media de 58 minutos. El isótopo más común, el nobelio 255, tiene una vida media de unos pocos minutos.

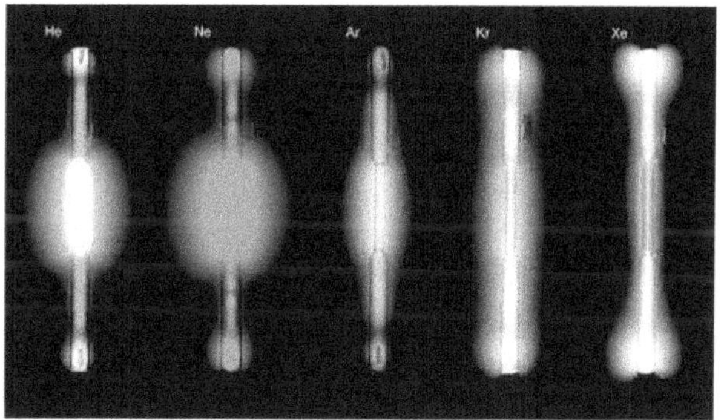

CAPÍTULO 12: ELEMENTOS DEL GRUPO 8: GASES NOBLES

GASES NOBLES

INTRODUCCION.

Los gases nobles forman la familia de elementos más inertes y ocupan la última columna de la derecha (grupo VIIIA) en la tabla. Sólo sus tres elementos más pesados forman compuestos pero en combinación con elementos muy electronegativos, todos ellos existen en algunas proporciones en la atmósfera de la tierra.

HISTORIA.

El trabajo de Lord Rayleigh llamó la atención de Sir William Ramsay, un profesor de química del colegio universitario de Londres. En 1898 Ramsay hizo pasar una corriente de nitrógeno, que obtuvo a partir del aire siguiendo el procedimiento de Rayleigh, sobre magnesio caliente al rojo para convertirlo al nitruro de magnesio:

$$3\,Mg_{(s)} + N_{2(g)} \longrightarrow Mg_3N_{2(s)}$$

Una vez que todo el nitrógeno había reaccionado con el magnesio, Ramseyse encontró con un gas desconocido que no había reaccionado. Con la ayuda de sir William Crookes, el inventor de tubo de descargas, Ramsay y Lord Rayleigh encontraron que el espectro de emisión de dicho gas no correspondía con ninguno conocido. ¡El gas era un elemento nuevo!

Determinaron que su masa atómica era de 39.95 uma y le llamaron Argón, que proviene del griego y significa "el perezoso".

La presencia del primer miembro de la familia, Helio en la cromosfera del sol se conoció mucho antes de su descubrimiento en la tierra. La presencia de átomos de Helio emite un espectro característico diferente de cualquier elemento hacia fines del siglo XIX, en 1898 fueron descubiertos los siguientes elementos por William Ramsay y M. W. Travers el Kriptón, Neón, Xenón. Por su parte el científico F. E. Dorn también en 1898 fue el que descubrió el Radón, pero uno de los primeros elementos que fue descubierto, fue el Helio en 1868 por Jannsen y Lockyer. Ramsay descubrió la presencia de Helio en nuestro planeta de manera que se dice que el fue el descubridor de todos los gases nobles o inertes.

ESTADO NATURAL.

El aire contiene 1% de Argón por volumen es el más abundante de los gases nobles fue detectado por primera vez William Ramsay, también como su nombre lo dice todos estos son monoatómicos o sea existen como átomos de Helio o átomos de Neón pero no como moléculas He o Ne.

CARACTERISTICAS.

La notable inactividad de los gases noble tiene su explicación en el hecho de presentar configuraciones electrónicas muy estables, es decir que estos elementos tienen sub.-niveles electrónicos llenos con el máximo número de electrones, como se muestra en la siguiente disposición.

ELEMENTO	CONFIGURACIÓN ELECTRÓNICA
HELIO	$1s^2$
NEON	$1s^2\ 2s^2\ 2p^6$
ARGON	$1s^2\ 2s^2\ 2p^6\ 3s^2\ 3p^6$
KRIPTON	$1s^2\ 2s^2\ 2p^6\ 3s^2\ 3p^6\ 3d^{10}\ 4s^2\ 4p^6$
XENON	$1s^2\ 2s^2\ 2p^6\ 3s^2\ 3p^6\ 3d^{10}\ 4s^2\ 4p^6\ 4d^{10}\ 5s^2\ 5p^6$
RADON	$1s^2\ 2s^2\ 2p^6\ 3s^2\ 3p^6\ 3p^{10}\ 4s^2\ 4p^6\ 4d^{10}\ 4f^{14}\ 5s^2\ 5p^6\ 5d^{10}\ 6s^2\ 6p^6$

CONFIGURACIÓN ELECTRÓNICA ESTABLE.

**Es la que posee un átomo cuando su ultimo nivel de
Energía presenta todas sus orbítales pareados.**

- Los átomos de los seis gases nobles presentan configuración estable por naturaleza. Así el Helio, He, presenta un solo orbital pareado en su único nivel de energía, K o sea dos electrones (1s2), y los gases Neón Ne, Argón Ar, Kriptón Kr, Xenón Xe y Radón Rn presentan en su ultimo nivel de energía cuatro orbítales pareados o sea 8 electrones (s2 p2).

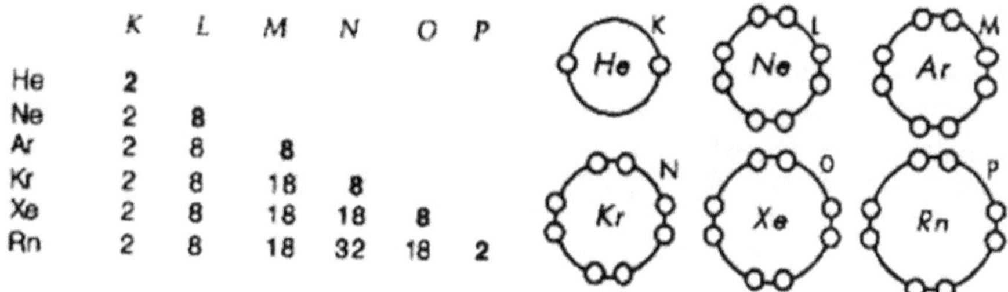

Estructura electrónica de los gases nobles.
Los dibujos sólo muestran el último nivel de energía.

ESTRUCTURA ELECTRÓNICA.

Si deseamos la configuración con detalle de orbítales, no hay más que modificar lo anterior, representando cada orbital por una "caja" y cada electrón por una flecha, indicando de que indiquen espines opuestos cuando el orbital es pareado

$_{10}$ Ne

$_{36}$ Kr

COMPUESTOS PRINCIPALES.

Pues que los intentos por preparar compuestos de los gases nobles fracasaron desde su iniciación también se les denomina gases inertes. No se conocen compuestos de helio, Neón ni Argón. Los elementos más pesados se combinan directamente con el fluor elemental por ejemplo; Xenón puede formar los siguientes compuestos:

Xe F2   Xe F4   Xe F6

Se puede controlar el producto variando la proporción de los reactivos. El Kriptón y el Radón también reaccionan formando fluoruros.

PROPIEDADES FISICAS Y QUIMICAS.

ELEMENTO	N° ATOMICO	MASA ATOMICA	P. de FUSION(°C)	P. de EBULLICION(°C)	DENCIDAD (g/cc)	POTENCIAL DE OXI.	RADIO ATOMICO	ELECTRONE GATIVIDAD
HELIO	2	4,0026	-272,2	-268,934	0,1784	0,21	128	
NEON	10	20,179	-248,59	-246,08	0,8994	0,324		
KRIPTON	36	83,8	-157,36	-153,22	3,7493	1,64		
XENON	54	131,19	-111,75	-108,04	5,8971	3,1	218	2,6
RADON	86	222,02	-11,01	-61,7	9,73	3		

Las propiedades importantes de estos elementos se dan en la siguiente tabla. Poseen a demás de punto de fusión y ebullición muy bajos las entalpías de fusión y vaporización mas bajas todas sus propiedades demuestran que se requieren muy poca energía para superar las fuerzas de atracción entre las moléculas.

Vemos en la tabla que el potencial de ionización para los tres elementos mas esados soncomparables con los elementos mas reactivos; por lo tanto no es sorprendente que fluor, el mas electronegativo de los elemento, se capaz de oxidar los gases nobles mas pesados.

OBTENCIÓN.

Observaremos un ejemplo muy claro el elemento del Radón (Rn) es intensamente reactivo y es producido por el decaimiento radioactivo del isótopo de radio, según la siguiente reacción.

$$Ra \rightarrow Rn + \alpha \quad (particula\ alfa)$$

APLICACIONES.

Los usos de los gases nobles dependen principalmente de su energía química. El helio a reemplazado al hidrogeno en las aeronaves inflables y globos de observación.

✓ En 1937 después de cruzar el atlántico con helio se pudo alcanzar temperaturas cercanas acero absoluto. El helio líquido posee un punto de ebullición de -268,9ºC más o menos 4,3 ºK, pero ha servido para alcanzar temperaturas tan bajas como 0,001ºK.

✓ El Argón se utiliza como un manto gaseoso durante la soldadura por arco de los metales reactivos como el magnesio para impedir que estos ardan formando óxidos o nitratos.

✓ Algunos alimentos son empacados bajo una capa de argón para retardar su descomposición, el argón también se utiliza en las bombillas incandescentes para impedir la sublimación del filamentote tungsteno.

✓ El Kriptón se utiliza para hacer lámparas fluorescentes, lámparas de flash para fotografías de alta velocidad, como también el Neón se usa para lámparas, tubos de cátodo frió, tubos de referencia, indicadores de alto voltaje tubos de TV y refrigeración.

✓ El Xenón por su parte para la iluminación, tubos eléctricos, lámparas estroboscopias, lámparas bactericidas, lámparas para excitar láser de rubí, en la industria nuclear se usa en estado líquido en la cámaras de burbujas.

✓ Por ultimo el Radón en la medicina, predicción de terremotos, otros gases se utilizan para hacer un despliegue de luz (avisos de neón) pues admite un resplandor de color de paso de una corriente de alto voltaje.

Helio.

- ✓ **Número Atómico**: 2
- ✓ **Masa Atómica**: 4,0026
- ✓ **Número de protones/electrones**: 2
- ✓ **Número de neutrones** (Isótopo 4-He): 2
- ✓ **Estructura electrónica**: 1s2
- ✓ **Electrones en los niveles de energía**: 2
- ✓ **Números de oxidación:**
- ✓ **Electronegatividad:**
- ✓ **Energía de ionización** (kJ.mol-1): 2370
- ✓ **Afinidad electrónica** (kJ.mol-1): -48
- ✓ **Radio atómico** (pm): 128
- ✓ **Radio iónico** (pm) (carga del ion):
- ✓ **Entalpía de fusión** (kJ.mol-1): 0,021
- ✓ **Entalpía de vaporización** (kJ.mol-1): 0,082
- ✓ **Punto de Fusión (ºC):** (a 26 atm de presión) -272,2
- ✓ **Punto de Ebullición (ºC):** -268,934
- ✓ **Densidad (kg/m3):** 0,17847; (0 ºC)
- ✓ **Volumen atómico (cm3/mol):** 32,07
- ✓ **Estructura cristalina**: Hexagonal
- ✓ **Color**: Incoloro.

INTRODUCCIÓN.

El helio es un elemento de numero atómico 2 y símbolo He a pesar que su configuración electrónica es 1s2, el helio no figura en el grupo 2 de la tabla periódica de los elementos, junto al hidrogeno en el bloque s, si no se coloca en el grupo 18 del bloque p, ya que al tener el nivel de energía completa, presenta las propiedades de un gas noble, es decir, es inerte no reacciona y al igual que estos es un gas monoatómico incoloro e inodoro.

El helio tiene el menor punto de evaporación de todos los elementos químicos y solo puede ser solidificado bajo presiones muy grandes. Es además el segundo elemento químico en abundancia en el universo, tras el hidrogeno encontrándose en la atmósfera trazas debidas a la desintegración de algunos elementos. En algunos depósitos naturales de gas, se encuentra en cantidades suficientes para la explotación, empleándose para el llenado de globos y dirigibles, como líquido refrigerante de materiales superconductores criogénicos y como gas envasado en el buceo a gran profundidad.

HISTORIA.

El helio fue descubierto de forma independiente por el francés Pierri Jannsen y el inglés Norman Lockyer, en 1868 al analizar el espectro de la luz solar durante un eclipse solar ocurrido aquel año, y encontrar una línea de emisión de un elemento desconocido. Eduard Franklan confirmó los resultados de Janssen y propuso el nombre helium para el nuevo elemento, en honor al dios griego del sol (Helios) al que se añadió el sufijo -ium ya que se esperaba que el nuevo elemento fuera metálico.

En 1895 Sir William Ramsay aisló el helio descubriendo que no era metálico, a pesar de todo el nombre original se conservó. Los químicos suecos Nils Langlet y Per Theodor Cleve consiguieron también, por la misma época, aislar el elemento.

En 1907 Ernest Rhuterford y Thomas Royds mostraron que las partículas alfa son núcleos de helio. En 1908 el físico alemán Heike Kamerlingh Onnes produjo helio líquido enfriando el gas hasta 0,9 K, lo que le hizo merecedor del premio Nóbel. En 1926 su discípulo Willem Hendrik Keesom logró por vez primera solidificar el helio.

CARACTERÍSTICAS PRINCIPALES.

En condiciones normales de presión y temperatura el helio es un gas monoatómico, pudiéndose licuar sólo en condiciones extremas (de alta presión y baja temperatura).

Tiene el punto de solidificación más bajo de todos los elementos químicos, siendo el único líquido que no puede solidificarse bajando la temperatura, ya que permanece en estado líquido en el cero absoluto a presión normal. De hecho, su temperatura crítica es de tan sólo 5,19 ºK. Los sólidos 3He y 4He son los únicos en los que es posible, incrementando la presión, reducir el volumen más del 30%. El calor específico del gas helio es muy elevado y el helio vapor muy denso, expandiéndose rápidamente cuando se calienta a temperatura ambiente.

El helio sólido sólo existe a presiones del orden de 100 MPa a 15 K (-248,15 ºC). Aproximadamente a esa temperatura, el helio sufre una transformación cristalina, de estructura cúbica y estructura hexagonal compacta; en condiciones más extremas, se produce un nuevo cambio, empaquetándose los átomos en una estructura cúbica centrada en el cuerpo. Todos estos empaquetamientos tienen energías y densidades similares, debiéndose los cambios a la forma en la que los átomos interactúan.

ABUNDANCIA Y OBTENCIÓN.

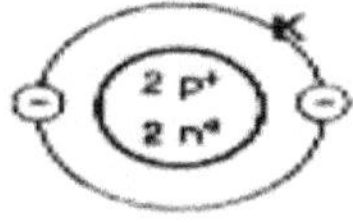

El helio es el segundo elemento más abundante del universo tras el hidrógeno y constituye alrededor del 20% de la materia de las estrellas, en cuyo proceso de fusión nuclear juega un importante papel. La abundancia de helio no puede ser explicada por la generada en las estrellas, aunque es consistente con el modelo del Big bang, creyéndose que la mayor parte del helio existente se formó en los tres primeros minutos del universo.

En la atmósfera terrestre hay del orden de 5 ppm y se encuentra también como producto de desintegración en diversos minerales radiactivos de uranio y torio. Además está presente en algunas aguas minerales, en gases volcánicos y en ciertos yacimientos de gas natural de los Estados Unidos, de los que proviene la mayoría del helio comercial.

El helio puede sintetizarse bombardeando núcleos de litio o boro con protones a alta velocidad. Compuestos.

Dado que el helio es un gas noble en la práctica no participa en las reacciones químicas, aunque bajo la influencia de descargas eléctricas o bombardeado con electrones forma compuestos con el wolframio, yodo, flúor y fósforo.

ISÓTOPOS.

El Isótopo más común del helio es el 4He, cuyo núcleo está constituido por dos protones y dos neutrones. Su excepcional estabilidad nuclear se debe a que tiene un número mágico de nucleones, es decir, una cantidad que se distribuye en niveles completos (de modo análogo a como se distribuyen los electrones en los orbítales). Numerosos núcleos pesados se desintegran emitiendo un núcleo de 4He; éste proceso, que se denomina desintegración alfa y por el que al núcleo emitido se le llama partícula alfa, es el origen de la mayoría del helio terrestre.

El helio tiene un segundo isótopo, el 3He, así como otros más pesados que son radiactivos. El helio-3 es prácticamente inexistente en la tierra, dado que la desintegración alfa produce exclusivamente núcleos de helio-4 y tanto éstos como el helio atmosférico escapan al espacio en periodos geológicos relativamente cortos.

Ambos isótopos se produjeron en el Big bang y cantidades significativas se siguen produciendo mediante la fusión del hidrógeno en las estrellas siguiendo la cadena protón-protón.

FORMAS.

El helio líquido (helio-4) se encuentra en dos formas distintas: helio-4 I y helio-4 II, entre los que se produce una brusca transición a 2.1768 K (punto lamda) a la presión de vapor. El He-I, por encima de esa temperatura es un líquido normal, pero el He-II, por debajo de ella, no se parece a ninguna otra sustancia convirtiéndose en un superfluido cuyas inusuales características se deben a efectos cuánticos, uno de los primeros casos en los que se han observado a escala macroscópica.

El helio-II tiene una viscosidad nula por lo que fluye con facilidad a través de finísimos capilares a través de los que el helio-I no puede fluir, y tiene además una conductividad térmica mucho mayor que cualquier otra sustancia. Exhibe un efecto fuente, de modo que si se sumerge parcialmente un tubo con un extremo capilar en helio-II y se calienta el tubo para superar el punto lamda, el helio-I se verterá por el extremo libre del tubo a modo de fuente, produciéndose un flujo constante de helio-II a través del capilar hacia el tubo calentado. Inversamente, cuando se fuerza el paso de helio-II a través de un capilar, el líquido se enfría. Los pulsos de calor se propagan a través del líquido de forma análoga a como lo hace el sonido, un fenómeno al que se denomina, por ello, segundo sonido. Además, el helio-II tiene la capacidad de reptar, de modo que cualquier sólido en contacto con él se cubre con un capa de entre 50 y 100 átomos de espesor a través de la cual el líquido puede fluir a una velocidad que depende de la temperatura, de hecho si se sumerge parcialmente una vasija con el fondo estanco en un lecho de helio-II, éste reptará por las paredes exteriores de la vasija llenándola hasta que los niveles en ambos se igualen.

APLICACIONES.

El helio es más ligero que el aire y a diferencia del hidrógeno no es inflamable, siendo además supoder ascensional un 8% menor que la de éste, por lo que se emplea como gas de relleno en globos y zeppelines publicitarios, de investigación atmosférica e incluso para realizar reconocimientos militares.

Aún siendo la anterior la principal el helio tiene más aplicaciones:

- ✓ Las atmósferas helio-oxígeno se emplean en la inmersión a gran profundidad, ya que el helio es inerte, menos soluble en la sangre que el nitrógeno y se difunde 2,5 veces más deprisa que él, todo lo cual reduce el tiempo requerido para la descompresión, aunque ésta debe comenzar a mayor profundidad, y elimina el riesgo de narcosis por nitrógeno (borrachera de las profundidades).
- ✓ Por su bajo punto de licuefacción y evaporación puede utilizarse como refrigerante en aplicaciones a temperatura extremadamente baja como en imanes superconductores e investigación criogénica a temperaturas próximas al cero absoluto.
- ✓ En cromatografía de gases se usa como gas portador inerte.
- ✓ La atmósfera inerte de helio se emplea en la soldadura por arco y en la fabricación de cristales de silicio y germanio, así como para presurizar combustibles líquidos de cohetes.
- ✓ En túneles de viento supersónicos.
- ✓ Como agente refrigerante en reactores nucleares.
- ✓ El helio líquido encuentra cada vez mayor uso en las aplicaciones médicas de la imagen por resonancia magnética (RMI).

PRECAUCIÓN.

Los depósitos de helio

Gas de 5 a 10 K deben almacenarse como si contuvieran líquido debido al gran incremento de presión que se someten.

La propiedad dificulta por razones obvias la construcción de recipientes de helio-II. Produce al calentar el gas a temperatura ambiente.

 **NEON.** 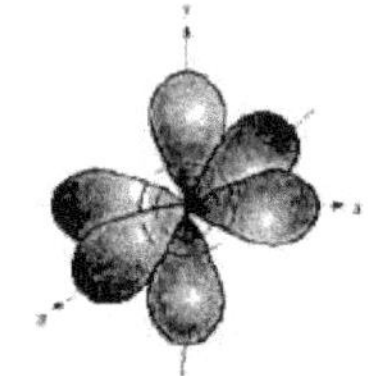 

INTRODUCCIÓN.

El neón es un elemento químico de número atómico 10 y símbolo Ne. Es un gas noble Incoloro, prácticamente inerte, presente en trazas en el aire, pero muy abundante en el universo, que proporciona un tono rojizo característico a la luz de las lámparas fluorescentes en las que se emplea.

HISTORIA.

El neón (del griego neos, nuevo) fue descubierto por William Ramsay y Morris Travers en 1898.

CARACTERÍSTICAS PRINCIPALES.

Es el segundo gas noble más ligero, y presenta un poder de refrigeración, por unidad de volumen, 40 veces el del helio líquido y tres veces el del hidrógeno líquido. En la mayoría de las aplicaciones el uso de neón líquido es más económico que el del helio.

ABUNDANCIA Y OBTENCIÓN.

El neón se encuentra usualmente en forma de gas monoatómico. La atmósfera terrestre contiene 15,4 ppm y se obtiene por subenfriamiento del aire y destilación del líquido criogénico resultante.

COMPUESTOS.

Aún cuando el neón es inerte a efectos prácticos se ha obtenido un compuesto con flúor en el laboratorio. No se sabe con certeza si éste o algún otro compuesto de neón distinto, existe en la naturaleza, pero algunas evidencias sugieren que pueden ser así. Los iones Ne +, (Ne Ar)+, (NeH)+ y (HeNe+) han sido observados en investigaciones espectrométricas de masa y ópticos. Además, se sabe que el neón forma un hidrato inestable.

ISÓTOPOS.

Existen tres isótopos estables, Ne-20 (90.48%), Ne-21 (0.27%) y Ne-22 (9.25%). El Ne-21 y Ne- 22 se obtienen principalmente por emisión neutrónica, y desintegración α del Mg -24 y Mg -25 respectivamente, y sus variaciones son bien conocidas, no así las del Ne-20 sobre el cual aún hay discrepancias. Las partículas alfa provienen de la cadenas de desintegración del uranio mientras que los neutrones se producen en su mayoría mediante reacciones secundarias de las partículas α. Como resultado de estas reacciones, en las rocas ricas en uranio, como los granitos, se ha observado que la relación Ne-20/Ne-22 tiende a disminuir mientras la relación Ne-21/Ne-22 aumenta. Los análisis realizados en rocas expuestas a rayos cósmicos han demostrado la generación de Ne-21 a partir de núcleos de Mg, Na, Si, Al, lo que sugiere que es posible, analizando los porcentajes de los tres isótopos, fechar el tiempo de exposición de las rocas superficiales y meteoritos.

De forma similar al xenón, el neón de las muestras de gases volcánicos presenta un enriquecimiento de Ne-20 así como Ne-21 cosmogénico. Igualmente se han encontrado cantidades elevadas de Ne-20 en diamantes lo que induce a pensar en la existencia de reservorios de neón solar en la tierra.

APLICACIONES.

El tono rojo-anaranjado de la luz emitida por los tubos de neón se usa profusamente para los indicadores publicitarios, también reciben la denominación de tubos de neón otros de color distinto que en realidad contienen gases diferentes. Otros usos del neón que pueden citarse son: indicadores de alto voltaje. Tubos de televisión, junto con el helio se emplea para obtener un tipo de láser, el neón licuado se comercializa como refrigerante criogénico.

General	
Nombre, símbolo, número	Neón, Ne, 10
Serie química	Gases nobles
Grupo, periodo, bloque	18, 2 , p
Densidad, dureza Mohs	0.8999 kg/m³, sin datos
Apariencia	Incoloro

Propiedades atómicas	
Peso atómico	20,1797 uma
Radio medio	Sin datos
Radio atómico calculado	38 pm
Radio covalente	69 pm
Radio de Van der Waals	154 pm
Configuración electrónica	$[He]2s^2 2p^6$
Estados de oxidación (óxido)	0 (desconocido)
Estructura cristalina	en las caras

Propiedades físicas	
Estado de la materia	Gas
Punto de fusión	24,56 K
Punto de ebullición	27,07 K
Entalpia de vaporización	1,7326 kJ/mol
Entalpia de fusión	0,3317 kJ/mol
Presión de vapor	No aplicable
Velocidad del sonido	435 m/s

Información diversa	
Electronegatividad	Sin datos (Pauling)
Calor específico	103 J/(kg·K)
Conductividad eléctrica	Sin datos
Conductividad térmica	0,0493 W/(m·K)

Potenciales de ionización (kJ/mol)

1° = 2080,7	5° = 12177
2° = 3952,3	6° = 15238
3° = 6122	7° = 19999,0
4° = 9371	8° = 23069,5

Isótopos más estables

iso.	AN (%)	Vida media	MD	ED (MeV)	PD
^{20}Ne	90,48	Ne es estable con 10 neutrones			
^{21}Ne	0,27	Ne es estable con 11 neutrones			
^{22}Ne	9,25	Ne es estable con 12 neutrones			

ARGON.

INTRODUCCIÓN.

El argón es un elemento químico de número atómico 18 y símbolo Ar. Es el tercero de los gases nobles, es incoloro e inerte como ellos, constituye en torno al 1% del aire.

HISTORIA.

Henry Cavendish, en 1785, expuso una muestra de nitrógeno a descargas eléctricas repetidas en presencia de oxígeno para formar óxido de nitrógeno que posteriormente eliminaba y encontró que alrededor del 1% del gas original no se podía disolver, afirmando entonces que no todo el «aire flogisticado» era nitrógeno. En 1892 Lord Rayleigh descubrió que el nitrógeno atmosférico tenía una densidad mayor que el nitrógeno puro obtenido a partir del nitro. Raleight y Sir William Ramsay demostraron que la diferencia se debía a la presencia de un segundo gas poco reactivo más pesado que el nitrógeno, anunciando el descubrimiento del argón (del griego αργόν, inactivo, vago o perezoso) en 1894, anuncio que fue acogido con bastante escepticismo por la comunidad científica.

En 1904 Rayleight recibió el premio Nobel de Física por sus investigaciones acerca de la densidad de los gases más importantes y el descubrimiento de la existencia del argón.

CARACTERÍSTICAS PRINCIPALES.

Tiene una solubilidad en agua 2,5 veces la del nitrógeno y la del oxígeno. Es un gas monoatómico inerte, e incoloro e inodoro tanto en estado líquido como gaseoso. No se conocen compuestos verdaderos del argón, habiéndose anunciado una compuesto con flúor muy inestable cuya existencia aún no se ha probado. El argón puede formar cloratos con el agua cuando sus átomos quedan atrapados en una red de moléculas de agua.

ABUNDANCIA Y OBTENCIÓN.

El gas de argón se obtiene por medio de la destilación fraccionada del aire licuado, en el que se encuentra en una proporción de aproximadamente el 0,94%, y posterior eliminación del oxígeno residual con hidrógeno. La atmósfera marciana contiene un 1,6% de Ar-40 y 5 ppm de Ar-36.; la de Mercurio un 7,0% y la de Venus trazas.

ISÓTOPOS.

Los principales isótopos de argón presentes en la Tierra son Ar-40 (99,6%), Ar-36 y Ar-38. El isótopo K-40, con una vida media de 1,205×109 años, decae, el 11,2% a Ar-40 estable mediante captura electrónica y desintegración β+ (emisión de un positrón), y el 88,8% restante a Ca-40 mediante desintegración β- (emisión de un electrón). Estos ratios de desintegración permiten determinar la edad de rocas.

En la atmósfera terrestre, el Ar-39 se genera por bombardeo de rayos cósmicos principalmente a partir del Ar-40. En entornos subterráneos no expuestos se produce por captura neutrónica del K- 39 y desintegración α del calcio.

El Ar-37, con una vida media de 35 días, es producto del decaimiento del Ca-40, resultado de explosiones nucleares subterráneas.

APLICACIONES.

El argón se emplea como gas de relleno en lámparas incandescentes ya que no reacciona con el material del filamento incluso a altas temperatura y presión, prolongando de este modo la vida útil de la bombilla, y en sustitución del neón en lámparas fluorescentes cuando se desea un color verde-azul en vez del rojo del neón. También como sustito del nitrógeno molecular (N2) cuando éste no se comporta como gas inerte por las condiciones de operación.

En el ámbito industrial y científico se emplea universalmente en la recreación de atmósferas inertes (no reaccionantes) para evitar reacciones químicas indeseadas en multitud de operaciones:

Soldadura al arco eléctrico y oxicorte.

Fabricación de titanio y otros elementos reactivos.

Fabricación de monocristales piezas cilíndricas formadas por una estructura cristalina continúa de silicio y germanio para componentes semiconductores.

El argón-39 se usa, entre otras aplicaciones, para la dotación de núcleos de hielo, y aguas subterráneas

En el buceo técnico, se emplea el argón para el inflado de trajes secos los que impiden el contacto de la piel con el agua a diferencia de los húmedos típicos de neopreno tanto por ser inerte como por su pequeña conductividad térmica lo que proporciona el aislamiento térmico necesario para realizar largas inmersiones a cierta profundidad.

El láser de argón tiene usos médicos en odontología y oftalmología; la primera intervención con láser de argón, realizada por Francis L'Esperance, para tratar una retinopatía se realizó en febrero de 1968.

General

Nombre, símbolo, número	Argón, Ar, 18
Serie química	Gases nobles
Grupo, periodo, bloque	18, 3 , p
Densidad, dureza Mohs	1,784 kg/m³, sin datos
Apariencia	Incoloro

Propiedades atómicas

Peso atómico	39,948 uma
Radio medio[†]	Sin datos
Radio atómico calculado	71 pm
Radio covalente	97 pm
Radio de Van der Waals	188 pm
Configuración electrónica	$[Ne]3s^23p^6$
Estados de oxidación (óxido)	0 (desconocido)
Estructura cristalina	Cúbica centrada en las caras

Propiedades físicas

Estado de la materia	Gas
Punto de fusión	83,8 K
Punto de ebullición	87,3 K
Entalpía de vaporización	6,447 kJ/mol
Entalpía de fusión	1,188 kJ/mol
Presión de vapor	No aplicable
Velocidad del sonido	319 m/s a 293,15 K

Información diversa

Electronegatividad	Sin datos (Pauling)
Calor específico	520 J/(kg·K)
Conductividad eléctrica	Sin datos
Conductividad térmica	0,01772 W/(m·K)

Potenciales de ionización (kJ/mol)

1° = 1520,6	5° = 7238
2° = 2665,8	6° = 8781
3° = 3931	7° = 11995
4° = 5771	8° = 13842

Isótopos más estables

iso.	AN (%)	Vida media	MD	ED (MeV)	PD
^{36}Ar	0,336	Ar es estable con 18 neutrones			
^{38}Ar	0,063	Ar es estable con 20 neutrones			
^{39}Ar	Sintético	269 a	β^-	0,565	^{39}K
^{40}Ar	99,6	Ar es estable con 22 neutrones			
^{42}Ar	Sintético	32,9 a	β^-	0,600	^{42}K

KRIPTON.

INTRODUCCIÓN.

El kriptón o criptón es un elemento químico cuyo símbolo es Kr y su número atómico es 36, en la tabla periódica se encuentra en el grupo VIIIA, formando la familia de los gases nobles o llamados también los gases inertes.

HISTORIA.

El kriptón (del griego κρυπτόν, oculto) fue descubierto en 1898 por William Ramsay y Morris Travers en un residuo de la evaporación del aire líquido. En 1960, la Oficina Internacional de Pesos y Medidas definió el metro en función de la longitud de onda de la radiación emitida por el isótopo Kr-86 en sustitución de la barra patrón. En 1983 la emisión del kriptón se sustituyó por la distancia recorrida por la luz en 1/299.792.458 segundos.

CARACTERÍSTICAS PRINCIPALES.

El kriptón es un gas noble incoloro, inodoro e insípido de muy pequeña reactividad caracterizado por un espectro de líneas verde y rojo-naranja muy brillantes. Es uno de los productos de la fisión nuclear del uranio. El kriptón sólido es blanco, de estructura cristalina cúbica centrada en las caras al igual que el resto de gases nobles.

Para propósitos prácticos puede considerarse un gas inerte aunque se conocen compuestos formados con el flúor; además puede formar clatratos con el agua al quedar sus átomos atrapados en la red de moléculas de agua. También se han sintetizado clatratos con hidroquinona y fenol.

ABUNDANCIA Y OBTENCIÓN.

El Kriptón es un gas raro en la atmósfera terrestre, del orden de 1 ppm, se encuentra entre los gases volcánicos y aguas termales y en diversos minerales en muy pequeñas cantidades. Puede extraerse del aire por destilación fraccionada.

En la atmósfera del planeta Marte se ha encontrado un contenido de 0,3 ppm de kriptón.

ISÓTOPOS.

El kriptón natural está constituido por seis isótopos estables y se han caracterizado diecisiete isótopos radiactivos.

El isótopo Kr-81 es producto de reacciones atmosféricas con los otros isótopos naturales, es radiactivo y tiene una vida media de 250,000 años. Al igual que el xenón, el kriptón es extremadamente volátil y escapa con facilidad de las aguas superficiales por lo que se ha usadopara datar antiguas (50000 a 800000 años) aguas subterráneas.

El isótopo Kr-85 es un gas inerte radiactivo de 10,76 años de vida media que se produce en la fisión del uranio y del plutonio. Las fuentes de este isótopo son las pruebas nucleares (bombas), los reactores nucleares y el reprocesado de las barras de combustible de los reactores. Se ha detectado un fuerte gradiente de este isótopo entre los hemisferios norte y sur, siendo las concentraciones detectadas en el polo norte un 30% más altas que en polo Sur.

APLICACIONES.

La definición de la longitud del metro estuvo entre 1960 y 1983 basada en la radiación emitida por el átomo excitado de kriptón; en concreto, el metro estaba definido como 1.650.763,73 veces la longitud de onda de la emisión roja-naranja de un átomo de Kr-86.

Se usa en solitario o mezclado con neón y argón en lámparas fluorescentes; en sistemas de iluminación de aeropuertos, ya que el alcance de la luz roja emitida es mayor que la ordinaria incluso en condiciones climatológicas adversas de niebla; y en las lámparas incandescentes de filamento de tungsteno de proyectores de cine. El láser de kriptón se usa en medicina para cirugía de la retina del ojo.

El kriptón-85 se usa en análisis químicos embebiendo el gas en sólidos, proceso durante el que se forman kriptonatos cuya actividad es sensible a las reacciones químicas producidas en la superficie de la solución. También se usa en flask fotográficos para fotografía de alta velocidad, en la detección de fugas en contenedores sellados y para excitar el fósforo de fuentes de luz sin alimentación externa de energía

General	
Nombre, símbolo, número	Kriptón, Kr, 36
Serie química	Gases nobles
Grupo, periodo, bloque	18, 4 , p
Densidad, dureza Mohs	3,708 kg/m³ (273 K), _
Apariencia	Incoloro
Propiedades atómicas	
Peso atómico	83,798 uma
Radio medio	Sin datos
Radio atómico calculado	88 pm
Radio covalente	110 pm
Radio de Van der Waals	202 pm
Configuración electrónica	$[Ar]3d^{10}\,4s^2\,4p^6$
Estados de oxidación (óxido)	0 (desconocido)

Estructura cristalina	Cúbica centrada en las caras
Propiedades físicas	
Estado de la materia	Gas (no-magnético)
Punto de fusión	115,79 K
Punto de ebullición	119,93 K
Entalpía de vaporización	9,029 kJ/mol
Entalpía de fusión	1,638 kJ/mol
Presión de vapor	–
Velocidad del sonido	1120 m/s a 293.15 K
Información diversa	
Electronegatividad	3,00 (Pauling)
Calor específico	248 J/(kg*K)
Conductividad eléctrica	Sin datos
Conductividad térmica	0,00949 W/(m*K)
1° potencial de ionización	1350,8 kJ/mol
2° potencial de ionización	2350,4 kJ/mol
3° potencial de ionización	3565 kJ/mol
4° potencial de ionización	5070 kJ/mol
5° potencial de ionización	6240 kJ/mol
6° potencial de ionización	7570 kJ/mol
7° potencial de ionización	10710 kJ/mol
8° potencial de ionización	12138 kJ/mol

Isótopos más estables

iso.	AN	Vida media	MD	ED MeV	PD
^{78}Kr	0,35%	Kr es estable con 42 neutrones			
^{80}Kr	2,25%	Kr es estable con 44 neutrones			
^{81}Kr	Sintético	229000 a	ε	0,281	^{81}Br
^{82}Kr	11,6%	Kr es estable con 46 neutrones			
^{83}Kr	11,5%	Kr es estable con 47 neutrones			
^{84}Kr	57%	Kr es estable con 48 neutrones			
^{85}Kr	Sintético	10,756 años	β⁻	0,687	^{85}Rb
^{86}Kr	17,3%	Kr es estable con 50 neutrones			

Xenon.

INTRODUCCIÓN.

Elemento químico de símbolo Xe y número atómico 54. Pertenece a la familia de los gases nobles. Se conocen 16 isótopos radiactivos.

Es un elemento gaseoso, incoloro e inodoro de número atómico 54. Pertenece al grupo 18 (o VIIIA) del sistema periódico, y es uno de los gases nobles.

Fue descubierto en 1898 por los químicos británicos sir William Ramsay y Morris Travers. Antiguamente se le creía químicamente inerte, pero desde 1962 se han preparado varios compuestos de xenón. Se usa principalmente en ciertos mecanismos de iluminación como las lámparas estroboscópicas. El xenón está presente en la atmósfera en cantidades mínimas.

El xenón se utiliza para llenar cierto tipo de lámparas de destello para fotografía que producen luz con un buen equilibrio de todos los colores del espectro visible y pueden ser utilizadas 10 000 veces o más antes de quemarse. Una lámpara de arco llena con xenón da luz intensa semejante al arco de carbono; en particular es valiosa en la proyección de películas.

PROPIEDADES FÍSICAS.

El xenón tiene un punto de fusión de -111,8°C y un punto de ebullición de -108,1°C. Su masa atómica es 131,3.

Nombre	Xenón
Número atómico	54
Valencia	0
Estado de oxidación	-
Electronegatividad	-
Radio covalente (Å)	2.09
Radio iónico (Å)	-
Radio atómico (Å)	-
Configuración electrónica	$[Kr]4d^{10}5s^25p^6$
Primer potencialde ionización (eV)	12.21
Masa atómica (g/mol)	131.30
Densidad (g/ml)	3.06
Punto de ebullición (°C)	-108.0
Punto de fusión (°C)	-111.9
Descubridor	Sir Ramsay 1898

ESTRUCTURA MOLECULAR.

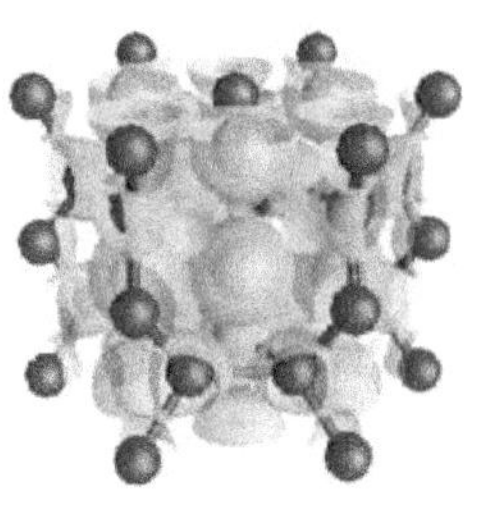

ESTADONATURAL.

Se encuentran trazas de xenón en minerales y meteoritos, pero la única fuente comercial de xenón es el aire. El xenón constituye 0.086 partes por millón por volumen de aire seco. Se estima que cerca del 3 x 10-9% del peso de la Tierra es xenón. También se encuentra en el exterior de nuestro planeta; se estima que existen cerca de 4 átomos de xenón por cada 1 000 000 de átomos de silicio, que es el patrón de abundancia utilizado con los elementos que hay en el Universo.

El xenón es incoloro, inodoro e insípido; es un gas en condiciones normales. El xenón es el único de los gases nobles no radiactivos que forma compuestos químicos estables a la temperatura ambiente; también forma enlaces débiles con clatratos.

Aunque el xenón muestra todos los estados de valencia par (II, IV, VI y VIII) y se han aislado compuestos estables de cada uno de estos estados, la química del xenón se limita a los fluoruros y oxifluoruros y sus complejos estables, dos óxidos inestables y las especies acuosas derivadas de la hidrólisis de los fluoruros.

Los tres fluoruros, XeF_2, XeF_4 y XeF_6, son compuestos termodinámicamente estables a la temperatura ambiente y pueden prepararse simplemente por medio del calentamiento de las mezclas de xenón y flúor a 300-400ºC (570-750ºF). Todos los fluoruros se reducen con hidrógeno formando xenón y fluoruro de hidrógeno, y sus calores de formación se miden de esta manera.

La reacción de XeF_6 con agua produce oxitetrafluoruro de xenón, $XeOF_4$, compuesto muy estable con punto de fusión a -46.2ºC (-45.4ºF) y de ebullición a 101ºC (213ºF). Si la reacción prosigue, se forma XeO_3 que es un sólido blanco de baja volatilidad, incoloro, inodoro y peligrosamente explosivo. El tetróxido de xenón gaseoso, XeO_4, se forma mediante la reacción de perxenato de sodio, Na_4XeO_6, con H_2SO_4 concentrado.

Los fluoruros de xenón y $XeOF_4$ producen una variedad de compuestos complejos de adición. Los complejos con pentafluoruros metálicos tienen tendencia a ser agentes fluorantes poderosos.

El difluoruro de xenón se disuelve en pentafluoruro de antimonio y puede reaccionar con xenón elemental para formar un catión de dixenón Xe2+ inesperado.

APLICACIONES.

Efectos del Xenón sobre la salud

Inhalación: Este gas es inerte y está clasificado como un asfixiante simple. La inhalación en concentraciones excesivas puede resultar en mareos, náuseas, vómitos, pérdida de consciencia y muerte. La muerte puede resultar de errores de juicio, confusión, o pérdida de la consciencia, que impiden el auto-rescate. A bajas concentraciones de oxígeno, la pérdida de consciencia y la muerte pueden ocurrir en segundos sin ninguna advertencia.

El efecto de los gases asfixiantes simples es proporcional a la cantidad en la cual disminuyen la cantidad (presión parcial) del oxígeno en el aire que se respira. El oxígeno puede reducirse a un 75% de su porcentaje normal en el aire antes de que se desarrollen síntomas apreciables. Esto a su vez requiere la presencia de un asfixiante simple en una concentración del 33% en la mezcla de aire y gas. Cuando el asfixiante simple alcanza una concentración del 50%, se pueden producir síntomas apreciables. Una concentración del 75% es fatal en cuestión de minutos.

Síntomas: Los primeros síntomas producidos por un asfixiante simple son respiración rápida y hambre de aire. La alerta mental disminuye y la coordinación muscular se ve perjudicada. El juicio se vuelve imperfecto y todas las sensaciones se deprimen. Normalmente resulta en inestabilidad emocional y la fatiga se presenta rápidamente. A medida que la asfixia progresa, pueden presentarse náuseas y vómitos, postración y pérdida de consciencia, y fianlmente convulsiones, coma profundo y muerte.

Este agente no está considerado como carcinógeno.

Efectos ambientales del Xenón

El xenón es un gas atmosférico raro y como tal no es tóxico y es químicamente inerte. Su temperatura extremadamente fría (-244°C) congelará a los organismos al contacto, pero no se anticipan efectos ecológicos a largo plazo.

Consideraciones para su eliminación: Cuando su eliminación se hace necesaria, verter el gas lentamente en una zona exterior bien ventilada y alejada de zonas de trabajo y de tomas de aire de edificios. No verter ningún gas residual en cilindros de gas comprimido. Devolver los cilindros al proveedor con la presión residual y la válvula del cilindro fuertemente cerrada. Se ha de tener en cuenta que los requerimientos estatales y locales para le eliminación de residuos pueden ser más restrictivos o diferentes a las regulaciones federales. Se deben consultar las regulaciones locales relacionadas con la adecuada eliminación de este material.

Radón.

INTRODUCCIÓN.

Elemento químico, cuyo símbolo es Rn y número atómico 86. El radón es una emanación gaseosa producto de la desintegración radiactiva del radio. Es muy radiactivo y se desintegra con la emisión de partículas energéticas alfa. Es el elemento más pesado del grupo de los gases nobles, o inertes, y, por tanto, se caracteriza por su inercia química. Todos sus isótopos son radiactivos con vida media corta.

El radón es un gas radioactivo que proviene de la desintegración del uranio de las rocas, el suelo y el agua. Se halla en bajas cantidades en la mayor parte de la corteza terrestre. El radón es incoloro, inodoro, insípido y químicamente inerte. Una vez que se forma, se traslada del suelo a la atmósfera. Se lo encuentra en todo el territorio de los Estados Unidos. La única forma de determinar la cantidad de radón presente es mediante la realización de análisis. La Inspección General de Sanidad ha advertido que el radón constituye la segunda causa de cáncer de pulmón en los Estados Unidos

PROPIEDADES FISICAS.

Nombre	Radón
Número atómico	86
Valencia	0
Estado de oxidación	-
Electronegatividad	-
Radio covalente (Å)	2,14
Radio iónico (Å)	-
Radio atómico (Å)	-
Configuración electrónica	$[Xe]4f^{14}5d^{10}6s^{2}6p^{6}$
Primer potencial de ionización (eV)	10,82
Masa atómica (g/mol)	222
Densidad (g/ml)	-
Punto de ebullición (ºC)	-61,8
Punto de fusión (ºC)	-71
Descubridor	Fredrich Ernst Dorn en 1898

ESTADO NATURAL.

Además de sus tres isótopos naturales, el radón tiene otros 22 que han sido sintetizados por medio de reacciones nucleares de transmutación artificial realizadas en ciclotrones y aceleradores lineales; sin embargo, ninguno de estos isótopos tiene una vida tan larga como el 222Rn.

Cualquier superficie expuesta al 222Rn se recubre con un depósito activo que consta de un grupo de productos filiales de vida corta. En las radiaciones de este depósito activo hay rayos energéticos alfa, beta y gamma.

La configuración electrónica del radón es especialmente estable y le da las propiedades químicas características de los gases nobles elementales. Se ha estudiado mucho el espectro del radón, que es semejante al de los demás gases inertes.

APLICACIONES.

Efectos del Radón sobre la salud

El radón se presenta en la naturaleza principalmente en la fase gaseosa. Consecuentemente, las personas están principalmente expuestas al radón a través de la respiración de aire.

Los niveles de fondo de radón en el aire exterior son generalmente bastante bajos, pero en áreas cerradas los niveles de radón en el aire pueden ser más altos. En las casas, las escuelas y los edificios los niveles de radón están incrementados porque el radón entra en los edificios a través de grietas en los cimientos y en los sótanos.

Algunos de los pozos profundos que nos suministran con agua potable también pueden contener radón. Como resultado una serie de personas pueden estar expuestas al radón a través del agua potable, así como a través de la respiración.

Los niveles de radón en aguas subterráneas son bastante elevados, pero normalmente el radón es rápidamente liberado al aire tan pronto como las aguas subterráneas entran en las aguas superficiales.

Se sabe que la exposición a altos niveles de radón a través de la respiración provoca enfermedades pulmonares. Cuando se da una exposición a largo plazo el radón aumenta las posibilidades de desarrollar cáncer de pulmón. El radón solo puede ser causa de cáncer después de varios años de exposición.

El radón puede ser radioactivo, pero libera poca radiación gamma. Como resultado, no es probable que se den efectos dañinos por la exposición a radiación de radón sin contacto real con los compuestos de radón.

Se desconoce si el radón puede provocar efectos en la salud de otros órganos a parte de los pulmones. Los efectos del radón, que se encuentra en la comida o en el agua potable, son desconocidos.

Efectos ambientales del Radón

Radón es un compuesto radioactivo, el cual se da raramente en la naturaleza. La mayoría de los compuestos del radón encontrados en el medio ambiente provienen de las actividades humanas. El radón entra en el medio ambiente a través del suelo, por las minas de uranio y fosfato, y por la combustión de carbón.

Una parte del radón que se encuentra en el suelo se moverá a la superficie y entrará en el aire a través de la evaporación. En el aire, los compuestos del radón se acoplarán al polvo y otras partículas. El radón también se puede mover hacia abajo en el suelo y alcanzar las aguas superficiales. Sin embargo, la mayor parte del radón permanecerá en el suelo.

El radón tiene una vida media radiactiva de alrededor de cuatro días; esto significa que la mitad de una cantidad dada de radón se degradará en otros componentes, normalmente compuestos menos dañinos, cada cuatro días.

¿CÓMO ENTRA EL RADÓN EN UNA CASA?

Debido a que el radón es un gas contenido en el aire, puede entrar en un edificio y permanecer atrapado en su interior, llegando a altos niveles de presión. El radón se mueve hacia arriba desde el suelo y penetra en la vivienda por las ranuras y otros agujeros de los cimientos.

El radón puede penetrar en una vivienda a través de:

- ✓ Grietas y otros agujeros en los cimientos
- ✓ Grietas en los pisos sólidos y en las paredes
- ✓ Junturas de la construcción
- ✓ Espacios en pisos suspendidos
- ✓ Espacios alrededor de las cañerías
- ✓ Cavidades en el interior de las paredes
- ✓ Suministro de agua

Aunque el radón del suelo es la fuente principal de radón en las viviendas, a veces el gas puede penetrar a través del agua de pozo o vertiente. Por otra parte, en un reducido número de viviendas, los materiales de construcción también pueden despedir radón, pero rara vez son la causa de problemas de radón por sí mismos.

EL RADÓN EN EL AGUA

Comparado con el radón que entra en la vivienda a través del suelo, el que entra a través del agua es una fuente de riesgo mucho menor. El gas radón puede entrar en una vivienda a través del agua de pozo o vertiente. Cuando se usa agua para una ducha o para tareas domésticas, partículas de radón penetran el aire que se respira. Las investigaciones sobre el radón sugieren que, aunque en menor escala, también existe riesgo de contaminación si se traga agua con un alto contenido de radón.

Aunque el agua corriente provista por los servicios públicos no presenta problemas, se ha detectado la presencia de radón en aguas de pozo o vertiente.

¿Qué significan los resultados de la prueba de radón en el agua?

Si las pruebas que ha hecho han detectado la presencia de radón en su vivienda, y su provisión de agua proviene de un pozo o vertiente, recurra a un laboratorio especializado en medir la radiación del agua. Si su provisión de agua depende de un servicio público, pero usted sospecha que el radón de su vivienda proviene del agua, llame a ese servicio. Si se prueba que una gran parte del radón de su vivienda proviene del agua, la EPA recomienda considerar la instalación de un sistema especial de tratamiento del agua para eliminar el radón.

¿Cómo se elimina el radón del agua?

Los problemas del radón contenido en el agua pueden solucionarse rápidamente. El tratamiento más eficaz consiste en eliminar el contenido de radón antes de que el agua llegue a su hogar. Este es el tratamiento en el "punto de entrada". El tratamiento en el "punto de uso" se hace cuando el agua sale de la llave (grifo). Lamentablemente, este último es muy poco eficaz para reducir el riesgo del radón en el agua.

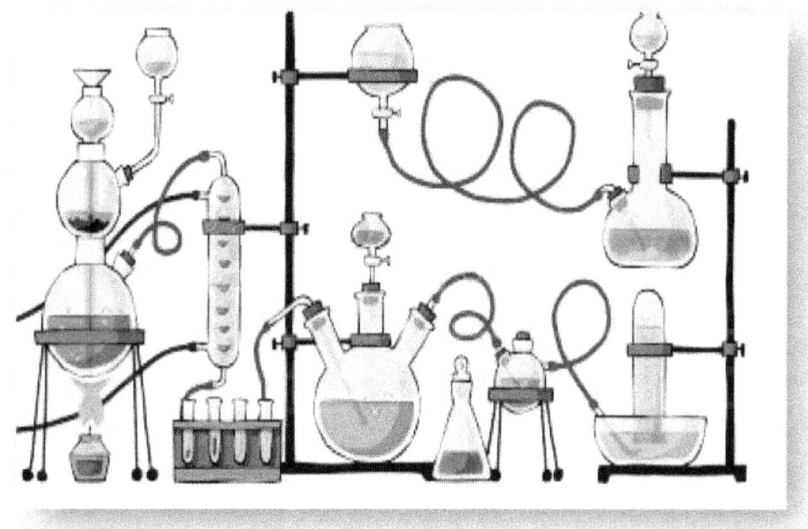

TRABAJOS PRÁCTICOS DE LABORATORIO

NORMAS GENERALES DE TRABAJO EN LABORATORIO

I. ORGANIZACIÓN DEL TRABAJO

Cuando se trabaja en el laboratorio se utilizan sustancias, aparatos, organismos; se aplican técnicas y procedimientos para obtener resultados que luego sirven para elaborar las conclusiones de los experimentos.

Para que los trabajos sean efectivos deben planificarse, conocer para qué se hacen y tener en cuenta ciertas condiciones de seguridad. Con la práctica se van adquiriendo destrezas y habilidades que son propias de la metodología científica (observar, registrar datos, comparar, describir, hacer predicciones, diseñar y ejecutar experimentos, analizar resultados, etc.)

En cualquier actividad que se vaya a realizar dentro del laboratorio se deben tener en cuenta las siguientes sugerencias y reglas de conducta para organizar, ordenar el trabajo y lograr la seguridad de todos los participantes. El cumplimiento de estas normas se tendrá en cuenta para la evaluación de seguimiento grupal e individual.

Recomendaciones generales:

- ✓ **Formar grupos** para la realización de Trabajos Prácticos. **Los integrantes no deben variar** de un T.P. a otro.
- ✓ **Utilizar guardapolvo**, el cabello recogido y los puños abotonados.
- ✓ Antes de comenzar se debe **leer cuidadosa y atentamente los procedimientos** a seguir y la lista de materiales que figuren en la Guía correspondiente.
- ✓ **Ordenar los elementos** a utilizar sobre la mesada, limpios y en buen estado. No ocupar la mesada con otros elementos que no sean los utilizados dentro del trabajo práctico.
- ✓ Los recipientes de vidrio deben enjuagarse con agua destilada antes de usarlos. Deben estar libres de grasa para que el agua moje las superficies. Los recipientes deben secarse exteriormente con una tela limpia que no deje pelusa.
- ✓ Cualquier recipiente que contenga soluciones o sólidos debe estar rotulado o numerado.
- ✓ Nunca deben introducirse pipetas ni varillas de vidrio dentro de los frascos de reactivos; en lugar de ello conviene verter una pequeña cantidad de reactivo en un vaso de precipitados o vidrio reloj limpio y seco y de allí tomar las cantidades necesarias.
- ✓ Tener un **cuaderno o libreta de registro por grupo**, donde se anotarán (en detalle) todas las observaciones y pasos realizados en los experimentos, para luego elaborar los Informes.

✓ Al finalizar la tarea, **el lugar de trabajo debe quedar limpio y ordenado**. Cada grupo deberá tener un los elementos adecuados para limpiar derrames de sustancias.

II. SEGURIDAD EN EL LABORATORIO

Cuando se trabaja en un laboratorio existe el peligro de un **ACCIDENTE**, en virtud de las sustancias y elementos que se utilizan, y la posibilidad de cometer algún error al realizar un experimento.

> ## SUSTANCIA PELIGROSA + ERROR HUMANO = ACCIDENTE

Por eso, cuando se trabaja en el laboratorio, deben tenerse presente una serie de reglas o consejos que disminuyen y en algunos casos logran evitar los accidentes.

Es conveniente no olvidar estas REGLAS / CONSEJOS:

1) **Siga atentamente las indicaciones del encargado del práctico**, sobre todo en lo referente a la manipulación de productos químicos y al manejo de llaves de agua, gas, mecheros, electricidad, etc.

2) No está permitido que el alumno trabaje solo en el laboratorio ni fuera de la hora del práctico, salvo que lo indique el profesor.

3) No jugar con los materiales, evitar los movimientos bruscos, correr o molestar a otros grupos.

4) **EVITE EL CONTACTO DIRECTO CON CUALQUIER REACTIVO (no oler, no acercar a la boca ni a los ojos, etc.)**

5) **Lea 2 veces el rótulo de la botella** cuando vaya a usar un producto químico. Usar el reactivo equivocado puede ocasionar un accidente o producir resultados "inexplicables" en un experimento. Tenga presente que la mayoría de los reactivos son tóxicos y/o pueden producir lesiones severas (quemaduras, irritación, etc.)

6) Mantenga limpia la mesada en la que trabaja. Limpie el material de vidrio, salpicaduras, etc. **INMEDIATAMENTE**.

7) **NO PIERDA TIEMPO**. Conozca la técnica y sus fundamentos. Sepa que va a hacer. Trate de entender el experimento y **PIENSE** mientras trabaja.

8) Está terminantemente **PROHIBIDO** realizar variaciones de la técnica (excepto aquellas indicadas por el encargado del práctico) y/o experimentos no programados como parte del trabajo práctico.

9) **NO FUME, NO COMA O BEBA** en el laboratorio. (Reactivos tóxicos pueden llegar a su boca o pulmones a través de la contaminación accidental de sus manos).

10) **No devuelva al frasco original restos de material no utilizado** ya que puede contaminar el contenido.

11) **No coloque cerca de la llama sustancias inflamables o volátiles.** Los frascos deben estar bien tapados y en lugar seguro.

12) **No tocar el material de vidrio recientemente calentado** ya que demora en enfriarse.

13) Al armar un aparato, asegúrese que esté bien sujeto y seguro, especialmente si es de vidrio.

14) Al calentar sustancias dentro de un tubo de ensayo, **no dirija la boca del mismo hacia ningún compañero,** puede haber salpicaduras.

15) Cuando vierta un líquido sobre otro, **debe hacerse lentamente y por el borde del recipiente** para no salpicar (los ácidos e hidróxidos se agregan sobre el agua y no al revés: **"no darle de beber a un ácido"**)

16) **Si ocurre un accidente** en el laboratorio, por pequeño que parezca, **comuníquelo al encargado** del práctico.

17) **SI SE DERRAMA UN REACTIVO:**
a. Alerte a sus compañeros y al encargado del laboratorio.
b. Limpie inmediatamente siguiendo las instrucciones del encargado del práctico.

18) **SI TIENE CONTACTO DIRECTO CON UN REACTIVO:**
a. Lave las manos y cara INMEDIATAMENTE con abundante agua.
b. Si parte de su cuerpo tuvo contacto con el reactivo es IMPORTANTE ACTUAR INMEDIATAMENTE. Quítese la ropa contaminada y lave la zona afectada con abundante agua, por lo menos durante 15 min.

19) Usted estará más seguro al trabajar en el laboratorio si:
a. **Usa un guardapolvo blanco**
b. **Usa zapatos cerrados (evite sandalias)**
c. **Usa el cabello recogido**

20) Lávese las manos antes y después de haber trabajado en el laboratorio.

21) **Antes de trabajar con un producto químico, averigüe sus propiedades físicas,** químicas y su toxicidad.

ANTE CUALQUIER DUDA CONSULTE AL PROFESOR O JEFE DE PRÁCTICO. MUCHOS ACCIDENTES OCURREN, A MENUDO, POR TRABAJAR APURADO, NO SEGUIR LAS INDICACIONES, ESTAR DISTRAÍDO O JUGAR MIENTRAS SE REALIZA EL PRÁCTICO.

III. PICTOGRAMAS

Algunos reactivos están rotulados de manera tal de permitir la identificación rápida de riesgos involucrados en su manipuleo. La ausencia de tales indicaciones NO debe ser considerada como indicación de que el manipuleo del reactivo no implica riesgos.

Los pictogramas están basados en estándares ampliamente aceptados y significan lo siguiente:

Pictogramas de peligro

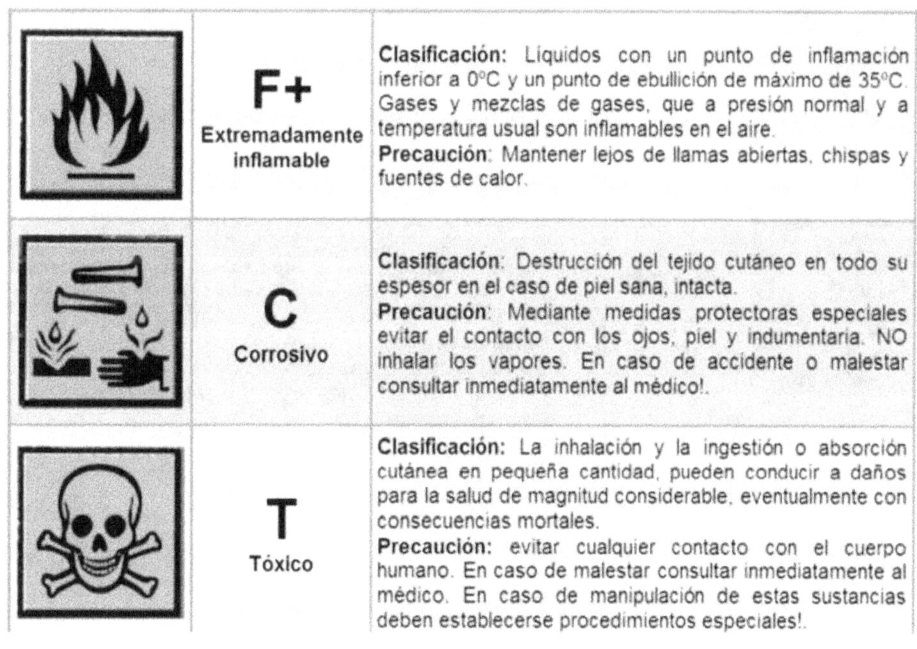

	T+ Muy Tóxico	**Clasificación:** La inhalación y la ingestión o absorción cutánea en MUY pequeña cantidad, pueden conducir a daños de considerable magnitud para la salud, posiblemente con consecuencias mortales. **Precaución:** Evitar cualquier contacto con el cuerpo humano , en caso de malestar consultar inmediatamente al médico!.
	O Comburente	**Clasificación: (Peróxidos orgánicos).** Sustancias y preparados que, en contacto con otras sustancias, en especial con sustancias inflamables, producen reacción fuertemente exotérmica. **Precaución:** Evitar todo contacto con sustancias combustibles. **Peligro de inflamación:** Pueden favorecer los incendios comenzados y dificultar su extinción.
	Xn Nocivo	**Clasificación:** La inhalación, la ingestión o la absorción cutánea pueden provocar daños para la salud agudos o crónicos. Peligros para la reproducción, peligro de sensibilización por inhalación, en clasificación con R42. **Precaución:** evitar el contacto con el cuerpo humano.
	Xi Irritante	**Clasificación:** Sin ser corrosivas, pueden producir inflamaciones en caso de contacto breve, prolongado o repetido con la piel o en mucosas. Peligro de sensibilización en caso de contacto con la piel. Clasificación con R43. **Precaución:** Evitar el contacto con ojos y piel; no inhalar vapores.
	N Peligro para el medio ambiente	**Clasificación:** En el caso de ser liberado en el medio acuático y no acuático puede producirse un daño del ecosistema por cambio del equilibrio natural, inmediatamente o con posterioridad. Ciertas sustancias o sus productos de transformación pueden alterar simultáneamente diversos compartimentos. **Precaución:** Según sea el potencial de peligro, no dejar que alcancen la canalización, en el suelo o el medio ambiente! Observar las prescripciones de eliminación de residuos especiales.

IV. ALGUNAS INDICACIONES SOBRE PRIMEROS AUXILIOS

En los laboratorios se suelen producir pequeños accidentes (incidentes) que en la mayoría de los casos no son graves. La primera actuación en caso de accidente será el requerimiento urgente de atención médica. Es importante comunicar al médico **todos los detalles del accidente y mostrarle, siempre que sea posible, la etiqueta del producto que lo ha causado.** Sólo en caso en que la asistencia del facultativo no sea inmediata podrán seguirse las instrucciones que, en concepto de primeros auxilios, se describen a continuación, con la ayuda de los propios reactivos de laboratorio. Sin embargo es necesario recurrir al médico en cuanto sea posible.

Mostramos algunos remedios previstos para los accidentes que se producen en los laboratorios industriales, pero que alguna vez pueden suceder en nuestros laboratorios de prácticas

1. HERIDAS:

Desinfectar con agua oxigenada, tintura de yodo. Luego colocar una gasa de modo que se mantengan unidos los bordes de la herida y vendar. Las heridas en manos, brazos y piernas que produzcan hemorragia abundante, requieren una comprensión fuerte para suprimirla. Si la sangre es de color rojo púrpura y fluye con intermitencia, hacer una ligadura fuerte a unos 10 cm de la articulación correspondiente por encima de la herida. La comprensión se efectúa con un tubo de goma que se aprieta lo suficiente como para que la hemorragia cese. No se debe mantener más de 10 min. Pasado ese tiempo se desliga, se deja fluir sangre y se vuelve a hacer la compresión.

2. QUEMADURAS:

a) **Quemaduras por fuego u objetos calientes:** Cubrir la parte afectada con una solución de ácido pícrico al 1% (también puede ser tanino al 5% o linimento óleo calcáreo) o pomadas para las quemaduras y luego vendarla sin apretar.

b) **Quemaduras producidas por ácidos, bromo, fósforo, etc.:** Lavar con abundante agua y luego con solución de bicarbonato de sodio al 5%. Colocar una pomada para quemaduras y vendar.

c) **Quemaduras producidas por álcalis o bases:** Lavar a fondo con abundante agua y luego con solución de ácido acético al 5%. Colocar pomada y vendar. También puede lavarse con solución concentrada de ácido bórico.

d) **Quemaduras y salpicaduras en los ojos:**
   I. BASES: Lavar con mucho agua, luego con solución de ácido bórico al 2%. Colocar un colirio calmante.
   II. ÁCIDOS: Lavar con mucho agua, luego con solución de bicarbonato de sodio al 2%. Colocar un colirio calmante.

3. COLAPSO, ASFIXIA Y CHOQUE ELÉCTRICO: Respiración artificial, masajes en los miembros hacia el corazón; sales aromáticas, amoniacales, estimulantes (café, coñac, etc.) Aflojar la ropa. Aire puro.

4. INTOXICACIONES EN GENERAL:

a) **Sustancias no corrosivas:** Provocar el vómito mecánicamente o con eméticos. Lavado gástrico con permanganato de potasio 1/2000 o tanino. Respiración artificial. Antídoto universal.

b) **Sustancias corrosivas (álcalis):** Ácido acético al 1%. Eméticos con precaución.

c) Emolientes. Abrigo, café fuerte.

d) **Sustancias corrosivas (ácidos):** Leche de magnesia. Eméticos con precaución, emolientes. Abrigo. Café fuerte.

e) **Metales (As, Sb, Cd, Hg):** Eméticos. Té fuerte o 2g de tanino en agua tibia, emoliente.

f) Combatir el shock con café, coñac y calor. Purgar.

g) **Gases inhalados:** Aire puro (transportar horizontalmente). Respiración artificial. Bolsas frías y calientes en el pecho alternadamente. Estimulantes cardíacos y respiratorios.

5. VENENOS:

a) **Monóxido de carbono (CO):** Es poco frecuente que se desprenda en el curso de las reacciones químicas. Se produce en reacciones de combustión incompleta. Es inodoro. Los síntomas comienzan con dolor de cabeza, seguido de fatiga y pérdida de conocimiento pudiendo llegar a la muerte por asfixia. Tratamiento: aire puro y/o respiración artificial.

b) **Sulfuro de hidrógeno (H_2S):** Es un gas sumamente venenoso. Una concentración de éste en el aire de 1/1000 resulta mortal en breve tiempo. Una estancia prolongada en un ambiente con H_2S da lugar a dolores de cabeza, inflamación de los ojos y trastornos intestinales. Tratamiento: Aire puro y/o respiración artificial.

c) **Ácido cianhídrico y cianuros (HCN y CN^-):** Es uno de los venenos inorgánicos más peligrosos. Se hacen sentir sus efectos tanto por inhalación como por adsorción (heridas). Sus soluciones no deben aspirarse por medio de pipetas de aspiración bucal. Se debe trabajar bajo campana. El ácido se detecta por su olor a almendras amargas. Tratamiento: En caso de intoxicación leve se debe respirar rápidamente aire fresco y/o nitrito de amilo.

d) **Dióxido de nitrógeno (NO_2):** Se denominan comúnmente vapores nitrosos y se desprenden cuando el ácido nítrico actúa como oxidante. Son vapores de color pardo. Este gas es muy tóxico. Produce irritación de efectos retardados, atacando las vías respiratorias y los alvéolos pulmonares. La intoxicación se manifiesta por una tos irritante, sed y sensación de ahogo. Tratamiento: calor, vapores de amoníaco y reposo.

e) **Arsenamina (AsH_3):** Provoca intoxicaciones agudas y de efectos retardados. (Aprox. Una hora). Se debe trabajar bajo campana. Síntomas: dolor de cabeza, palidez, náuseas y diarrea. Tratamiento: Aire fresco e inyección de dimercaptopropanol (BAL).

f) **Cloro (Cl_2):** Actúa sobre el aparato respiratorio. En concentraciones bajas provoca la irritación de las mucosas. Tratamientos: inhalaciones con alcohol y amoníaco diluido.

g) **Vapores de mercurio:** El mercurio emite vapores a temperatura ambiente que pueden ser adsorbidos por los pulmones e incluso la piel. La respiración prolongada de sus vapores da lugar a una intoxicación crónica (enfermedad profesional) cuyos síntomas son: dolores de cabeza intermitentes, temblor de las manos (temblor mercurial) y desprendimiento de dientes.

6. ANTÍDOTO UNIVERSAL:

a) **Composición:** carbón animal activado (dos partes), magnesia calcinada (una parte), acido tánico (tanino) (una parte).
b) **Dosis:** Una cucharadita de té agitada con agua caliente en un pequeño vaso.

7. EMOLIENTES: Clara de huevo batida con agua, pasta de harina, banana pisada, leche, leche con huevos, almidón con agua.

8. EMÉTICOS (vomitivos):

a) **Harina de mostaza:** Disolver una cucharada de té en 50 mL de agua tibia.
b) **Tártaro emético:** Disolver 30 g en medio vaso de agua tibia y beberlo.
c) **Sulfato de cobre:** Disolver 0,6 g en agua tibia (medio vaso) y beberlo.
d) **Sulfato de zinc:** Disolver 1g en medio vaso de agua tibia y beberlo.

> **NO ADMINISTRAR ANTÍDOTOS, EMOLIENTES O EMÉTICOS SIN LA DEBIDA SUPERVISIÓN DE PERSONAL IDÓNEO.**

ANEXO:

SEÑALIZACIÓN DE SEGURIDAD EN EL TRABAJO

<u>SEÑALES DE ADVERTENCIA</u>

Forma triangular. Pictograma negro sobre fondo amarillo (el amarillo deberá cubrir como mínimo el 50 por 100 de la superficie de la señal), bordes negros.
Como excepción, el fondo de la señal sobre "materias nocivas o irritantes" será de color naranja, en lugar de amarillo, para evitar confusiones con las señales similares utilizadas para la regulación del tráfico en carretera.

<u>SEÑALES DE PROHIBICIÓN</u>

Forma redonda. Pictograma negro sobre fondo blanco, bordes y banda (transversal descendente de izquierda a derecha atravesando el pictograma a 45º respecto a la horizontal) rojos (el rojo deberá cubrir como mínimo el 35 por 100 de la superficie de la señal).

SEÑALES DE OBLIGACIÓN

Forma redonda. Pictograma blanco sobre fondo azul (el azul deberá cubrir como mínimo el 50 por 100 de la superficie de la señal).

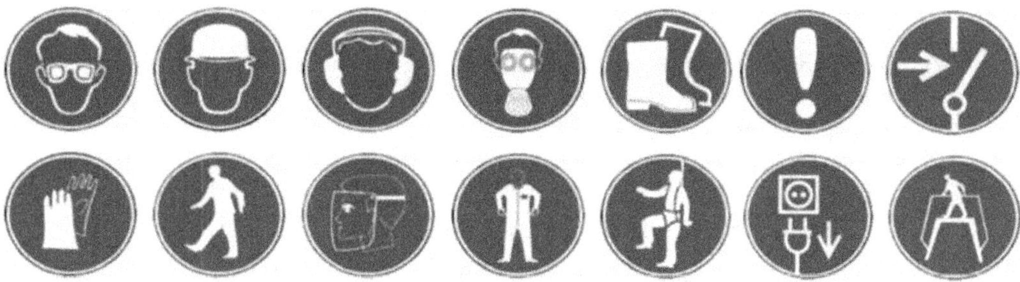

SEÑALES DE SALVAMENTO O SOCORRO

Forma rectangular o cuadrada. Pictograma blanco sobre fondo verde (el verse deberá cubrir como mínimo el 50 por 100 de la superficie de la señal).

Teléfono de salvamento
y primeros auxilios

Dirección que debe seguirse
(señal indicativa adicional
a las siguientes)

Vía/salida de socorro

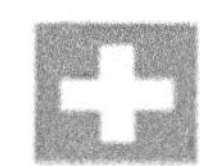
Primeros auxilios   Camilla   Ducha de seguridad   Lavado de los ojos

SEÑALES RELATIVAS A LA LUCHA CONTRA INCENDIOS

Forma rectangular o cuadrada. Pictograma blanco sobre fondo rojo (el rojo deberá cubrir como mínimo el 50 por 100 de la superficie de la señal).

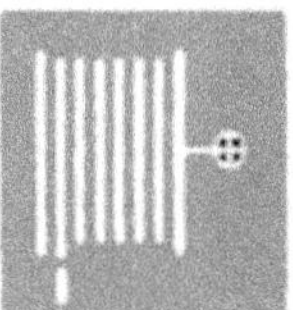
Manguera   Escalera   Extintor   Teléfono
para incendios   de mano   para la lucha
                                                       contra incendios

Dirección que debe seguirse
(señal indicativa adicional a las anteriores)

TRABAJO PRACTICO DE LABORATORIO Nº 1
"OBTENCION DE HIDROGENO Y OXIGENO"

OBJETIVOS

- ✓ Obtener oxígeno e hidrógeno, y caracterizarlos mediante reacciones químicas.
- ✓ Conocer la importancia de estos elementos, que participan en numerosos procesos de óxido-reducción.
- ✓ Estudiar reacciones químicas que nos permiten obtener hidrógeno y oxígeno en el laboratorio.
- ✓ Discutir aspectos termodinámicos (espontaneidad) y cinéticos (rapidez).

INTRODUCCIÓN TEÓRICA

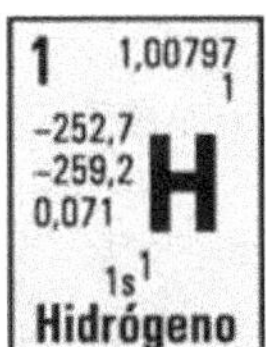

¿Qué son y para qué sirven?

Hidrogeno, su nombre significa "productor de agua" y fue llamado así por Lavoisier en el siglo XVIII.

Es un elemento químico representado por el símbolo H^1 y con un número atómico de 1. En condiciones normales de presión y temperatura, es un gas diatómico (H_2) incoloro, inodoro, insípido, no metálico y altamente inflamable. Con una masa atómica de 1,008, el hidrógeno es el elemento químico más ligero y es, también, el elemento más abundante, constituyendo aproximadamente el 73,9% de la materia visible del universo.

Sus principales aplicaciones industriales son: el refinado de combustibles fósiles (hidrocracking), fabricación de amoniaco, el cual a su vez se utiliza para fabricar ácido nítrico, el cual se convierte en explosivos, fertilizantes y colorantes.

Fabricación de Ácido clorhídrico, de compuestos órgano químicos (metanol), como así también H (liq.) usado en combustibles de cohetes.

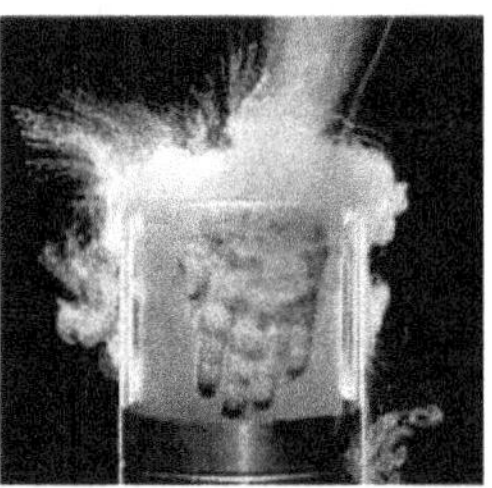

Otro uso importante en la industria alimenticia es en la fabricación de margarinas (hidrogenación).

Hidrogenación de un ácido graso insaturado

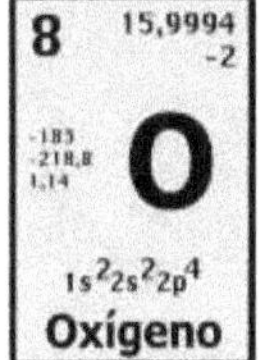

Acido graso insaturado
aceite líquido ⟶ Ácido graso saturado
grasa sólida

Los métodos para obtener el mismo pueden ser:

A.   Del agua, por hidrólisis.
B.   Del agua, por desplazamiento.
C.   Del vapor de agua Industrial.
D.   De los ácidos, por desplazamiento.

El Oxígeno, término que significa "generador de ácidos", (porque en la época en que se le dio esta denominación se creía, incorrectamente, que todos los ácidos requerían oxígeno para su composición) nombre sugerido por Lavoisier en 1777, sobre los trabajos y experiencias de Presley.

El oxígeno es un elemento químico de número atómico 8 y representado por el símbolo O, poco soluble en agua.

En condiciones normales de presión y temperatura, dos átomos del elemento se enlazan para formar el dioxígeno, un gas diatómico azul muy pálido, inodoro e insípido con la fórmula O_2.

Lo encontramos como un gas libre (21%), o combinado (agua 85% - 88%), como así también en rocas y minerales.

El oxígeno es el elemento químico más abundante, por masa, en la biosfera, el aire, el mar y el suelo terrestres. Es, asimismo, el tercero más abundante en el universo, tras el hidrógeno y el helio.

El oxígeno que encontramos en la naturaleza se compone de tres isótopos estables: ^{16}O, ^{17}O y ^{18}O, siendo el ^{16}O el más abundante (99.762% de abundancia natural).

Sus principales aplicaciones son: el uso en la industria de metalúrgica, como acelerante de procesos o para aumentar la temperatura, soldar y cortar.

El oxígeno puro (licuado) también es envasado en tanques para ser mezclado con aire y aplicado a pacientes que están conectados a respiradores.

Biológicamente es el componente principal de los procesos de respiración celular.

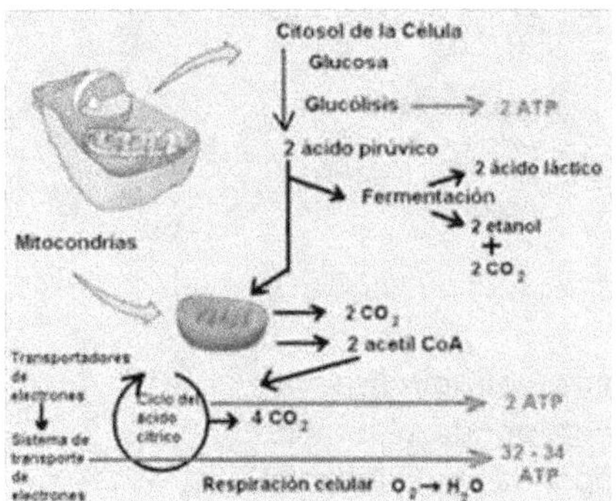

Los métodos para obtener el mismo pueden ser:

Por descomposición térmica de algunos de sus compuestos.
Por electrolisis del agua.
Por descomposición del Peroxido de hidrógeno.
Por destilación del aire líquido.

CUESTIONARIO

1. Explique cuáles son las características principales de Oxigeno.
2. Nombre las principales aplicaciones del Oxígeno en la industria y en otros tipos de procesos.
3. Nombre y escriba la fórmula de dos óxidos básicos y dos óxidos ácidos.
4. Nombre las formas de obtener oxigeno que conoce y explique una de ellas.
5. ¿Cuáles son los isótopos del Oxigeno?
6. ¿Cuáles son las propiedades físicas del oxígeno?
7. ¿Cuáles son las propiedades químicas del oxígeno?
8. Explique cuáles son las características principales del Hidrogeno.
9. Nombre las principales aplicaciones del Hidrogeno en la industria y en otro tipo de procesos.
10. ¿Cuáles son los isótopos del hidrogeno?
11. Nombre y escriba las formula de dos hidruros metálicos y dos hidruros no metálicos.
12. Nombre las formas de obtener Hidrogeno que conozca y explique una de ellas.
13. ¿Cuáles son las propiedades físicas del Hidrogeno?
14. ¿Cuáles son las propiedades químicas del Hidrogeno?

ACTIVIDAD PRACTICA N° 1: Obtención de Hidrogeno

El hidrógeno se puede obtener por distintos medios, en esta práctica de laboratorio vamos a utilizar el método de desplazamiento del hidrogeno de los ácidos.

Para ello se debe utilizar un elemento q sea más reductor que el hidrógeno, en este caso el zinc metálico en granallas o cinta como así también el magnesio metálico en cinta.

El método consiste en mezclar el Zinc o Magnesio con el Ácido Clorhídrico.

Para ello colocar 10 mL de Acido Clorhídrico en el equipo adecuado, ya preparado por el docente, luego agregar una pequeña porción de zinc o magnesio, tomando todas las precauciones necesarias, tapar, observar lo que sucede en la reacción y anotar.

A modo de ver como reaccionan los distintos metales, con los diferentes ácidos, se puede utilizar metales como Hierro o Cobre y diferentes ácidos como el Sulfúrico o el Nítrico, anotando que sucede en la reacción, si es que se produce algún cambio.

Complete las siguientes ecuaciones:

$Zn° + H_2SO_4 \longrightarrow$ __________ + __________

$Zn° + 2\ HCl \longrightarrow$ __________ + __________

$Mg° + HCl \longrightarrow$ __________ + __________

$Mg° + H_2SO_4 \longrightarrow$ __________ + ________

$Cu° + HCl \longrightarrow$ ________ + ________

$Cu° + H_2SO_4 \longrightarrow$ ________ + ________

$Fe° + H_2SO_4 \longrightarrow$ __________ + __________

$Fe° + HCl \longrightarrow$ ________ + ________

Al igual q en la obtención de oxigeno se debe armar un equipo de forma tal que no hayan perdidas, ya que el hidrógeno es un gas muy ligero y se pierde fácilmente.

El equipo a utilizar será realizado por los docentes y explicado al momento del trabajo práctico en el laboratorio, dependiendo de los materiales a disposición para el mismo.

Algunos ejemplos de los mismos a utilizar se representan más adelante en los siguientes gráficos.

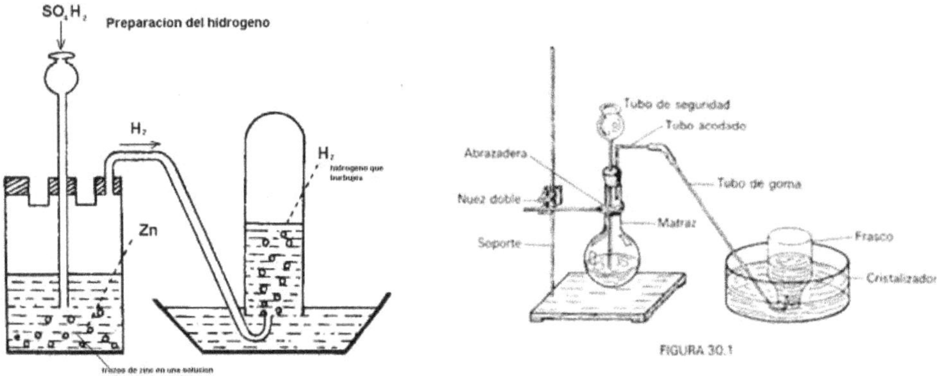

Otro método de obtener Hidrógeno es por desplazamiento del agua, el cual se realizara colocando una pequeña porción de sodio metálico en agua, bajo la supervisión del docente. Complete la reacción e indique el nombre de la sustancia q se forma

$$2Na_{(s)} + 2\ H_2O \longrightarrow \underline{\qquad} + \underline{\qquad}$$

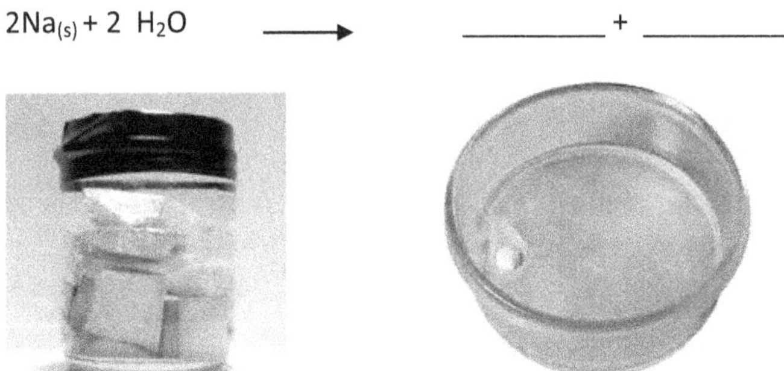

Otra forma de obtener una corriente continua de gas, es empleando un generador Kipp, el cual su funcionamiento ya se explicó en el teórico.

En caso de contar con este equipo en el trabajo práctico, se mostrara su funcionamiento.

Generador Kipp con tapón de seguridad.

ACTIVIDAD PRACTICA N°2: Obtención de Oxigeno

A.   La obtención de Oxígeno en el laboratorio se puede llevar a cabo mediante numerosas reacciones químicas.

Dentro de estas se encuentra la reacción del Clorato de Potasio, que se descompone en Cloruro de Potasio, liberando Oxigeno.

La misma se realiza en dos etapas, a medida que aumenta la temperatura.

$$2\ KClO_{3\,(s)} \longrightarrow KClO_{4\,(S)} \ + \ KCl_{\,(S)} \ + \ O_{2\,(G)} \qquad (300\ ^{\circ}C)$$

$$KClO_{4\,(S)} \longrightarrow KCl_{\,(S)} \ + \ 2\ O_{2\,(G)} \qquad (400\ ^{\circ}C)$$

$$2\ KClO_{3\,(S)} \longrightarrow 2\ KCl_{\,(S)} \ + \ 3\ O_{2\,(G)}$$

En el laboratorio se utilizara un equipo similar al representado en la figura a continuación.

Para ello colocaremos una pequeña cantidad de Clorato de Potasio, aproximadamente 10 grs., en un tubo de ensayo pirex, el mismo se colocara al fuego, teniendo en cuenta todas las precauciones necesarias, se tapara el tubo y se observara lo que ocurre.

Esta experimentación también se puede llevar a cabo con PbO_2, SiO_2, BaO_2 y KNO_3.

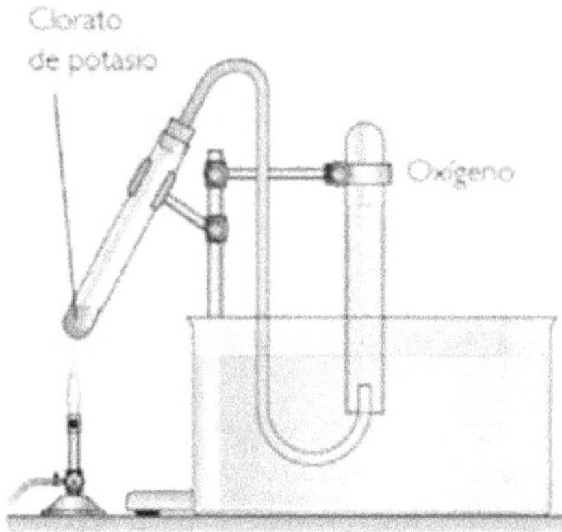

B.   Otro de los métodos para la obtención de Oxígeno e Hidrogeno, es por medio de hidrólisis o electrólisis del agua, previamente tratada con un ácido o base, para que conduzca mejor la corriente eléctrica.

Este parte del práctico será solo de carácter demostrativo.

¿Por qué cree usted que se utiliza HCl, Na (OH), NaCl en la solución de agua?

Descripción:

La fotografía muestra la electrolisis del agua, proceso que consiste en separar un compuesto en los elementos que conforman el agua, H y O (Hidrógeno y Oxígeno); usando una fuente de alimentación eléctrica se separa ambos elementos. La palabra Electrólisis viene de las raíces electro, electricidad y lisis, separación.

Observar y anotar todo lo que sucede.

CONCLUSIÓN FINAL

1. Anote y describa que sucede cuando el ácido toma contacto con el Mg metálico.
2. ¿Esta reacción es rápida, lenta, violenta, etc.?
3. ¿Cómo se evidencia que hay producción de gas?
4. ¿Ese gas producido es inflamable?
5. ¿Cómo es la reacción del sodio metálico al tomar contacto con el agua?
6. Dibuje y describa los equipos utilizados.

7. En el caso del Clorato de Potasio o KNO_3, ¿Qué sucede a medida que se va calentando el mismo?
8. ¿Cómo se evidencia la producción de gas?
9. ¿Ese gas producido es inflamable?
10. En el caso de la electrólisis, ¿hacia dónde se desplazara el oxígeno y el hidrógeno del agua? (cátodo o ánodo)
11. Dibuje y describa los equipos utilizados en las experiencias prácticas.

12. En los dos casos calcule aproximadamente cuanto gas se produjo en la reacción.

TRABAJO PRACTICO DE LABORATORIO Nº 2
"EL AGUA Y SUS COMPORTAMIENTOS"

OBJETIVOS

- ✓ Conocer algunos aspectos importantes del agua en relación a los compuestos inorgánicos.
- ✓ Conocer e identificar mediante diversos criterios las impurezas más comunes del agua.
- ✓ Aprender los distintos tipos de comportamiento del agua.

INTRODUCCION TEORICA

Una característica importante del agua es su naturaleza polar. La molécula de agua forma un ángulo, con los átomos de hidrógeno en los extremos y el oxígeno en el vértice. Como el oxígeno tiene una electronegatividad mayor que los hidrógenos, el sector de la molécula donde está el oxígeno tiene una carga parcial negativa y los extremos donde están los hidrógenos una carga parcial positiva, lo que genera un momento bipolar hacia el oxígeno (la molécula de agua tiene dos polos, uno positivo y el otro negativo).

Esta diferencia de cargas hace que las moléculas de agua se atraigan entre sí (la zona positiva de una molécula atrae a la zona negativa de otra molécula). Este tipo de unión se llama "puente hidrógeno".

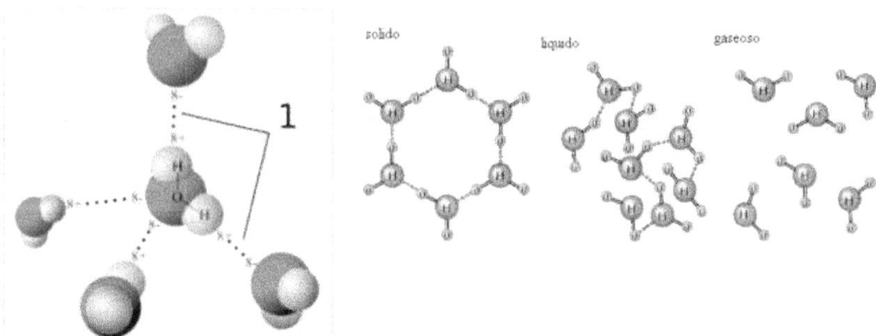

Una molécula de agua puede formar un máximo de 4 puentes hidrógeno con sus moléculas vecinas. Si bien existen otras sustancias que forman puentes hidrógenos como el fluoruro de hidrógeno, el amoníaco y el metanol ninguna puede formar cuatro uniones, esto explica el comportamiento particular del agua.

Las cuatro uniones que se forman le dan al agua una estructura tetraédrica tridimensional, que explica la propiedad de ser menos densa en estado sólido que en el estado líquido (el hielo flota en el agua líquida).

El agua es un buen solvente debido a su polaridad. La capacidad de una sustancia de disolverse en agua depende de su habilidad para igualar o superar las fuerzas de atracción que las moléculas de agua ejercen entre sí.

CUESTIONARIO

1.   Enumere los tipos de agua que conoce y explique uno de ellos.
2.   Describa cuales son las propiedades físicas del agua.
3.   Describa cuales son las propiedades químicas del agua (importancia biológica del agua).
4.   ¿Qué se entiende por agua de coordinación?
5.   ¿Qué se en entiende por agua de cristalización?
6.   ¿Qué entiende por eflorescencia y delicuescencia?
7.   Dibuje la reacción química del auto ionización de Agua.
8.   ¿A que temperatura posee el agua su mayor densidad?
9.   ¿Cómo puede afectar la humedad externa a la composición de un hidrato o de una sal higroscópica?
10.   ¿Cómo elimina la dureza temporal del agua?
11.   ¿Qué se entiende por agua dura?
12.   ¿Qué es el agua pesada?

ACTIVIDAD PRACTICA N° 1 Hidratacion y Cristalizacion

A.   En esta actividad lo que se va a experimentar es la perdida de agua de cristalización de una sustancia, como así también la re hidratación de la misma.

Para ello vamos a colocar una pequeña porción de Sulfato Cúprico. (5 H_2O) aproximadamente 5 grs., en una capsula de porcelana o crisol, previamente pulverizado en mortero, llevarlo a estufa de desecación a 100ºC o fuego directo en triangulo de pippa y capsula de porcelana, el tiempo necesario, retirar y observar que es lo que sucedió con el mismo y anotar.

B.   Una vez realizada la experimentación del punto A y que se haya enfrriado la capsula de porcelana, vamos a rehidratar el mismo con un poco de agua (4 mL), luego agregar unas gotas de Ácido Sulfúrico (6 gotas) en solución, evaporar algo del solvente en estufa, retirar una vez evaporado y dejar en reposo.

Observar lo que sucede y anotar.

C.	En esta parte vamos a conocer el fenómeno de Delicuescencia, el cuan nos va a ayudar a conocer como se deben conservar y como se deben manipular las sustancias que son muy higroscópicas.

Para ello vamos a colocar pequeñas porciones de: $CaCl_2$, $MgCl_2$ y Na (OH) en diferentes vidrios de reloj, dejándose los mismos a la acción de la humedad del ambiente.

Observar lo que sucede con dichas sustancias, anotar si hay cambio de color, aspecto, etc.

¿Cómo creería usted que deben ser almacenadas estas sustancias, y como debería ser su manipulación a la hora de preparar una solución?

D.	En este punto vamos a analizar diferentes muestras de agua, determinando así sus características organolépticas y químicas y compuestos químicos.
	Complete el siguiente cuadro de acuerdo a las reacciones observadas en la experimentación.

Muestra	pH	Cl (AgNO$_3$)	SO$_4$ (BaCl$_2$)	Ca (oxalato)	NH$_3$ (Rvo Nessler 1)	Color	Olor	Turbidz
Agua Destilada								
Agua de Muestra 1								
Agua de Muestra 2								

Experimentación:

Para este paso vamos a colocar 5 tubos de ensayo en una gradilla, en los cuales se llevaran a cabo las reacciones correspondientes.
En el tubo 1 vamos a analizar ph con tira reactiva o phchimetro si hay a disposición, luego color, olor y turbidez en forma visual directa.

En los siguientes 4 tubos se hará el análisis de cloruros, sulfatos, dureza y amoniaco, con los correspondientes reactivos previamente preparados.

Técnica:

Lo que se va a hacer es colocar en cada tubo una muestra de 10 mL de agua y luego verter el reactivo adecuado para cada determinación según corresponda.

Esta técnica es cualitativa, es decir, solamente para determinar si hay presencia o no de la sustancia buscada.

Para esta experimentación el alumno deberá tener conocimientos previos sobre los diferentes análisis y componentes del agua, tratados en el teórico.

E.   Ablandamiento de aguas (método cal-soda): En esta experimentación se tratara químicamente una muestra de agua para eliminar la dureza de la misma.

1) Tratamiento con cal: en esta etapa del proceso se elimina toda la dureza temporaria y además la permanente debida al Mg2+ por el agregado de cal, Ca (OH)2.

2) Tratamiento con soda: en esta etapa del proceso se elimina la dureza permanente debida al Ca2+ por el agregado de carbonato de sodio.

Técnica:

Colocar en dos tubos de ensayos $10cm^3$ de agua con dureza temporaria y permanente.

Uno de ellos quedará como testigo.

A uno de ellos agregar $1cm^3$ de agua de cal previamente filtrada y agitar.

Luego al mismo tubo agregar $1\ cm^3$ de solución de carbonato de sodio y agitar.

Filtrar la solución y recogerla en un tubo limpio. Agregar a este tubo y al tubo sin tratar (testigo) tres gotas de solución de jabón y agitar.
¿En cual de los dos se produjo mayor cantidad de espuma? ¿y porque?

F.   Determinación de dureza por el método del jabón (análisis cualitativo).

Se determina el factor de espuma. Para esto se coloca en un tubo de ensayo 3 cm^3 de agua destilada y se agrega solución jabón hasta que se forme un anillo de espuma persistente de jabón y se mide aproximadamente el volumen de jabón gastado.

V1 =

Se coloca en otro tubo de ensayo 3 cm^3 de agua dura y se agrega solución de jabón hasta que se forme una espuma persistente de jabón.

V2=

¿En cual se gasta más jabón? ¿Por qué?

CONCLUCIONES FINALES

1. Indique el color del Sulfato Cúprico penta hidratado antes y después de calentar.
2. ¿Qué ocurre al agregar agua al Sulfato Cúprico anhidro?
3. ¿Para que se evapora y se deja en reposo la solución de Sulfato Cúprico?
4. Indique las características de las sales higroscópicas en presencia y en ausencia de humedad.
5. Escriba las ecuaciones correspondientes al ablandamiento del agua.
6. Diga porque se utiliza jabón en la determinación de dureza del agua.
7. Dibuje y describa todos los pasos realizados en las experiencias, como así también los equipos utilizados.

TRABAJO PRACTICO DE LABORATORIO Nº 3
"AGUA OXIGENADA"

OBJETIVOS

- ✓ Conocer y aplicar las propiedades físicas y químicas del Peroxido de Hidrogeno en el laboratorio.
- ✓ Conocer sus aplicaciones a nivel medico e industrial.
- ✓ Ver su propiedad de actuar tanto como agente oxidante y como agente reductor.

INTRODUCCION TEORICA

El Peroxido de Hidrogeno suele llamarse también Agua Oxigenada. Es un liquido parecido al agua cuya formula molecular corresponde a H_2O_2, y su estructura puede expresarse en las siguientes formas.

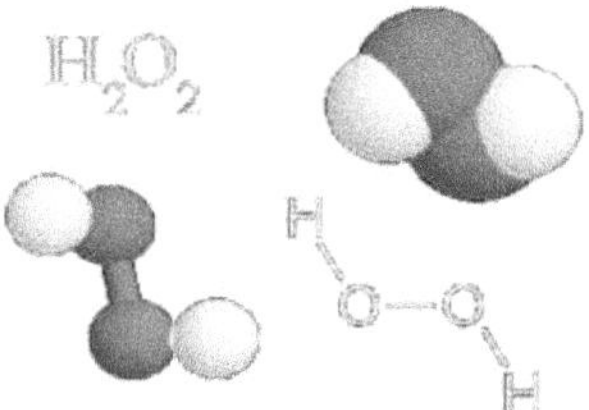

La estructura del Peroxido de Hidrogeno presenta una configuración especial; en ella, el ángulo de los enlaces H-O-H es de 97º y los ejes separados de los enlaces H-O forman un ángulo diedro de 94 º.

Tiende a descomponerse con producción de oxigeno, por eso no se puede hervir.

Propiedades Físicas: Es un líquido siruposo, en forma de jarabe, incoloro, de sabor áspero, metálico y astringente.

Es soluble en agua, alcohol, éter y no soluble en benceno.

Propiedades Químicas: Es un ácido muy débil que se ioniza dando H_3O y OH.

Actúa como oxidante en presencia de reductores y en disoluciones ácidas, diminuyendo su número de oxidación de -1 a -2.

Y actúa como reductor en presencia de oxidantes y en disoluciones alcalinas.

No es combustible.

Formas de Obtención:

A. Método electrolítico: en la industria se obtiene por electrólisis de una solución de ácido sulfúrico.

B. Con peróxidos: se basan en la reducción previa del oxigeno a agua oxigenada mediante un metal, y posterior liberación de la misma mediante un ácido.

Principales Aplicaciones:

Textil:	Desencolado, blanqueo y tintura. Blanqueo hilado algodón B-B alta temperatura.
Papel:	Blanqueo pastas, papelote y linters. Destintado. Decoloración efluentes. Producción pasta sin cloro (ECF/TCF)
Química:	Epoxidación/polimerización. Oxidante fuerte. Intermedio en fabricación óxidos, peróxidos y perácidos. Solubilizante de resinas.
Alimentación:	Modificación almidones, colas y proteínas. Deslignificación/blanqueo fibras vegetales. Control moho/población bacteriana. Eliminador de LISTERIA.
Envasado aséptico:	Pre-esterilización de instalaciones y en la esterilización del envase (cartón multicapa) para cualquier tipo de máquina.
Electrónica:	Grabado circuitos impresos. Mordentado/limpieza transistores y semiconductores de germanio y silicio. Regeneración cloruro cúprico.
Tratamiento metal:	Decapado, pulido y abrillantado. Purificación/recuperación de baños. Solubilización. Sustituto de la urea.
Depuración de aguas y gases:	Como agente oxidante: Eliminación de compuestos químicos (Reducción DQO). Eliminación de metales. Oxidación de contaminantes específicos. Tratamiento de efluentes no biodegradables o tóxicos. Decoloración de efluentes. Coadyuvante en depuradoras biológicas: Control de olores en colectores, decantadores y líneas de fangos. Fuente de oxígeno para remediar situaciones de bulking y espumas por bacterias filamentosas. Tratamiento de gases: Control de óxidos de nitrógeno (NOx). Sustitución del hipoclorito sódico en torres de lavado de gases
Farmacia/Cosmética:	Antiséptico general. Dermoaplicaciones. Oxidante. Neutralizante. Decoloración cabello y del vello. Limpieza dentaduras y desinfección zona bucal.
Curtición:	Descurtido/blanqueo de pieles.

Detergencia:	Quita manchas. Desinfectante. Reforzante blanqueo. Lejía sin cloro. Limpieza/desodorización desagües/inodoros. Lejía ropa de color.
Diversos:	Fuente de oxígeno.

IDENTIFICACIÓN DE LOS PELIGROS

Peligros para las personas: Provoca quemaduras por contacto con la piel, ojos y mucosas. Irrita las vías respiratorias. Riesgo de descomposición por calentamiento o contacto con materiales incompatibles, la descomposición es exotérmica y autoinducida, provoca desprendimiento de oxígeno.

Riesgo de inflamación o explosión por contacto con materiales combustibles.

Peligros para el medio ambiente: Cuando se utiliza de forma adecuada, no es peligroso para el medio ambiente.

PRIMEROS AUXILIOS

Síntomas y Efectos

Ingestión: Beber inmediatamente mucha agua. No provocar el vomito y llamar al médico. Facilitar la salida de gases formados en el estómago. Mantener caliente y en lugar tranquilo. Si el paciente está consciente, no provocar el vómito y colocar en posición lateral de seguridad. Requerir asistencia médica.

Inhalación: En caso de síntomas por inhalación de vapores, salir al aire libre. Si se presentan dificultades respiratorias, suministrar oxígeno y respiración artificial. En caso de molestias acudir al médico urgentemente.

Contacto con piel: Eliminar inmediatamente lavando con mucha agua, debajo de una ducha si es necesario, desprendiéndose del calzado y las ropas contaminadas. Asistencia médica inmediata.

Contacto con los ojos: Enjuagar inmediatamente con abundante agua, también debajo de los párpados, por lo menos durante 15 minutos. Avisar al médico.

CUESTIONARIO

1. Nombre las aplicaciones que conozca sobre la utilización del peroxido de hidrogeno a nivel industrial.
2. Nombre las aplicaciones del peroxido de hidrogeno a nivel medico.
3. ¿Qué significa que una solución de peroxido de hidrogeno 10 volúmenes?
4. Describa cuales son las propiedades físicas del Peróxido de Hidrogeno.
5. Describa cuales son las propiedades químicas del Peróxido de Hidrogeno.
6. Nombre y explique 2 formas de obtener el Peróxido de Hidrogeno.

ACTIVIDAD PRACTICA N° 1 Propiedades Fisiscas

Complete el siguiente cuadro con las características físicas del "agua oxigenada".

Característica Muestra	Color	Olor	Estado De Agregación	Solubilidad en Agua	Solubilidad en Alcohol

Para analizar las características físicas indicadas anteriormente, las mismas se deben observar macroscopicamente a simple vista.

ACTIVIDAD PARACTICA N° 2 Propiedades Quimicas

Las siguientes actividades prácticas son para analizar las propiedades redox del H_2O_2.

A. Carácter Reductor del agua Oxigenada:

1- $KMnO_4 + H_2SO_4 + H_2O_2$ $\longrightarrow$

Coloque en un tubo de ensayo 1 ml de Permanganato de potasio, agregue 6 gotas de acido sulfurico diluido y luego agregar gota a gota agua oxigenada.
Completar la reaccion, observar y anotar todo lo que sucede.
Anote el color de las sustancias antes y después de las reacciones

Realizar la misma experiencia en diferentes tubos de ensayo, con los siguientes compuestos:

2- $MnO_2 + H_2SO_4 + H_2O_2$ $\longrightarrow$

3- $K_2Cr_2O_7 + H_2SO_4 + H_2O_2$ $\longrightarrow$

Complete las anteriores reacciones, observando e indicando que sucede en cada una de ellas.

B. Carácter Oxidante del Agua Oxigenada:

A. Reconocimiento de la enzima Catalasa sobre el agua oxigenada: La Catalasa es una enzima presente en tejidos tanto animales como vegetales. Cataliza la reacción de descomposición del agua oxigenada:

$$2\ H_2O_2 \xrightarrow{\text{Catalasa}} O_2 + 2\ H_2O$$

Materiales

1. Agua oxigenada (20-30 volúmenes).
2. Tubos de ensayo
3. Material de origen animal (Sangre).

Procedimiento:

1) Prepare 2 tubos de ensayo (A y B). En ambos coloque unas gotas de sangre.
2) Someta el tubo B a ebullición (durante 5 minutos) y deje enfriar.
3) Agregue en ambos tubos 5 ml de H_2O_2.
4) Observe y anote los resultados obtenidos en ambos tubos.

¿Cómo se evidencia la presencia de la enzima?
¿Qué sucede en el tubo que se llevo a ebullición, que le pasa a la enzima?

B. $H_2O_2 + KI + H_2SO_4 \longrightarrow$

En esta experimentación se observara la reacción del agua oxigenada sobre el yoduro de potasio

A la solución final agregar unas gotas de engrudo de almidón o almidón soluble.

Observe y anote todo lo sucedido en las anteriores reacciones.

¿Por qué se le agrega almidón a la solución?

C. Pasta de dientes para elefantes:

En esta práctica vamos a recordar tanto la medida de volúmenes como la utilización de la balanza. También vamos a comprobar la descomposición del agua oxigenada (H_2O_2), catalizada por el yoduro de potasio (KI). La reacción de descomposición del agua oxigenada es:

$$2\ H_2O_{2(aq)} \longrightarrow 2\ H_2O_{(l)} + O_{2(g)}$$

El yoduro de potasio (KI) es un catalizador porque solo aumenta la velocidad de reacción, no se gasta como reactivo. Sin embargo, una pequeña parte si que reacciona, convirtiéndose en yodo. La presencia del yodo se pone de manifiesto por el color marrón de algunas zonas del producto.

El yodo mancha. La reacción se realiza en una probeta graduada bastante alta, ya que el producto formado sale verticalmente hacia arriba y de forma rápida. Por eso y por su textura, se llama "pasta de dientes". Como el agua oxigenada es un oxidante muy fuerte hay que protegerse las manos con guantes. Además, como la reacción es muy rápida, es conveniente llevar gafas protectoras.

PROCEDIMIENTO

1. Coloca el protector de plástico sobre la mesa para evitar que se manche o realizar la experimentación sobre la pileta de lavado.

2. Pese en el vidrio de reloj 15 grs. de yoduro de potasio (KI) y colóquelos en el erlenmeyer.

3. Añade la mínima cantidad de agua necesaria para disolverlo. Agita hasta que se disuelva del todo.

4. Colóquese los guantes de goma y mide 40 ml de agua oxigenada del 30 vol. en la probeta de 100 ml y viértelos en la probeta de 250 ml.

5. Añada unos 20 ml de detergente líquido y remueva (haciendo remolino) hasta que el agua oxigenada y el detergente se mezclen.

6. Si quieres, añade un poco de colorante en algunos puntos de la boca de la probeta para que la pasta de dientes salga con colores.

7. Añade la disolución de yoduro de potasio a la probeta y aparta la mano rápidamente. Retirarse un poco de la probeta.

8. Puedes acercar una astilla encendida a la boca de la probeta y observar lo que ocurre.

D. Obtención del H_2O_2:

Métodos químicos: A partir de BaO_2

El peróxido de Ba se obtiene calentando Ba sólido con oxígeno gaseoso a una presión de 3 atmósferas. Tratando el peróxido sólido con solución de ácido sulfúrico se obtiene H_2O_2.

$$BaO_{2\,(s)} + H_2SO_{4\,(aq)} \longrightarrow BaSO_{4\,(s)} + H_2O_{2\,(l)}$$

Preparación en el laboratorio:

Tratando los peróxidos sólidos con soluciones ácidas se forma peróxido de hidrogeno, H_2O_2:

$$BaO_{2\,(s)} + 2\,H^+_{\,(aq)} \longrightarrow Ba^{2+}_{\,(aq)} + H_2O_{2\,(aq)}$$

Las soluciones de peróxido de hidrogeno son inestables y se descomponen:

$$2\,H_2O_{2\,(aq)} \longrightarrow 2\,H_2O_{\,(l)} + O_{2\,(g)}$$

CONCLUCIONES FINALES

La actividad fnal será describir, anotar y completar todas las reacciones realizadas con el Agua Oxigenada.

Explicando también a que se deben los cambios de colores y cuales son las nuevas especies que se formar en cada reacción química.

TRABAJO PRACTICO DE LABORATORIO Nº 4
"METALES ALCALINOS"

OBJETIVOS

- ✓ Reconocer las características químicas más importantes de los metales alcalinos.
- ✓ Conocer las características de las sales más comunes de los metales alcalinos.
- ✓ Analizar las reacciones químicas como fenómeno dinámico.
- ✓ Conocer la solubilidad de los compuestos Alcalinos.

CUESTIONARIO

1. Describa las propiedades físicas y químicas del Sodio.
2. Diga cuales son los compuestos de Sodio más importantes y utilizados en la industria.
3. Describa las propiedades físicas y químicas del potasio.
4. Diga cuales son los compuestos más importantes de Potasio y cuales son sus usos.
5. ¿Cuál es la importancia biológica del Potasio?
6. Describa las propiedades físicas y químicas del Litio, y la forma más común de obtenerlo.
7. ¿Cuáles son sus aplicaciones e importancia biológica?
8. Describa las características que conozca del Rubidio, Cesio y Francio.

ACTIVIDAD PRACTICA N° 1 Características del Sodio metalico

A) En esta actividad del alumno deber anotar todas las características que observe del sodio metálico y la reacción de este con el agua.

	Estado de Agregación	Color	Conservación	Propiedades Químicas
Sodio				
Potasio				
Litio				

$$2Na_{(s)} + 2H_2O \longrightarrow \underline{\hspace{2cm}} + \underline{\hspace{2cm}}$$

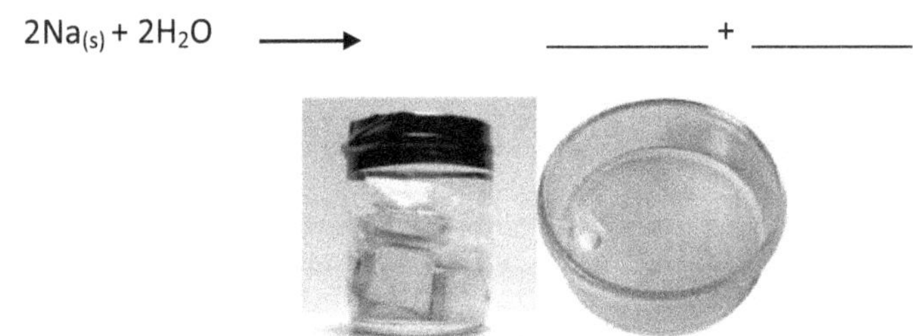

B) Coloración de la llama de los cationes más comunes del grupo:

A modo de demostración se colocara en un anza de platino o rociador una solución de cada cation en cuestión, aplicándose sobre la llama de un mechero.
Anotar el color que genera cada uno de los cationes.

	Litio	Sodio	Potasio	Rubidio	Cesio
Color de la llama					

C) Compuestos más comunes: a continuación se colocaran en diferentes tubos de ensayo o placas de petri, las sales más comunes de los cationes a estudiar, donde cada alumno deberá anotar en la tabla las siguientes características.

Nombre	Formula	Aspecto	Color	Conservación Y Solubilidad
Fosfato Monosodico.				
Carbonato de Sodio.				
Cromato de Potasio.				
Bromuro de Potasio.				
Cloruro de Litio.				
Dicromato de Potasio.				
Sulfato de Litio.				
Sulfato de Sodio.				
Permanganato de Potasio.				

TRABAJO PRACTICO DE LABORATORIO Nº 5
"METALES ALCALINOS TERREOS"

OBJETIVOS

- ✓ Reconocer las características químicas más importantes de los metales alcalinos terreos.
- ✓ Conocer las características de las sales más comunes de los metales alcalinos terreos.
- ✓ Analizar las reacciones químicas como fenómeno dinámico.
- ✓ Conocer la solubilidad de los compuestos Alcalinos Térreos.

CUESTIONARIO

1. Describa las propiedades físicas y químicas del Calcio.
2. Explique un modo de obtención de Calcio.
3. ¿Cuáles son las principales aplicaciones del Calcio?
4. Describa las propiedades físicas y químicas del Magnesio.
5. ¿Cuáles son las principales aplicaciones y usos del magnesio?
6. ¿Cuáles son las principales aplicaciones del Estroncio?
7. Describa las propiedades físicas y químicas del Bario.
8. ¿Cuáles son las principales aplicaciones del Bario?
9. ¿Cuáles son las principales aplicaciones del Berilio?
10. ¿Cuáles son las formas preciosas del Berilio?
11. Describa las propiedades físicas químicas del Radio.
12. ¿Cuáles son las principales aplicaciones del Radio?

INTRODUCCION TEORICA

La mayor parte de las reacciones que se han observado en el laboratorio parecen completarse en su totalidad; es decir, todos los reactivos se han transformado en productos sin que estos vuelvan a originar reactivos otra vez. Es como si la reacción solo fuera en un solo sentido.

En algunas reacciones químicas es posible modificar las condiciones para que el producto vuelva a dar reactivos. Todo dependerá del tipo de reacción y de las condiciones que se modifiquen.

Le Chatelier expreso que "si se varían las condiciones de un sistema inicialmente en equilibrio, este se desplazara en el sentido de restablecer las condiciones originales"

Por ejemplo: en determinadas condiciones la descomposición del Ag_2O llega a un equilibrio:

$$2\,Ag_2O \rightleftharpoons 4\,Ag + O_2$$

Si se abre el sistema para permitir que el O_2 se escape, el sistema reaccionara para volver al equilibrio. En este caso aumentara la descomposición del óxido de plata para restablecer la presión.

Por el contrario, si se incorpora al sistema Ag metálica, esta reaccionara con el oxigeno para formar el óxido de plata y volver al equilibrio.

Por la aplicación de este principio se puede explicar la solubilidad de ciertos precipitados.

Por ejemplo: el Mg (OH)2 es un precipitado blanco gelatinoso, que en medio acuoso se encuentra en equilibrio con una muy pequeña cantidad de sus iones en solución:

$$Mg\,(OH)_2 \rightleftharpoons Mg^{+2} + 2\,OH^-$$

Si de alguna forma se quitaran OH del medio, el equilibrio se desplazara para restablecer dicha concentración, y el resultado neto será la disolución del Mg (OH)2. Una forma simple de quitar OH- del medio es agregar un ácido.

$$Mg\,(OH)_2 \rightleftharpoons Mg^{+2} + 2\,OH^-$$

$$+H \longrightarrow H2O$$

ACTIVIDAD PRACTICA N° 1 Formacion de compuestos insolubles de los iones Alcalino terreos

---

1.	En 3 tubos de ensayo coloque en cada uno 2 mL de solución de los cationes en cuestión (Mg, Ca y Ba), y agregar de 2 a 5 gotas de los siguientes reactivos: Na (OH), NaH_2PO_4, $NaCO_3$, Na_2SO_4 y observar lo que sucede, anotando si se forma precipitado o si no sucede ninguna reacción.

	Na (OH)	NaH_2PO_4	$NaCO_3$	Na_2SO_4
$MgCl_2$				
$CaCl_2$				
$BaCl_2$				

2. Disolución de precipitados: en aquellos tubos que se apreciara una fase sólida, agregar unas gotas de HCl diluido. Explicar lo que se observa. Anote todo lo que sucede y plantee las ecuaciones correspondientes.

3. Coloración de la llama de los cationes más comunes del grupo:

A modo de demostración se colocara en un anza de platino o rociador una solución de cada catión en cuestión, aplicándose sobre la llama de un mechero.
Anotar el color que genera cada uno de los cationes.

	Berilio	Magnesio	Calcio	Estroncio	Bario
Color de la llama					

CONCLUCIONES FINALES

1. ¿Cómo es la reacción del sodio metálico al tomar contacto con el agua?

2. Dibuje y describa los equipos utilizados en las experiencias prácticas.

3. ¿En que tipo de liquido se gurda el sodio metálico?

4. ¿A que se debe la coloración de la llama de cada cation?

5. Investigue sobre la importancia y participación en procesos biológicos, de los cationes estudiados.

TRABAJO PRACTICO DE LABORATORIO Nº 6
"ELEMENTOS TERREOS"

OBJETIVOS

- ✓ Conocer y Profundizar sobre la química del Aluminio, mediante la realización de distintas reacciones.
- ✓ Obtener alumbres e identificar los iones que contienen.
- ✓ conocer las propiedades y aplicaciones del alumbre de aluminio y potasio.

INTRODUCCION TEORICA

El aluminio pertenece al grupo III A o 13 y tiene una estructura de 3s 2 3p1, funcionando en solución con valencia III. Es un metal ligero, duradero y resistente a la corrosión a pesar de ser un metal reductor (esto es debido a la formación de una capa de oxido que protege el metal). El Aluminio en polvo arde con el oxigeno, con gran luminosidad y desprendimiento de calor (aluminotermia). Su poder reductor permite que se disuelva tanto en medio ácido como en bases.

Es el elemento metálico más abundante en la corteza terrestre. Su ligereza, conductividad eléctrica, resistencia a la corrosión y bajo punto fusión le convierten en un material idóneo para multitud de aplicaciones, especialmente en aeronáutica; sin embargo, la elevada cantidad de energía necesaria para su obtención dificulta su mayor utilización; dificultad que puede compensarse por su bajo coste de reciclado, su dilatada vida útil y la estabilidad de su precio.

El Al +3 es un cation incoloro, y tiene un comportamiento analítico similar al Be +2, ya que ambos poseen valores parecidos en la relación carga/radio. Como cation, Al +3 existe a ph bajos, ya que al aumentar el ph precipita el hidróxido de aluminio (u oxido hidratado, Al .n H_2O).

Posee propiedades anfóteras, dando aluminatos solubles (Alo2-) en exceso de base fuerte.

El óxido de aluminio, Al_2O_3, se obtiene ya sea calentando el metal en presencia de aire o por deshidratación de los óxidos hidratados. Es un óxido anfótero que se disuelve en ácidos y en álcalis.

Como es previsible, debido al anfoterismo de su óxido, el aluminio se disuelve en ácidos y en bases con desprendimiento de hidrógeno.

Las ecuaciones iónicas son:

$$2 \text{ Al} + 6 \text{ H} + \ldots\ldots\ldots 2 \text{ Al}^{3+} + 3 \text{ H}_2$$
$$2 \text{ Al} + 2 \text{ OH}^- \ldots\ldots + 6 \text{ H}_2\text{O } 2 \text{ [Al (OH)}_4] - + 3 \text{ H}_2$$

En solución acuosa, la mayor parte de las sales de aluminio son ácidas debido a la hidrólisis del catión Al3+; en realidad este catión se encuentra hidratado con seis moléculas de agua: [Al (H$_2$O) 6]3+.

Cuando se disuelve cloruro de aluminio en agua, la solución se vuelve buena conductora de la electricidad, a diferencia del cloruro anhidro fundido. La siguiente ecuación explica el cambio en el comportamiento.

El Boro presenta propiedades semimetálicas mientras que en el resto del grupo se van intensificando las características metálicas. El átomo de boro es el de menor tamaño, el que posee energía de ionización más elevada y estas razones determinan que no existan compuestos con cationes B3+, entrando en cambio en combinación por compartición de electrones.

Tanto el boro como el aluminio, forman hidruros covalentes. El BH$_3$ no ha podido ser preparado, pero se conocen una serie de hidruros que llevan el nombre general de boranos: B$_2$H$_6$ (diborano), B$_4$H$_{10}$, B$_5$H$_9$, B$_5$H$_{11}$, B$_6$H$_{10}$ y B$_{10}$H$_{14}$. Todos estos compuestos poseen elevadas energías de combustión: en especial el B$_2$H$_6$ (gas), el pentaborano B$_5$H$_9$ (líq.) y el B$_{10}$H$_{14}$ (sólido) presentan interés como combustible de cohetes.

El óxido bórico, B$_2$O$_3$, se obtiene por la combustión del boro en oxigeno o por deshidratación del ácido ortobórico, H$_3$BO$_3$. Este es un ácido muy débil (Ki= 6.10-10).

ACTIVIDAD PRACTICA N° 1

A.   Ensayar las siguientes reacciones, utilizando para cada una de ellas aluminio en láminas o en polvo.

Procedimiento: se coloca en un tubo de de ensayo una pequeña porción de aluminio en forma de lamina, o una porción de aluminio en polvo, luego se coloca las sustancias descriptas en el cuadro, se anota lo que sucede y que especie se forma.

Describiendo si hay reacción, desprendimiento de gas, etc.

	H2O	HNO3	HCl	Na(OH)
Al (s) Polvo o láminas.				

ACTIVIDAD PRACTICA N° 2

Formación de las "barbas de aluminio": sobre una lámina pequeña de aluminio, agregar 2 gotas de solución de HgCl$_2$.

Dejar actuar unos minutos, enjuagar con agua y secar.

Anotar y explicar lo que sucede.

Esta experimentación será solo de carácter demostrativo por parte del docente a cargo.

ACTIVIDAD PRACTICA N° 3

Cation Al $^{+3}$: el hidróxido de aluminio es anfótero.

Procedimiento: Colocar en 3 tubos de ensayo 2 mL de solución de sulfato de aluminio y agregarle 1-2 gotas de solución de Na (OH).
A cada uno luego agregarle los siguientes reactivos.: Na (OH), NH$_4$ (OH) y HCL (ac).

Escribir las ecuaciones correspondientes, y anotar lo que sucede.

	Na (OH)	Na (OH)	NH4 (OH)	HCl
Al$_2$(SO$_4$)$_3$				

ACTIVIDAD PRACTICA N° 4

Alumbres: Preparar una solución de alumbre de aluminio y potasio (250 mL / 0,5M), dividir la misma en 3 partes en tubos de ensayo y realizar lo siguiente.
Al primer tubo de ensayo agregarle unas gotas de Na (OH), al segundo tubo de ensayo agregarle unas gotas de BaCl$_2$, con el tercer tubo mojar un anza con la solución y colocarla en la parte superior del cono interno de la llama de un mechero.
Observar y explicar mediante ecuaciones químicas.

TRABAJO PRACTICO DE LABORATORIO Nº 7
"ELEMENTOS CARBONOIDEOS"

OBJETIVOS

1. Conocer e investigar mediante reacciones químicas las propiedades de algunos compuestos que contienen carbono, estaño y plomo (bajo diferentes formas).

INTRODUCCION TEORICA

El grupo IV A presenta una gran variedad de propiedades. La división metal – no metal atraviesa el centro del grupo, produciéndose una transición del enlace covalente al iónico y de las propiedades relacionadas.

El carbono forma distintos compuestos con valencia 2 y 4. El monóxido de carbono es un gas que resulta de la combustión incompleta, es poco soluble en agua y de gran poder reductor.

El dióxido de carbono es un gas resultante de las combustiones completas, algo soluble en agua, dando reacción acida.

El estaño no es alterado por el aire o agua ya que se encuentra protegido por una capa de oxido, es un reductor moderado y puede trabajar con valencia 2 y 4. Es un cation acido que se hidroliza con facilidad y el oxido hidratado tiene carácter anfótero y se disuelve en exceso de base fuerte.

El plomo funciona con valencias 2 y 4, debería disolverse en acido fuertes con desprendimiento de hidrogeno, pero no sucede esto por estar recubierto de una capa de oxido.

ACTIVIDAD PRACTICA N° 1

A. Obtención de Dióxido de Carbono (CO_2): Colocar pequeños trozos de mármol en un equipo similar al utilizado para la obtención de Hidrogeno, agregarle 10 ml de HCl.

B. Reconocimiento de CO_2: hacer burbujear en agua de cal ($Ca(OH)$), recientemente preparada, el gas que se desprende de la reacción anterior.

La experiencia anterior se puede realizar también colocando en el mismo equipo $NaHCO_3$, Na_2CO_3 y vinagre.

C. Observar y anotar todo lo que sucede.

D. Escribir las ecuaciones correspondientes.

ACTIVIDAD PRACTICA N° 2

A. Estaño: colocar en tubos de ensayo 1 granalla de estaño metálico y agregar 1 mL de cada uno de los reactivos.

Observar y anotar todo lo que sucede.
Escribir las ecuaciones correspondientes.

	H_2O	HNO_3 en solución.	HNO_3 concentrado	HCl
Estaño				

B. Cation Estaño: colocar en tubos de ensayo 1mL de solución de estaño y agregarle de 2 a 5 gotas de cada uno de los siguientes reactivos.
Observar y anotar todo lo que sucede.
Escribir las ecuaciones correspondientes.

	Na (OH)	KI	$NH(OH)_4$
Solución de Estaño.			

ACTIVIDAD PRACTICA N° 3

Cation Plomo: Colocar en tubos de ensayo 1 mL de la solución de plomo y agregar 2 a 5 gotas de cada uno de los siguientes reactivos.
Observar y anotar todo lo que sucede.
Escribir las ecuaciones correspondientes.

	Na (OH)	NH $(OH)_4$	H_2SO_4	K_2CrO_4	KI	HCl
Solución de Plomo						

CUESTIONARIO

1- Describa las propiedades químicas del carbono y explique una de ellas.
2- Describa las propiedades físicas de cada una de las estructuras cristalinas del Carbono.

3- ¿Cuáles son las 3 formas alotrópicas del Carbono?
4- ¿Cuáles son los carbones naturales?
5- ¿Cuáles son los carbones artificiales?
6- ¿Qué es el acero?
7- ¿Cuáles son las principales aplicaciones del carbono en todas sus formas?

Trabajo Practico de Laboratorio Nº 8
"Elementos Nitrogenados"

Objetivos:

1. Relacionar la estructura molecular del Amoniaco con sus propiedades.
2. Obtener el amoniaco y reconocerlo a través de sus propiedades físicas y químicas.
3. Obtener Acido Nítrico, mediante una reacción sencilla de laboratorio y reconocerlo aplicando propiedades químicas.
4. Conocer su importancia industrial.

Iintroduccion teorica

El Amoniaco es un gas de olor picante, fácilmente licuable. Es altamente soluble en agua (permitiendo obtener soluciones concentradas de concentración aproximada 15 M en amoniaco) ya que es capas de formar enlace puente hidrogeno. En solución se comporta como una base débil, además, al ser una base de Lewis, puede actuar como ligando, dando iones complejos con metales de transición.

La obtención del Amoniaco en el laboratorio se realiza tratando sales de amonio con bases fuertes y recogiendo el gas en agua destilada.

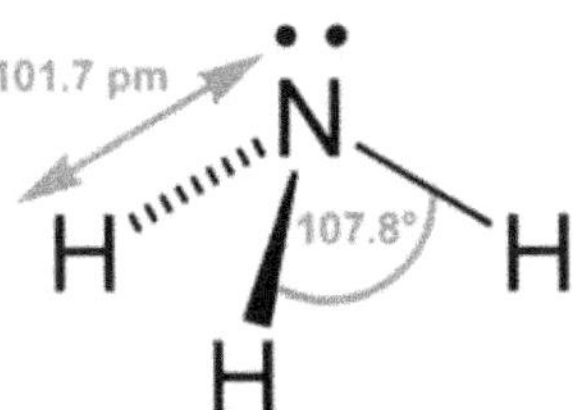

El acido Nítrico puro, es liquido a temperatura ambiente e incoloro. Es inestable, el liquido esta en equilibrio con pentoxido de dinitrogeno N_2O_5 (que a temperatura ambiente se descompone por luz o calor en dióxido de nitrógeno).

Esta es la causa de que el Acido Nítrico concentrado, por acción prolongada de la luz o el calor, adquiera el color pardo del NO_2 y se deba conservar en frasco color caramelo.

Se lo obtiene como una solución acuosa, es soluble en agua, las soluciones mas concentradas son aproximadamente 68 % o 15,7 M.

Es un acido fuerte y en medio acuoso se comporta generalmente como oxidante.

Ataca todos los metales con excepción de los muy nobles.

Los metales como el Au y Pt pueden ser disueltos en una mezcla oxidante, formada por Acido Nítrico y Acido Clorhídrico (1:3), llamada, Agua Regia.

Actividad Practica N° 1:

Complete el siguiente cuadro con las características físicas de las siguientes sustancias.
Para ello coloque 1 mL de dicha sustancia en un beacker y realice la observación.
Para la medición de Ph utilice las tiras reactivas.

No tocar con las manos.

	Color.	Olor.	Estado De Agregación.	pH
NH4(OH)				
HNO3				

Actividad Practica N° 2: Obtencion de Amoniaco

A) Procedimiento:

En el equipo similar al utilizado para la obtención del hidrogeno, se deberá colocar 2,2 grs de Cloruro de Amonio, 1,6 grs de Hidróxido de Calcio y 10 mL de agua destilada. Agitar y solubilizar bien.

Colocarle el tapón al equipo, calentar suavemente sobre trípode y tela de amianto.

El tubo de desprendimiento de gas deberá estar sumergido en agua destilada en un beacker, donde luego se comprobara si hay o no producción de amoniaco mediante reacciones químicas.

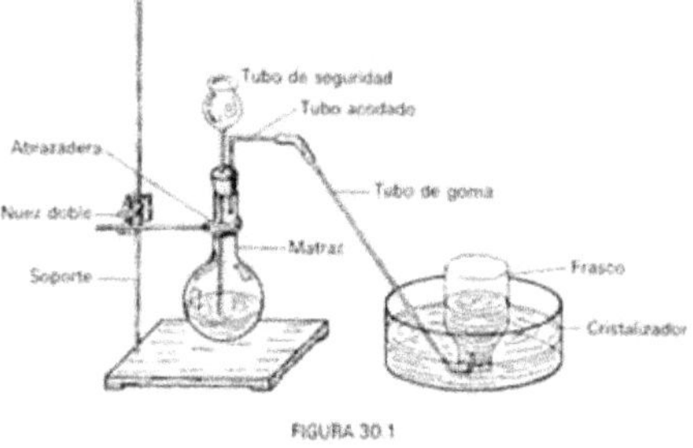

Anote y observe todos los materiales utilizados como así también las reacciones que suceden.

B) Reconocimiento: para comprobar si hay producción de NH_3, el cual deberá "burbujear" en agua destilada, a través del tubo de desprendimiento en el beacker, se hará la toma de pH antes y después de la producción de amoniaco.

Otro modo de comprobar si hay producción de amoniaco en el beacker con agua destilada, es colocando 3 gotas de fenolftaleina, la cual indicara un viraje en el pH de la misma y por ende se ha producido amoniaco.

Actividad Practica N°3: Obtencion de Acido Nitrico

Esta actividad práctica solo será de carácter demostrativo por parte de los docentes.

Procedimiento: Se coloca en un balón de destilación una solución de Nitrato de Potasio, con un exceso de Acido Sulfúrico, se calienta suavemente en un manto calefactor, para evitar el uso de llama directa.

Como el Acido Nítrico posee un punto de ebullición de 86 º C se obtiene en estado gaseoso, por lo que se deberá recolectar en un erlenmeyer, haciéndolo pasar por un refrigerante para su condensación.

Reconocimiento: a realizar por el alumno.

Para la comprobación del mismo se realizara la medición de pH mediante tira reactiva, como así también la prueba de solubilidad con el Oxido de Zinc.

Otro método es mediante sus propiedades como acido y como oxidante:

Como Acido: Colocar en un tubo de ensayo 2 mL de solución de bicarbonato de sodio y 3 gotas de fenolftaleina.
Luego agregar gota a gota el acido nítrico.

Observar y anotar lo que sucede.
Escribir las reacciones correspondientes.

Como Oxidante: Colocar en un tubo de ensayo 5 mL de Yoduro de Potasio en solución + 5 mL de Acido Nítrico diluido.
Luego de la reacción diluir con agua destilada y agregar una porción de almidón.

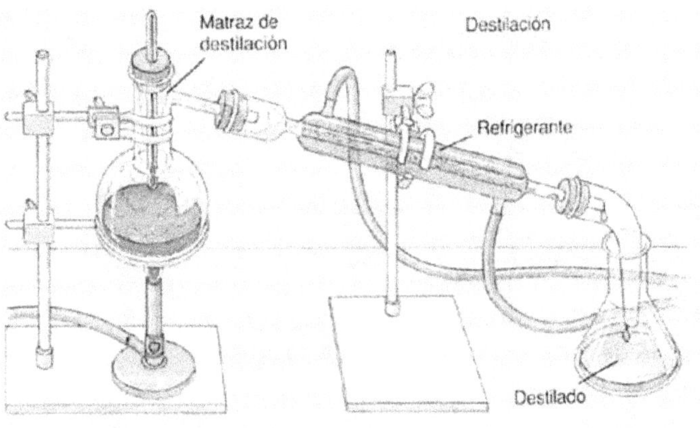

Observar y anotar lo que sucede.
Escribir las reacciones correspondientes.
Anotar todos los equipos utilizados.
Escribir las reacciones correspondientes de obtención del Acido Nítrico.

Cuestrionario:

1. Describa las propiedades físicas del nitrógeno.

2. Diga cuales son las formas de obtener nitrógeno y explique una de ellas.

3. Describa las propiedades físicas del Amoniaco.

4. Diga cuales son las aplicaciones que conoce del amoniaco.

5. Enumere las propiedades químicas del Acido Nítrico y explique una de ellas.

6. ¿Cuáles son los métodos para obtener Acido Nítrico? y explique uno de ellos.

Trabajo Practico de Laboratorio Nº 9
"Azufre y compuestos"

Objetivos

1. Analizar las distintas estructuras del Azufre elemental.
2. Obtener las distintas formas del Azufre.
3. Conocer sus propiedades en medio ácido y en medio básico.

Introduccion Teorica

El azufre se encuentra ubicado inmediatamente después del oxígeno en el Grupo 16 ó VI A de la Tabla Periódica y a diferencia de aquel tiene capacidad de formar enlaces sencillos elemento-elemento. Se conocen distintas variedades alotrópicas del azufre de las cuales el azufre rómbico, sólido amarillo traslúcido, es la más estable a temperatura y presión ambiente. Tanto el azufre rómbico como el azufre monoclínico (sólido amarillo opaco) están compuestos por moléculas tipo corona S8 (cicloctazufre). El azufre plástico se obtiene por enfriamiento rápido de azufre líquido, tiene aspecto fibroso y esta formado por largas cadenas helicoidales de átomos de azufre concatenados.

Ciclo de Azufre

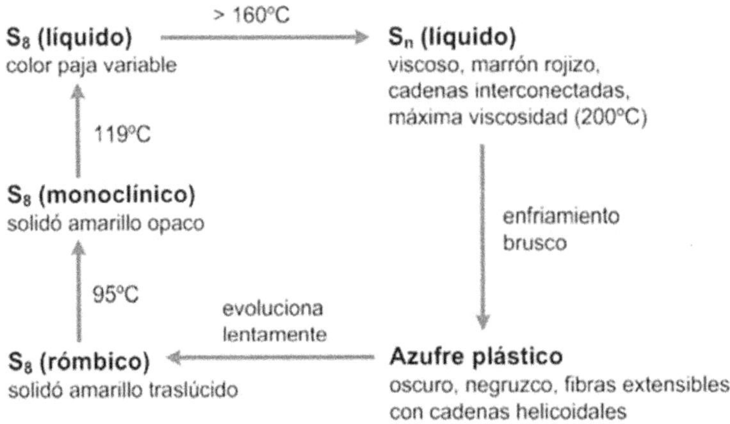

Distintas formas en que se presenta el azufre.

Cuestionario

1. Describa las propiedades físicas del Azufre.
2. Diga cuales son las formas de obtención industrial del Azufre.
3. Describa las propiedades químicas del azufre.
4. Diga cuales son las aplicaciones que conoce del Azufre.
5. Diga cuales son las aplicaciones del Acido Sulfúrico.

Actividad Practica N° 1: Obtencion de Azufre Monociclico.

Colocar en un crisol 2 grs de Azufre, sostenido con una pinza soporte, en un pie y varilla y calentar hasta fundirlo.

Dejar enfriar lentamente. Al cabo de un tiempo romper la costra sólida de azufre formada sobre la parte liquida.

Anotar las características de los cristales formados sobre las paredes del crisol y sobre la costra.

Actividad practica N°2: Obtención de Azufre Plástico

Realizar la misma actividad que en el punto anterior, solo que una vez que el azufre este fundido, verterlo en un beacker con agua fría.

Anotar las características del compuesto formado y la del azufre una ves fundido.

Actividad Practica N° 3: Obtención de un Oxido Acido y un Acido Oxácido

Colocar una pequeña cantidad de Azufre en una cuchara, calentar la misma hasta que el azufre empiece a arder, colocar la misma en un frasco de vidrio y tapar inmediatamente.

Observar lo que sucede e indicar que sustancias reaccionan, cuales productos se forman y que características tienen.

Luego de realizada la experiencia anterior, dejar enfriar el frasco, destapar el mismo y agregar 10mL de agua destilada. Tapar el frasco, agitar y medir el ph con tira reactiva.

Indique cual es el producto formado, cuales son sus características y que pH tiene.

Actividad Práctica Nº 4: Reacción en medio básico

En un tubo de ensayo coloque 0.1 grs de Azufre y agregue 3 mL de Hidróxido de Potasio concentrado. Si es necesario calentar.

Anotar que suceden que se forma y explicar.

Luego dividir la solución formada en dos tubos, al primero agregarle 1,5 ml de solución de Manganeso y al segundo 1.5 ml de solución de Bario.

Anotar lo que sucede.

Actividad Práctica Nº 5: Reacción en medio acido

En un tubo de ensayo colocar 0.1 grs de Azufre y agregar 3 mL de Acido Nítrico concentrado. Si es necesario calentar.

Luego agregar 3 ml de agua destilada y unas 4 gotas de Cloruro de Bario en solución.

Observar y explicar que sucedió en la reacción y cual es el producto que se forma.

Trabajo Practico de Laboratorio Nº 10
"Obtencion de Cloro, Acido Clorhidrico y quimica del Yodo"

Objetivos

1. Conocer las propiedades más importantes del Acido Clorhídrico y del Cloro gaseoso.
2. Obtener cloro y Acido Clorhídrico en el laboratorio.
3. Analizar las propiedades químicas de algunos compuestos del Yodo.
4. Profundizar en las reacciones de oxido-reducción.

Introducción Teórica

El *Acido Clorhídrico* comercial es un liquido incoloro, fumante, de densidad 1.18 g/mL a 20 ºC y a una concentración de 37 % (12M).

Dentro de los usos más importantes del Acido Clorhídrico podemos citar:

✓ Casi la mitad del HCl producido en la industria se usa para decapado de metales, que implica la eliminación de capas de oxido metálico de la superficie de los metales para el acabado de recubrimientos. (por ej.; cromo o una pintura)

✓ El tratamiento del acero constituye el mayor uso del HCl:

- $Fe_2O_3 + HCl\ldots\ldots\ldots 2\ FeCl_3 + 3\ H_2O$

✓ Para eliminar escoria: principalmente CaCO3 presente en tuberías de agua.

- $2\ HCl + CaCO_3\ldots\ldots\ldots CaCl_2 + H_2O + CO_2$

✓ Para recuperar petróleo de los pozos petroleros mediante la disolución de rocas, de modo que el petróleo pueda fluir con mayor facilidad.

Iodo: el yodo es un sólido, poco soluble en agua; pero muy soluble en soluciones de Ioduros alcalinos, formado I_3. Si bien es oxidante, es en menor grado que otros Halógenos.

El IO_3 es un anión incoloro, oxidante y neutro. El IO_4 es un agente oxidante energético.

La estabilidad de los oxácidos de los Halógenos varía con el número de oxidación: a mayor número de oxidación más estable será.

Actividad Práctica Nº 1: Obtención de HCl en el laboratorio

Se colocara en un equipo similar al utilizado en la obtención de oxigeno, 15 grs de sal común (NaCl) y 15 mL de Acido Sulfúrico concentrado, colocar el tapón con el tubo de desprendimiento, calentar suavemente y cuidadosamente.

El tubo de desprendimiento de gas deberá estar sumergido en un beaker pequeño con 50 ml de agua destilada, para que el gas producido en la reacción se solubilice en la misma.

$NaCl + H_2SO_4 \longrightarrow$ ....

.... $\longrightarrow Na_2SO_4 + HCl$

$2\ NaCl + H_2SO_4 \longrightarrow 2\ HCl + NaSO_4$

Para realizar la comprobación si se ha producido HCl, se utilizara tira reactiva de pH y se medirá el mismo.

Otro método para la comprobación de la producción de HCl, es colocar 10 mL de el agua donde burbujeo el gas, en un tubo de ensayo y colocar gota a gota una solución de Nitrato de Plata.

$AgNO_3 + HCl \longrightarrow$ ....

Complete las reacciones anteriores, anote lo sucedido, dibuje los equipos y explique.

Actividad Práctica Nº 2: obtención de Cloro gaseoso

El mismo se obtiene por oxidación del cloro en medio acido.

En el equipo utilizado anteriormente colocar 6 grs de MnO_2, 15 mL de solución de HCl, colocar el tapón y calentar suavemente.

Para la comprobación de la producción de Cloro gaseoso se puede utilizar una de las siguientes técnicas:

1. Acercar al tubo de desprendimiento un papel de filtro embebido con KI, observar lo que sucede, anotar y luego colocar sobre el papel de filtro una gota de almidón en solución. Anotar lo que sucede y escribir la ecuación correspondiente.
2. Acercar al tubo de desprendimiento un papel escrito con birome azul. Observar y anotar lo que sucede. Explicar lo sucedido.
3. Colocar el tubo de desprendimiento de gas sobre algunos pétalos de flores. Anotar lo sucedido y explicar.

Actividad Práctica Nº 3: IODO

➢ *Reacciones del ion Ioduro (I):* colocar en un tubo de ensayo 1 mL de solución de Ioduro de Potasio, luego agregar 1 mL de solución de nitrato de Plata 0.1 M.

Completar la reacción y anotar lo que sucede en la reacción.

$$AgNO_3 + KI \longrightarrow \quad \dotfill$$

Luego agregar al mismo tubo NH_4 (OH) gota a gota hasta observar un cambio, anotar la ecuación correspondiente y explicar.

➢ *Iodo:*

1. Preparar en un tubo de ensayo una solución diluida de Iodo añadiendo 1 cristal pequeño a 8 mL de agua destilada, calentar suavemente y una vez frio agregar 4 mL de solución de KI.

   Luego dividir la solución en 2 partes, a una de ellas agregar 4 gotas de solución de almidón. A la otra agregarle 2 mL de agua destilada y luego 4 gotas de solución de almidón.

   Anotar lo que sucede y explicar.

2. En un tubo de ensayo colocar 1 mL de solución de KI, agregarle 5 gotas de solución de almidón, luego agregarle gota a gota Hipoclorito de Sodio hasta observar un cambio.

   Anotar y observar lo que sucede.

3. En un tubo de ensayo colocar 2 mL de solución de KI, 1 mL de solución de almidón, y luego agregar gota a gota peróxido de hidrogeno de 30 vol.
   Anotar lo que sucede y explicar.

4. Colocar en un tubo de ensayo 0.5 mL de solución de Cloruro de Mercurio, agregar gotas de solución de almidón.
   Luego una vez formado el precipitado agregar exceso de KI en solución.
   Escribir las ecuaciones correspondientes y anotar lo que sucede.

Trabajo Practico de Laboratorio Nº 11
"Metales"

Objetivos

1. Analizar algunas de las propiedades del cobre como metal y como cation.
2. Relacionar las propiedades químicas de compuestos del cobre con las propiedades periódicas del mismo.
3. Conocer las distintas propiedades del mercurio, sus cationes y compuestos, en especial HgO y HgI2.
4. analizar las propiedades químicas del Zinc y del Cadmio.

Introducción Teórica

Reacción de Benedict

En química, la reacción o prueba de Benedict identifica azúcares reductores (aquellos que tienen su OH anomérico libre), como la lactosa, la glucosa, la maltosa, y celobiosa.

En soluciones alcalinas, pueden reducir el Cu^{2+} que tiene color azul a Cu^{+}, que precipita de la solución alcalina como Cu_2O de color rojo-naranja.

El reactivo de Benedict consta de:
- Sulfato cúprico;
- Citrato de sodio;
- Carbonato Anhidro de Sodio.
- Además se emplea Na (OH) para alcalinizar el medio.

El fundamento de esta reacción radica en que en un medio alcalino, el ion cúprico (otorgado por el sulfato cúprico) es capaz de reducirse por efecto del grupo Aldehído del azúcar (CHO) a su forma de Cu^{+}.

Este nuevo ion se observa como un precipitado rojo ladrillo correspondiente al óxido cuproso (Cu_2O).

El medio alcalino facilita que el azúcar esté de forma lineal, puesto que el azúcar en solución forma un anillo de piranósico o furanósico. Una vez que el azúcar está lineal, su grupo aldehído puede reaccionar con el ion cúprico en solución.

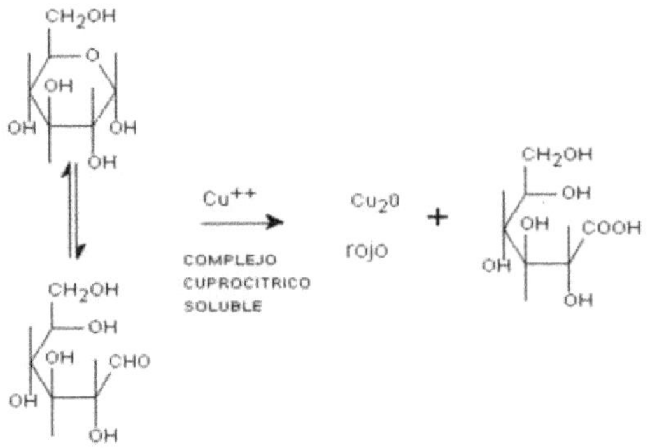

Actividad Práctica N1: Cobre

1) Cobre (I): si bien no existe en solución, se lo puede estabilizar por formación de complejos o compuestos insolubles.

   Procedimiento: Colocar en un tubo de ensayo 1 mL de reactivo de Benedict y agregar 1 mL de solución de Glucosa. Colocar el tubo en un beaker con agua y calentar a baño maría:

$$Cu_{+2} \ + \ C_6H_{12}O_6 \ \longrightarrow \ ....+......................$$

   También se puede usar fructosa o sacarosa.
   Completar la ecuación y anotar si ocurren cambios.

2) Desplazamiento de Cu +2 de una solución: el Cu +2 es moderadamente oxidante, pudiendo ser reducido fácilmente al estado elemental por varios metales.

   Procedimiento: colocar en un beacker pequeño o tubo de ensayo 2 mL de sulfato de cobre (II) 1M. Y agregar Mg (un trozo pequeño de cinta de magnesio, la cual debe estar libre de oxido).

$$Mg \ + CuSO_4 \ \longrightarrow \ .... \ + \ ....$$

   Anotar lo que sucede y completar la reacción.

3) Otras reacciones del Cu +2:

   Colocar en un tubo de ensayo 2 mL de sulfato de Cobre + 1 mL de Hidróxido de Sodio, luego colocar un exceso de Hidróxido de Sodio.
   Realizar lo mismo con el NH_4 (OH).

$$CuSO_4 + Na \ (OH) \ \longrightarrow ....+......... \ / + Na \ (OH) \ exceso \ \longrightarrow \ ....$$

$$CuSO_4 + NH_4 \ (OH) \ \longrightarrow \ ....+.........../ + NH_4 \ (OH) \ exceso \ \longrightarrow.....$$

   Completar la ecuación y anotar todo lo que sucede.

Actividad Práctica Nº 2: Mercurio, Zinc y Cadmio

4) Cation Hg +2: Obtención de HgO, el cual es un solidó de color amarillo y se obtiene agregando el Hg +2 a una solución de Na (OH) o K (OH).

   Procedimiento: Colocar en un tubo de ensayo grande o beacker 16 mL de una solución de cloruro de mercurio, sobre 2 mL de una solución de Na (OH).

   <u>Las soluciones deben ser colocadas en ese orden en el tubo de ensayo o beaker, para que la reacción suceda como se desea.</u>

   Agitar y filtrar.

$$HgCl \ + \ Na \ (OH) \ \longrightarrow .... \ + \ .... \ + \ ....$$

Completar la reacción y describir las características del producto obtenido en la filtración.

5) HgI: Es un solidó de color naranja que se obtiene por precipitación del cation Hg con Ioduro.

Procedimiento: Añadir 1 mL de una solución de $HgCl_2$ a 2 mL de una solución de KI. Agitar y filtrar.

$$HgCl_2 + KI \longrightarrow \ldots\ldots\ldots + \ldots\ldots\ldots$$

Completar la reacción y describir las características del producto obtenido en la filtración.

No agregar exceso de Ioduro porque el HgI se disuelve para formar el HgI_4 (-2), el cual es un complejo incoloro.

6) Cation Zn +2: al ser un cation acido reacciona con bases para dar el Zn (OH)2, el cual tiene carácter anfótero.

Procedimiento: colocar en 3 tubos de ensayo 2 mL de sulfato de Zn y agregar 4 gotas de solución de Na (OH) a cada uno de ellos.
Luego agregar al tubo 1, un exceso de la base fuerte Na (OH).
Al tubo 2 agregar un exceso de NH_4 (OH).
Y al tubo 3 agregar un exceso de HCl.

Realizar las ecuaciones y anotar los cambios observados.

BIBLIOGRAFÍA

BIBLIOGRAFÍA

- ✓ AZNARÉZ, M; GÓMEZ, J.; ¿Qué agua?. El País semanal, Madrid, 1998.
- ✓ BABOR, Ibares, "Química General"
- ✓ BELARTA, A.; BELART, C.; PALLARES, Ma, "Ciencias de la Naturaleza, Biología y Geología", 3° ESO, Editex, Madrid, 1998.
- ✓ BENAYAS, J.; "El agua; Guía para Educación Ambiental", Gobierno de Navarra Pamplona; 1989.
- ✓ CHANG, Raymond.; "Química" Séptima Edición, editorial Panamericana Formas e Impresos A. S.A.; Colombia; 2002
- ✓ FANNDON, J. ¿Qué ocurre cuando…?; Planeta Madrid; 1998.
- ✓ HICKMAN, Roberts; "Zoología", Interamericana, España 1998.
- ✓ KIRA, Thmer; "Enciclopedia de Tecnología Química"; Hispanoamericana, México; 1962, Tomo VII, Tomo XII y Tomo XV.
- ✓ MELLOR, A.: "Química Inorgánica"; Hispana, México, 1981.
- ✓ MILLÁN J.; Alonso; "Guía de Recursos para Acercarnos a las Instalaciones del Agua", Cuaderno del Profesorado; Educación Secundaria; Canal de Isabel II; Madrid; 1997
- ✓ PANADERO CUARTERO; J. E.; "Biología" COU; Bruño; Madrid; 1995
- ✓ RAYMOND Chang, Química, séptima edición, Colombia, Editorial Panamericana Formas e impresos S.A. 2002
- ✓ RAYNER- CANHAM G., "Quimica inorganica descriptiva", Segunda Edicion, España. Ed. Pearson 1999
- ✓ REDMORE; Fred H.; "Fundamentos de Química"; PH. H.; México 1981
- ✓ SEVERIANO Herrera V, Colección la ciencia al día QUÍMICA, tomo I , Colombia, Editorial Norma S.A. 1984
- ✓ SEVERIANO Herrera V, Colección la ciencia al día QUÍMICA, tomo II, Colombia, Editorial Norma S.A. 1984.
- ✓ WEISZ, Paul; "Biología"; Omega; México 1963

Internet.

Biblioteca de Consulta, Microsoft ® Encarta ® 2003/2004
WWW.lenntech.com/español/tabla-Periódica/Al.htm-
Hhttp//dg.cnesyp.inei.gob.mx/BDINE/B.10/0000.htm
http//es.wiki.pedia.oig/wiki/hierro#Aplicaciones
http//WWW.profesorenlinea.cl/Quimica/tabla.periodica.htm
http://www.puc.cl/quimica/agua/estructura.htm

La presente edición de *"Química Inorgánica. Teórico y Prácticos de Laboratorio."* se terminó de imprimir en el mes de Agosto de 2020 en Universitas. Pje. España 1467. Córdoba. Te: 54-351-4680913. e-mail: editorialuniversitas@yahoo.com.ar

Impreso en Argentina